高职高专系列教材

高等职业教育示范专业系列教材

机械制造基础

第 2 版

主　编　庄佃霞　崔朝英

副主编　张九强　解永辉

参　编　刘玉娥　胡　烨

主　审　周桂莲

机械工业出版社

本书共分 3 篇 11 章。第一篇为机械工程材料，包括第 1 章金属学基础知识，介绍了金属材料的力学性能指标，金属、合金的晶体结构与结晶，以及铁碳合金相图；第 2 章工程材料的强化与处理，介绍了钢的热处理方法；第 3 章常用金属材料，介绍了钢、铸铁、有色金属和粉末冶金；第 4 章非金属材料与新型材料，介绍了非金属材料和新型材料。第二篇为热加工工艺基础，包括第 5 章铸造，介绍了铸造工艺基础、砂型铸造、特种铸造及铸件结构工艺性；第 6 章锻压，介绍了锻压工艺基础、金属的塑性变形、自由锻、模型锻造及板料冲压；第 7 章焊接，介绍了焊接工艺基础、常用焊接方法及常见焊接缺陷。第三篇为机械加工工艺基础，包括第 8 章金属切削加工基础，介绍了金属切削加工的基础知识和金属切削机床；第 9 章各种表面的加工方法，介绍了外圆表面加工、内圆表面加工和平面加工；第 10 章机械零件选材及其工艺方法的选择，介绍了机械零件的失效形式和选材原则，零件成形工艺选择的一般原则，零件热处理的技术条件，典型零件的选材及工艺分析；第 11 章介绍了 8 个工种的实习实训内容。本书注重实践性、应用性和创新性，注意内容的精简与更新。理论知识以必需、够用为度，力求做到详略恰当，以满足高职高专应用型人才培养的教学需要。

本书可作为高职高专院校机械各专业及相关专业的教材，也可供相关工程技术人员参考。

为方便教学，本书配有免费电子课件、习题详解、模拟试卷及答案等，凡选用本书作为授课教材的老师，均可登录机械工业出版社教育服务网（http://www.cmpedu.com）注册后免费下载。咨询电话：010-88379375。

图书在版编目（CIP）数据

机械制造基础/庄佃霞，崔朝英主编. —2 版. —北京：机械工业出版社，2018.2（2023.12 重印）
高职高专系列教材　高等职业教育示范专业系列教材
ISBN 978-7-111-58961-7

Ⅰ.①机…　Ⅱ.①庄…　②崔…　Ⅲ.①机械制造-高等职业教育-教材　Ⅳ.①TH

中国版本图书馆 CIP 数据核字（2018）第 010330 号

机械工业出版社（北京市百万庄大街 22 号　邮政编码 100037）
策划编辑：于　宁　责任编辑：于　宁　责任校对：陈　越
封面设计：马精明　责任印制：邓　博
天津翔远印刷有限公司印刷
2023 年 12 月第 2 版第 11 次印刷
184mm×260mm·17.5 印张·427 千字
标准书号：ISBN 978-7-111-58961-7
定价：49.00 元

电话服务　　　　　　　　网络服务
客服电话：010-88361066　机 工 官 网：www.cmpbook.com
　　　　　010-88379833　机 工 官 博：weibo.com/cmp1952
　　　　　010-68326294　金 书 网：www.golden-book.com
封底无防伪标均为盗版　机工教育服务网：www.cmpedu.com

前言
Preface

　　本书是高职高专系列教材、高等职业教育示范专业系列教材，是高等职业院校机械类及相关专业的通用教材。

　　根据高职高专的办学特色，本书突出实践性、应用性和创新性。理论知识以必需、够用为度，注意内容的精简与更新。

　　本次修订在保留第 1 版特色的基础上，紧密结合高等职业教育技能型人才培养目标，对第 1 版内容做了相应的修改和补充，删减了部分较深的理论知识，更新了标准。考虑到高职院校的课堂教学时数越来越少，对部分章节也进行了调整，删除了工程材料的表面处理方法（内容包括气相沉积、化学转化膜技术、电低和化学镀、涂料和涂装工艺），并删除了第 11 章的先进制造技术与特种加工方法简介，但在各章后新增加了一些新技术、新工艺，使教材内容重点更突出、描述更通俗易懂，更能提高学习者的学习兴趣。相信本书第 2 版会更加适应和方便读者的使用。

　　参加本书编写的有：崔朝英（第 1、2 章）、刘玉娥（第 3 章）、解永辉（第 4 章、部分课件制作）、张九强（第 5 ~ 9 章）、胡烨（第 10 章）、庄佃霞（第 11 章及附录）。全书由潍坊职业学院庄佃霞担任第一主编，河南省电力公司培训中心崔朝英担任第二主编，济源职业技术学院张九强、潍坊职业学院解永辉担任副主编。本书第 2 版全部由潍坊职业学院庄佃霞教授修订完成，青岛科技大学教授周桂莲担任主审。

　　由于编者水平有限，书中缺点、错误在所难免，恳请广大读者批评指正。

编　者

目录
Contents

第二篇　热加工工艺基础

第三篇　机械加工工艺基础

第一篇

机械工程材料

第1章 金属学基础知识

学习重点

金属材料的力学性能、铁碳合金相图。

学习难点

铁碳合金相图。

学习目标

1. 掌握金属材料的力学性能指标，熟悉硬度测定方法。
2. 熟悉常见金属的晶体结构及实际金属中的缺陷对其力学性能的影响。
3. 了解金属的结晶过程，熟悉生产中获得细晶粒铸件的方法。
4. 了解相图的建立方法。
5. 理解合金、相、组织、固溶强化的概念。
6. 熟练掌握铁碳合金相图及其应用。
7. 掌握平衡状态下铁碳合金的成分、组织、性能之间的关系。

1.1 金属材料的力学性能

金属材料的性能包括使用性能和工艺性能。使用性能是指金属材料在正常使用条件下应具备的性能，包括力学性能、物理性能和化学性能。物理性能则包括密度、熔点、热膨胀系数、热导率、电导率等。化学性能包括耐蚀性、抗氧化性等。金属材料在加工过程中适应各种冷、热加工工艺应具备的性能称为工艺性能，包括铸造性能、锻造性能、焊接性能、热处理性能和切削加工性能等。

力学性能是指金属材料在外力作用下所表现出来的抵抗变形和破坏的能力。金属在常温时的力学性能指标有强度、塑性、硬度、冲击韧度、疲劳强度和断裂韧度等，这些性能指标均是通过试验测定的。

1.1.1 强度和塑性

金属的强度和塑性是通过拉伸试验测定的。它是把一定尺寸和形状的标准试样装夹在拉伸试验机上，对试样进行轴向静拉伸，使试样不断伸长，直至拉断为止。

拉伸试验常用的试样截面为圆形，如图 1-1 所示。图中 d_0 为圆形试样平行长度部分的原始直径（mm）；L_0 为试样原始标距长度（mm）。依照国家标准（GB/T 228.1—2010），拉伸试样可做成长试样或短试样，长试样 $L_0 = 10d_0$，短试样 $L_0 = 5d_0$。

从试样开始变形直至拉断，可通过自动记录装置把载荷和伸长量的关系用曲线表示出来，该曲线为力—伸长曲线，图 1-2 所示为低碳钢的力—伸长曲线。

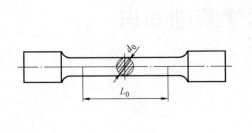

图 1-1　拉伸试样

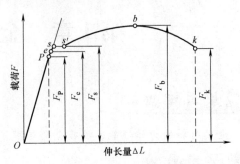

图 1-2　低碳钢的力—伸长曲线

1. 强度

材料的强度，就是材料在静载荷作用下抵抗塑性变形和断裂的能力。强度指标主要有：屈服强度 R_e 和抗拉强度 R_m，单位都是 MPa。

（1）屈服强度　材料承受外力时，当外力不再增加仍继续发生塑性变形的现象，叫"屈服"。开始产生屈服现象时的应力叫屈服强度，即

$$R_e = \frac{F_s}{S_0}$$

式中　R_e——屈服强度值（MPa）；

　　　F_s——试样开始产生屈服时的载荷（N）；

　　　S_0——试样原始截面积（mm^2）。

屈服强度反映了材料抵抗塑性变形的能力。大多数金属材料没有明显的屈服现象。为了确定各种材料的屈服强度，国标规定，残留变形量为 $0.2\%L_0$ 时的应力作为其屈服强度，用 $R_{p0.2}$ 表示。人们常称 $R_{p0.2}$ 为条件屈服强度。

屈服强度是工程上重要的力学性能指标之一，也是设计零件时选用材料的依据。

（2）抗拉强度　抗拉强度是试样在拉断前所承受的最大应力，用 R_m 表示。它表示零件在外力作用下抵抗断裂的能力，即

$$R_m = \frac{F_m}{S_0}$$

式中　R_m——抗拉强度值（MPa）；

　　　F_m——试样断裂前承受的最大载荷（N）；

　　　S_0——试样原始截面积（mm^2）。

对金属材料来说，R_m 愈大，抵抗断裂的能力愈大，即抗拉强度愈高。金属材料不能在高于其抗拉强度的载荷下工作，否则会导致破坏。R_m 也是设计零件的重要依据。大多数机

械零件设计时都以不发生塑性变形为原则，因此，R_e 显得更重要。

在工程上使用的金属材料，不仅要求有较高的屈服强度 R_e，同时还要求具有一定的屈强比，即 R_e/R_m。屈强比愈小，零件的可靠性愈高。在超载的情况下，由于发生塑性变形而不至于发生断裂，但屈强比太小，材料的强度利用率太低，会造成浪费。对于弹簧钢来说，要求有高的屈强比。

2. 塑性

塑性是指金属材料产生塑性变形而被不破坏的能力。拉伸试验所测得的塑性指标有断后伸长率和断面收缩率。

（1）断后伸长率 试样被拉断后，伸长的长度同原始长度之比的百分率，称为断后伸长率，用 A 表示，即

$$A = \frac{L_u - L_0}{L_0} \times 100\%$$

式中 A——断后伸长率；

L_u——试样拉断后的长度（mm）；

L_0——试样原始长度（mm）。

A 值的大小与试样尺寸有关，是随着其计算长度的增大而减小的。即对于同一材料，短试样所测得的断后伸长率要比长试样所测得的断后伸长率大。

（2）断面收缩率 试样被拉断后，断面缩小的面积与原始截面积之比的百分率，称为断面收缩率，用 Z 表示，即

$$Z = \frac{S_0 - S_u}{S_0} \times 100\%$$

式中 Z——断面收缩率；

S_0——试样的原始截面积（mm^2）；

S_u——试样断口处的截面积（mm^2）。

断面收缩率与试样尺寸无关，它能更可靠、更灵敏地反映材料塑性的变化。

通常以断后伸长率 A 的大小来判断塑性的好坏，$A > 2\% \sim 5\%$ 的材料称为塑性材料，如铜、钢等；$A < 2\% \sim 5\%$ 的材料为脆性材料，如铸铁、混凝土等。纯铁的 A 值几乎可达 50%，而普通生铁的 A 值还不到 1%。低碳钢的 A 值约为 20% ~ 30%，Z 值则约为 60%。

1.1.2 硬度

硬度是指金属表面抵抗更硬物体压入的能力。金属材料的硬度愈高，其表面抵抗塑性变形的能力愈强，塑性变形愈困难。常用的硬度指标有布氏硬度、洛氏硬度和维氏硬度等。

1. 布氏硬度

布氏硬度值是由布氏硬度试验测定的。其工作原理是：用一定直径 D 的硬质合金球作为压头，在规定试验力 F 的作用下压入试件表面，如图1-3所示。保持规定的时间后卸除试验力，测量试样表面压痕直径 d，以球冠形压痕单位面积所承受的平均载荷作为布氏硬度（HBW）值，即

$$HBW = 0.102 \frac{2F}{\pi D(D - \sqrt{D^2 - d^2})}$$

式中 F——试验力（N）；

D——球直径（mm）；

d——压痕平均直径（mm）。

由于试验材料的种类、硬度和试样厚度等的不同，试验时使用载荷的大小应保证压痕直径在 $0.24D \sim 0.6D$ 之间，试验力—压头球直径平方的比率（$0.102F/D^2$）见表1-1。

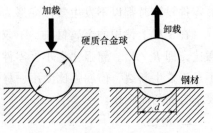

图1-3 布氏硬度测试原理

表1-1 不同材料的试验力—压头球直径平方的比率（GB/T 231.4—2009）

材料	布氏硬度 HBW	试验力-压头球直径平方的比率 $0.102F/D^2/(N/mm^2)$
钢、镍合金、钛合金		30
铸铁[①]	<140	10
	≥140	30
铜及铜合金	<35	5
	35~200	10
	>200	30
轻金属及合金	<35	2.5
	35~80	5 10 15
	>80	10 15
铅、锡		1

① 对于铸铁的试验，压头球直径一般为 2.5mm、5mm 和 10mm。

测定布氏硬度时，可根据载荷 F、钢球直径 D 以及测得的压痕直径 d，直接从布氏硬度表中查得 HBW 值，且习惯上不标注单位。布氏硬度值的书写表示方法包含下列几个部分：①硬度数据；②布氏硬度符号；③球体直径；④试验力；⑤试验力保持时间（10~15s 不标注）。例如，350HBW5/750，表示直径 5mm 的硬质合金球在 7.355kN 试验力的作用下，保持了 10~15s 测得的布氏硬度值为 350。

由于布氏硬度试验的压痕面积较大，能反映较大范围内的平均硬度，因而测量精度高。但操作比较费时，不宜用于大批逐件的检验，零件表面不允许有较大伤痕的也不适合，如成品。

2. 洛氏硬度

洛氏硬度值由洛氏硬度试验测定。其原理是用一个锥角为 120° 的金刚石圆锥体或一定直径的淬火钢球为压头，在规定载荷作用下，压入被测金属表面，保持一定时间后卸除载荷，然后根据压痕深度来确定其硬度值，并定义为洛氏硬度，记为 HR。试验时，操作者可直接在试验机表盘上读出其硬度值。而且材料越硬，洛氏硬度值也越大。

根据压头和主载荷的不同，构成了 A、B、C 三种硬度标尺，见表 1-2。洛氏硬度符号 HR 的前面是硬度值，后面为使用的标尺。例如，50HRC 表示用 C 标尺测定的洛氏硬度值为 50。

表 1-2　常用洛氏硬度值符号及试验条件和应用举例（GB/T 230. 1—2009）

标尺	硬度符号	压头型号	初载荷+主载荷=总载荷/N	常用范围	应用举例
A	HRA	金刚石圆锥	98. 07+490. 3＝588. 37	70～85HRA	碳化物、硬质合金、表面淬火钢
B	HRB	钢球 ϕ1. 588mm	98. 07+882. 6＝980. 67	25～100HRB	软钢、退火钢、铜合金等
C	HRC	金刚石圆锥	98. 07+1373＝1471. 07	20～67HRC	淬火钢、调质钢等

洛氏硬度的优点是操作简便，可以直接读出硬度值；压痕小，几乎不伤工件表面。缺点是压痕小，所测得的硬度值离散性较大，最好多测几个点，取其平均值。采用不同的标尺，洛氏硬度试验法可测量从极软到极硬材料的硬度。

3. 维氏硬度

洛氏硬度试验虽可采用不同的标尺来测定由极软到极硬金属的硬度，但不同标尺的硬度值间没有简单的换算关系，使用上很不方便。为了能在同一种硬度标尺上测定由极软到极硬金属的硬度，特制定了维氏硬度试验法。

维氏硬度是以正四棱锥金刚石为压头的硬度测量方法，其原理如图 1-4 所示。压头的两个相对面间的夹角为 136°。维氏硬度值的定义与布氏硬度相同，即压痕单位面积所承受的压力。所不同的是，压痕形状为正四棱锥形，用测量压痕对角线的平均长度来计算压痕表面积及硬度值。维氏硬度用符号 HV 表示，其计算式为：

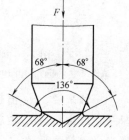

$$HV = \frac{F}{S} = 1.8544 \times 0.102 \frac{F}{d^2}$$

式中　F——试验力（N）；

　　　S——压痕表面积（mm^2）；

　　　d——压痕对角线的平均长度（mm）。

与布氏硬度一样，习惯上也只写其硬度数值而不标单位。在硬度符号 HV 之前的数值为硬度值，HV 后面的数值依次表示载荷（单位为 N）和载荷保持时间（保持时间为 10～15s 时不标注）。例如，640HV30 表示在 30×9.8N 载荷作用下，保持 10～15s 测得的维氏硬

图 1-4　维氏硬度
测试原理

度值为 640。640HV30/20 表示在 30×9.8N 载荷作用下，保持 20s 测得的维氏硬度值为 640。

试验时，应根据试样的硬度与厚度选择载荷。维氏硬度可测软、硬金属，尤其是极薄零件和渗碳层、渗氮层的硬度，测得值较准确。但需要测量压痕对角线，然后经计算或查表才能得到硬度值，所以不宜用于成批零件的检验。

1. 1. 3　冲击韧度（GB/T 229—2007）

冲击韧度是金属材料在冲击载荷作用下表现出来的抵抗破坏的能力。所谓冲击载荷，就是在极短的时间内有很大幅度变化的载荷。

冲击韧度的测定方法，目前最普遍的是一次摆锤弯曲冲击试验。试验用的标准试样为梅氏冲击试样，如图 1-5 所示。试验时，将试样放在试验机的支座上，试样缺口背向摆锤的冲

击方向，再将一重量为 G 的摆锤抬高到 h_1 的高度，如图1-6所示，使摆锤自由下落，将试样冲断，并升起到 h_2 的高度，此时，冲断试样所消耗的功为

$$K = G(h_1 - h_2)$$

可以从试验机的刻度盘上直接读出冲击吸收功的值。

金属的冲击韧度就是冲断试样时，在缺口处单位面积上所消耗的冲击吸收功。

$$\alpha_K = \frac{K}{S_0}$$

式中　α_K——冲击韧度值（J/cm^2）；

　　　K——冲击吸收功（J）；

　　　S_0——试样缺口处横断面面积（cm^2）。

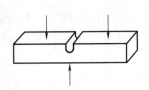

图1-5　梅氏冲击试样

试样尺寸（mm）：10×10×50；槽深2mm；槽宽2mm

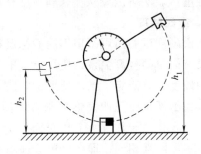

图1-6　冲击试验原理图

一般来说，α_K 值越大，材料的冲击韧度越好，断口处则会发生较大的塑性变形，断口呈灰色纤维状；α_K 值越小，材料的冲击韧度越差，断口处无明显的塑性变形，断口具有金属光泽而较为平整。

α_K 的大小与很多因素有关，除了冲击高度和冲击速度外，试样的形状和尺寸、缺口的形式、表面粗糙度、内部组织等都有影响，而且温度对它的影响也非常显著。因此，冲击韧度一般不作为选择材料的依据，不直接用于强度计算。

还应指出，长期的生产实践证明，K 或 α_K 值对材料的组织缺陷十分敏感，能够灵敏地反映出材料的品质、宏观缺陷和显微组织方面的微小变化，因此，冲击试验是生产上用来检验冶金质量和热加工质量的有效办法之一。

1.1.4　疲劳强度

金属材料在远低于其屈服强度的交变应力的长期作用下，发生的断裂现象，称为金属的疲劳。绝大多数机械零件的破坏主要是疲劳破坏。

疲劳断裂的特点是：①引起疲劳断裂的应力低于静载荷下的 σ_s；②疲劳断裂时无明显的宏观塑性变形，而是突然破坏，具有很大的危险性；③疲劳断面上显示出疲劳源、裂纹扩展区（光亮区）和最后断裂区（粗糙区）三个组成部分，如图1-7所示。

疲劳断裂的原因一般是由于零件应力集中严重或材料本身强度较低的部位（裂纹、夹杂、刀痕等缺陷处），在交变应力的作用下产生了疲劳裂纹，随着应力循环次数的增加，裂纹缓慢扩展，有效承载面积不断减小，当剩余面积不能承受所加载荷时，发生突然断裂。如图1-7所示的光亮区就是指裂纹不断扩展时，裂纹表面的相互摩擦，形成了一条条光亮的弧

线；粗糙区则是最后断裂区。

显然，金属材料所承受的交变载荷愈大，材料的寿命愈短；反之，则愈长。当应力值降至某一值时，材料可经受无数次的应力循环而不断裂。金属材料在长期（无数次）经受交变载荷作用下，不致引起断裂的最大应力，称为疲劳强度。

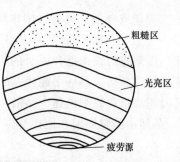

实际生产中，把能经受 $10^6 \sim 10^8$ 次的循环而不断裂的最大应力作为疲劳强度。当交变应力对称循环时，疲劳强度用符号 σ_{-1} 表示。

图 1-7　疲劳断口特征

影响材料疲劳强度的因素很多，除了材料本身的成分、组织结构和材质等内因外，还与零件的几何形状、表面质量和工作环境等外因有关。因此，优化零件设计，改善表面加工质量，采用喷丸、滚压、表面热处理等工艺，均能有效地提高零件的疲劳强度。

1.1.5　断裂韧度

有些用高强度钢制造的零件和用中、低强度钢制造的大型件，往往在工作应力远低于屈服强度 R_e 时就发生脆性断裂。这种在 R_e 以下的脆性断裂称为低应力脆断。大量工程事故和试验表明，低应力脆断是由材料中宏观裂纹的扩展引起的。在金属材料及其结构中，这种宏观裂纹的出现是难免的，它可能是金属材料在冶炼和加工过程中产生的，也可能是在零件使用过程中产生的。

材料中存在裂纹时，裂纹尖端就是一个应力集中点，形成裂纹尖端应力场，按断裂力学分析，其大小可用应力强度因子 K_I 来描述。K_I 越大，则应力场的应力值越大。K_I 值与外加应力 (σ) 和裂纹尺寸 $(2a)$ 有如下关系，即

$$K_I = Y\sigma\sqrt{a}$$

式中　Y——与裂纹形状、试样几何尺寸及加载方式有关的一个无量纲的系数，$Y = 1 \sim 2$；

a——裂纹的半长（mm）；

σ——外加应力（N/mm^2）。

由上式可见，K_I 随 σ 的增大而增大，当 K_I 增加到某一定值时，可使裂纹前沿的内应力大到足以使材料分离，从而导致裂纹失稳扩展，使材料脆断。这个应力强度因子的临界值，称为材料的断裂韧度，用 K_{IC} 表示。

根据应力强度因子 K_I 和断裂韧度 K_{IC} 的相对大小，可判断存在裂纹的材料在受力时，裂纹是否会扩展而导致断裂。当 $K_I > K_{IC}$ 时，裂纹失稳扩展，发生脆断；当 $K_I < K_{IC}$ 时，裂纹不扩展或扩展很慢，不发生快速脆断；当 $K_I = K_{IC}$ 时，裂纹处于临界状态。

K_{IC} 表明了材料抵抗裂纹扩展的能力，即有裂纹存在时，材料抵抗脆性断裂的能力。

1.2　金属、合金的晶体结构与结晶

1.2.1　金属的晶体结构与结晶

1. 金属的晶体结构

（1）纯金属晶体结构的基本类型　固态物质可分为晶体和非晶体两大类，晶体是指原

子（离子或分子）具有规则排列的物质。通常，固态金属都是晶体。

为了便于研究晶体中原子排列的规律，通常把原子看成一个个处于静止状态的刚性小球，用假想的线条把各原子的中心连接起来，便构成图 1-8 所示的空间格架，称为结晶格子，简称晶格。晶格中能代表晶格特征的最小单元，称为晶胞，如图 1-9 所示。晶格的特征可以用晶格常数来描述，晶格常数包括晶胞的各棱边尺寸 a、b、c 及三个邻边的夹角 α、β、γ。晶体由晶胞周期性地重复排列而成。

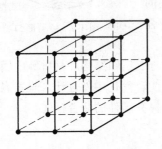

图 1-8　金属的晶格

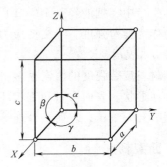

图 1-9　晶胞的表示法

金属的晶格类型很多，其中最常见的是体心立方晶格、面心立方晶格和密排六方晶格，如图 1-10 所示。

1）如图 1-10a 所示，体心立方晶格的晶胞是棱边长为 a 的立方体，所以每个晶胞只拥有 $\frac{1}{8} \times 8 + 1 = 2$ 个原子。具有体心立方晶格的金属有：α-Fe、Cr、Mo、W、V、Nb 及 δ-Fe 等。

2）如图 1-10b 所示，面心立方晶格的晶胞仍为棱边长为 a 的立方体。具有面心立方晶格的金属有：γ-Fe、Au、Ag、Cu、Al 等。

3）如图 1-10c 所示，密排六方晶格的晶胞是一个棱长为 a、高为 c 且 $c/a = 1.633$ 的正六棱柱体。具有密排六方晶格的金属有：Mg、Zn、Be 等。

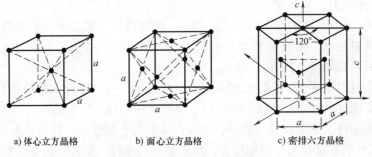

a) 体心立方晶格　　　　b) 面心立方晶格　　　　c) 密排六方晶格

图 1-10　金属中常见的三种晶格

（2）晶格的致密度　我们把晶格中的原子看成是刚性小球，但原子之间仍会有空隙存在。为了比较晶体中原子排列的紧密程度，引入了晶格致密度这一概念。晶格致密度是指晶胞中原子本身所占的总体积与该晶胞体积之比。通过计算，体心立方晶格的晶格致密度为 0.68，表明体心立方晶格中有 68% 的体积被原子所占有，其余则是空隙。用同样的方法可以计算出面心立方晶格和密排六方晶格的致密度均为 0.74。晶格的致密度愈大，则晶格中原子排列得愈紧密。

（3）实际金属中的晶体缺陷 若晶体内所有的晶格以同一位向排列，则这种晶体结构称为单晶体。实际使用的金属材料大多数都是多晶体。所谓多晶体是指晶体由许多小颗粒构成，在每一个小颗粒内原子排列的位向基本相同，而各个颗粒间原子排列的位向不相同，如图 1-11 所示。这些小颗粒称为晶粒，晶粒之间的交界面称为晶界。

在实际晶体中，某些局部区域由于各种原因，原子的规则排列往往受到干扰和破坏，偏离理想结构，通常把这些区域称为晶体的缺陷。根据几何形状，可把晶体的缺陷分为点缺陷、线缺陷和面缺陷三类。

1）点缺陷是指晶格中三维尺寸都很小的点状缺陷。最常见的点缺陷是空位和间隙原子，如图 1-12 所示。晶格中某些结点没有原子则称为空位；晶格的空隙处多出的原子称为间隙原子。产生空位和间隙原子的主要原因是，原子的热运动使其脱离晶格结点位置或转移到晶格间隙中去了。

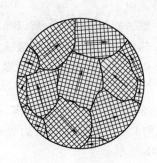

图 1-11 多晶体示意图

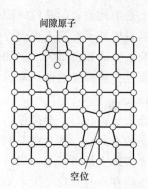

图 1-12 晶体中的空位和间隙原子

空位和间隙原子破坏了其附近原子间作用力的平衡，使其周围的原子离开了平衡位置，因此使正常的晶格发生了扭曲，即产生晶格畸变。晶格畸变导致能量升高，使金属的强度、硬度和电阻增加。

空位和间隙原子都处在不断的变化之中。空位周围的原子有可能跳入这个空位，又形成新的空位；间隙原子也有可能跳到另一个间隙处。当晶格空位或间隙原子移至晶体表面和晶界处或二者相遇时，又会随之消失。

2）线缺陷是指在晶体中一维尺寸较大、二维尺寸较小的缺陷，其具体形式就是位错。位错是指晶体中的某处有一列或若干列原子发生了有规律的错排现象。位错的基本类型有刃形位错和螺形位错两种，这里只介绍刃形位错。

图 1-13 所示为刃形位错示意图，由图 1-13a 可见，在一个完整晶体的晶面 ABC 上，于 E 处沿 EF 被垂直插入一个"多余"的原子面，使 ABC 晶面的上下两部分晶体产生了错排现象，因而称为刃形位错。多余原子面的边缘 EF 称为位错线。

刃形位错有正、负之分，如图 1-13b 所示。多余原子面位于位错线的上方时，称为正刃形位错，用符号"⊥"来表示；反之，则称为负刃形位错，用符号"⊤"表示。

实际金属中往往存在着大量的位错。位错的存在对金属的性能（如强度、塑性、疲劳、蠕变等）和组织转变等都有很大的影响。用特殊方法制得的不含位错的金属，其抗拉强度可达 13500MPa，比一般钢材高出数百倍。在一般金属中，少量位错会显著降低其强度，但随着位错密度（单位体积内位错线的总长度）的增加，金属的强度随之增高。

晶体中的位错不是固定不变的，它们还会由于原子的热运动或晶体受外力作用发生塑性变形而移动和变化。

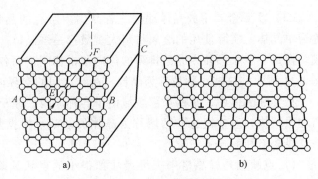

图 1-13　刃形位错示意图

3）面缺陷主要指晶界和亚晶界。由于多晶体中相邻两晶粒内原子排列的位向不同，所以它们的交界处要同时受到相邻两侧晶粒不同位向的影响，不能规则地排列，如图 1-14a 所示。因此，晶界实际上是不同位向的晶粒间原子无规则排列的过渡层。

由于晶界处原子排列不规则，因此晶格畸变较严重，原子能量也较高，所以晶界对金属性能的影响远比晶粒内部大。例如，晶界的熔点比晶粒内部低；晶界的原子扩散速度比晶粒内部快；晶界更容易受腐蚀；常温下，晶界强度高于晶粒内部强度；高温下，晶界强度低于晶粒内部强度。

实验还表明：在每一个晶粒内原子排列的位向也不完全一致，而是存在许多尺寸更小、位向差更小的小晶粒，称为亚晶粒（也称嵌镶块或亚结构）。亚晶粒之间的边界称为亚晶界，亚晶界实际上是由一系列刃形位错构成的，如图 1-14b 所示。

亚结构的存在及其尺寸大小对金属的性能同样有较大的影响。在晶粒度一定时，亚结构愈细，相邻亚结构之间的位向差愈大，则金属的屈服强度愈高。

2. 金属的结晶

（1）结晶的概念　金属材料在生产中一般都要经过熔炼和铸造，也就是说，都要经过由液态冷却转变成晶体状态（固态）的过程，这个过程称为结晶。纯金属的结晶

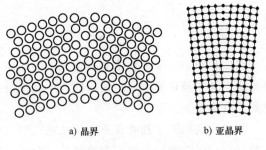

a) 晶界　　　　b) 亚晶界

图 1-14　晶界与亚晶界

是在一个恒定温度下进行的，这个恒定温度称为熔点（或理论结晶温度），用 T_0 表示。金属的结晶温度可用热分析法来测定，其步骤如下：先将金属熔化，然后以极缓慢的速度冷却，在冷却过程中每隔一定的时间测量一次温度，将记录下来的数据绘制在温度—时间坐标系中，便得到图 1-15a 所示的极缓慢冷却曲线。图中平台所对应的温度就是金属的理论结晶温度。试验表明，金属的实际结晶温度总是低于理论结晶温度，如图 1-15b 所示，也就是说，金属只能在低于理论结晶温度时才能发生结晶，其温度差 $\Delta T = T_0 - T_n$ 称为过冷度。显然，过冷度是结晶的必要条件。同一金属从液态开始冷却时，冷却速度愈快，实际结晶温度就愈低，即过冷度愈大。通常，工业上金属结晶时的过冷度仅需几度。

（2）结晶过程　结晶是由形成晶核与晶核长大两个基本过程所组成。首先是在液体中形成一些极微小的晶体（即晶核），然后以它们为核心不断长大；剩余的液体中又不断形成新的晶核，并继续长大，整个结晶过程，就是晶核不断产生和不断长大的过程。直到液相消

耗完毕，晶粒彼此相互接触为止。每个长大的晶核就成为一个晶粒。晶核在长大过程中，起初能够自由生长，当互相接触后，便受到相邻晶粒的限制，最后形成由许多晶粒组成的多晶体，如图1-16所示。

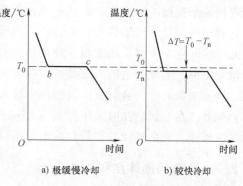

a) 极缓慢冷却　　　　b) 较快冷却

图1-15　纯金属的冷却曲线

　　晶核的形成，有的是由于液态金属在一定的过冷度下，依靠自身原子按规则排列而形成；有的是由于液态金属中存在某些固体微粒，液态金属中的原子依附于这些微粒的表面而形成。前者叫自发形核，后者叫非自发形核。

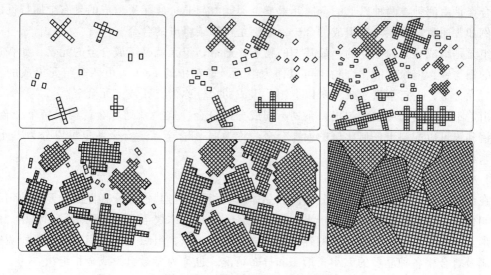

图1-16　金属的结晶过程示意图

　　（3）影响晶粒大小的因素及细化晶粒的措施
金属结晶后晶粒的大小对金属的力学性能以及物理、化学性能都有重要的影响。在常温下，晶界强度比晶内强度高，因而晶粒越细，强度越高，且塑性和韧性也越好。金属结晶后晶粒的大小与单位时间在单位体积内的形核数目（形核率）和晶核长大速度（生长率）有关。而形核率和生长率又取决于过冷度，所以晶粒的大小可以通过控制过冷度来控制。过冷度 ΔT 与形核率 N 及生长率 G 之间的关系如图1-17所示。

　　由图可以看出，在过冷度不太大的情况下，形核率 N 和生长率 G 都随过冷度的增加而增加，但形核率的增加要快些。从图中可以得出一个重要的结论，即在一般工业条件下，结晶时的过冷度越大或冷却速度越大时，金属的晶粒就越细。生产中采用金属型代替砂型、减少涂料层厚度、降低铸型温

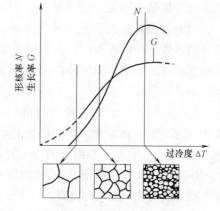

图1-17　形核率和生长率与
过冷度之间的关系

度等措施来提高冷却速度，以使铸件获得较细的晶粒。

对于体积较大或形状复杂的铸件，用增大过冷度的方法来获得细晶粒是不容易办到的，因此，实际生产中多采用变质处理来达到细化晶粒的目的。变质处理就是在液体金属中加入少量变质剂，形成大量的人工晶核，从而增加晶核数目以细化晶粒。例如，钢液中加入钛、铝，铁液中加入硅钙合金，以及铝液中加入钛、钒等都是典型的实例。

此外，在金属结晶时采用振动（如机械振动、超声振动或电磁振动）方式，可使生成的晶粒破碎，从而增加晶核数目而细化晶粒。

1.2.2 合金的晶体结构与结晶

纯金属虽然具有一些优良性能，但它们的力学性能较差，种类有限，而且制取困难，远不能满足生产上的需要。因此，工业中大量使用的是合金。

合金是由两种或两种以上的金属元素或金属元素与非金属元素组成的具有金属特性的物质。例如普通黄铜是铜与锌组成的合金，碳钢是铁和碳组成的合金。

组元是组成合金的独立的、最基本的物质。通常，组元就是组成合金的元素，如普通黄铜中的铜与锌，但稳定的化合物也可以作为组元，如钢中的 Fe_3C。由两个组元组成的合金称为二元合金，由三个组元或三个以上组元组成的合金称为三元或多元合金。

由若干给定组元可以配制出一系列不同成分的合金，这一系列合金就构成一个合金系。例如铜和镍可以配制出任何比例的铜镍合金，称为铜-镍合金系。合金系也可以分为二元系、三元系或多元系。

1. 合金的晶体结构

在金属或合金中，凡化学成分相同、晶体结构相同并与其他部分有界面分开的均匀组成部分叫作相。例如水结冰时，浮于水上的冰块是一个相，冰块下面的水则是另一种相。由数量、形态、大小和分布方式不同的各种相组成合金的组织，组织是在金相显微镜下所观察到的金属及合金中各种晶粒的大小、形态和分布情况，也称为显微组织或金相组织。

为了研究合金的组织和性能，必须先了解合金中相的晶体结构。固态合金中的相结构可分为固溶体和金属化合物两大类。

（1）固溶体 当合金由液态结晶为固态后，组元间仍能相互均匀溶解而形成的晶体相，称为固溶体。在固溶体中，含量较多保持晶格不变的组元称为溶剂；含量较少晶格消失的组元称为溶质。可见，固溶体的晶格与溶剂的晶格相同。按溶质原子在溶剂晶格中的分布不同，固溶体可分为两类。

1）溶质原子分布在溶剂晶格的间隙处而形成的固溶体，称为间隙固溶体，如图1-18a所示。当溶质与溶剂的原子直径之比 $D_质/D_剂 \leqslant 0.59$ 时，可形成间隙固溶体。过渡族的金属元素与原子直径较小的非金属元素（如C、N、H、O、B等）易形成间隙固溶体。由于溶剂晶格中的间隙是有限的，所以间隙固溶体都是有限固溶体。

2）溶剂晶格结点上的原子被溶质原子

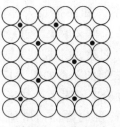
○溶剂原子 ●溶质原子
a) 间隙固溶体

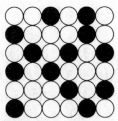
○溶剂原子 ●溶质原子
b) 置换固溶体

图1-18 固溶体的两种类型

所代替的固溶体，称为置换固溶体，如图 1-18b 所示。如果溶剂原子与溶质原子直径差愈小，两者在周期表中的位置相近，溶剂与溶质的晶格结构又相同，则溶质原子在溶剂原子中的溶解度可以是无限的，即形成无限固溶体。反之，则形成有限固溶体。

由于溶质原子的半径与溶剂原子的半径不同，所以无论形成哪种固溶体，都会因溶质原子的溶入引起晶格畸变，如图 1-19 所示，使位错移动困难，塑性变形抗力增加，固溶体强度、硬度提高，这种现象称为固溶强化。它是提高金属材料力学性能的重要途径之一。实践证明，当溶质浓度适当时，固溶体不仅比纯金属的强度和硬度要高，而且具有良好的塑性和韧性。

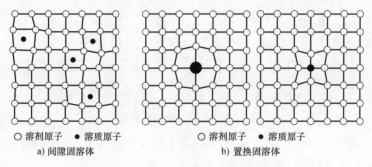

○ 溶剂原子　● 溶质原子　　　　　○ 溶剂原子　● 溶质原子
a) 间隙固溶体　　　　　　　　　　b) 置换固溶体

图 1-19　形成固溶体时的晶格畸变

（2）金属化合物　金属化合物是合金组元间发生相互作用而形成的一种具有明显金属特性的化合物。金属化合物具有复杂的晶体结构，其晶格类型与其组元的晶格完全不同。金属化合物可以用分子式来表示，当合金中有金属化合物时，会使合金的强度、硬度和耐磨性增加，塑性和韧性下降。

大多数合金不是单相金属化合物也不是由一种固溶体组成，而是由固溶体与少量金属化合物（一种或几种）构成的机械混合物。在机械混合物中，各组成相仍保持原有的晶体结构和性能。机械混合物的性能主要取决于各组成相的性能和相对量，还与各组成相的形状、大小及分布有很大关系。

2. 合金的结晶

合金的结晶，也是通过形成晶核与晶核长大来完成的。但由于合金中至少有两种组元，所以合金的结晶过程比纯金属复杂，结晶也不一定在恒温下完成。要了解合金的性能与其成分、组织之间的关系，必须研究合金结晶过程中组织状态变化的规律。

合金系在平衡状态下，合金状态同温度、成分之间关系的图形称为相图，也称为状态图或平衡图。

（1）合金相图的建立　二元合金相图以温度为纵坐标、成分为横坐标，通过实验方法测定，最常用的方法是热分析法。下面以 Cu-Ni 合金为例，说明用热分析法测定二元合金相图的过程。

1）首先配制一系列不同成分的 Cu-Ni 合金（质量分数）。

合金 I	100%Cu	0%Ni	合金IV	40%Cu	60%Ni
合金 II	80%Cu	20%Ni	合金 V	20%Cu	80%Ni
合金III	60%Cu	40%Ni	合金VI	0%Cu	100%Ni

2）将配制好的合金放入炉中加热至熔化温度以上，然后以极缓慢的速度冷却，记录温

度与时间的关系，根据记录的数据绘出各合金的冷却曲线，如图1-20a所示。

3）确定各冷却曲线上的临界点（结晶开始和终了的温度）。

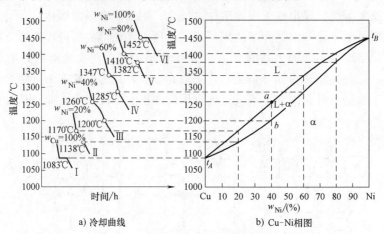

a) 冷却曲线   b) Cu-Ni相图

图1-20   Cu-Ni相图的测定

4）把各个临界点表示到温度—成分坐标系中相应的位置上，将各相同意义的点连接起来，就得到Cu-Ni合金相图，如图1-20b所示。

在相图中，各开始结晶温度点的连线称为液相线，各结晶终了温度点的连线称为固相线。温度高于液相线时，合金为液态，用L表示；温度低于固相线时，合金为固态，由单相的固溶体组成，用α表示。在两条曲线之间为液、固两相共存区，用L+α表示。

合金相图是表明合金在平衡状态下的情况，在测定冷却曲线时必须采取极缓慢的冷却速度，不应发生过冷现象。

（2）合金的结晶   是通过形成晶核与晶核长大过程来完成的，但不同种类的合金其结晶过程差别很大。这里仅介绍最简单的匀晶合金的结晶过程。

两组元在液态和固态均能无限互溶时，形成的合金称为二元匀晶合金，所构成的相图称为二元匀晶相图。如图1-21a所示的Cu-Ni合金相图即为二元匀晶相图。

1）t_A是铜的熔点1083℃，t_B是镍的熔点1452℃。匀晶相图只有两条曲线。上面的曲线称为液相线，下面的曲线称为固相线。两条曲线将相图分割为三个相区，液相线之上为液相区；固相线之下为固相区；液相线与固相线之间是液、固两相共存区。

2）合金的结晶过程。以相图中$w_{Ni}=40\%$的铜镍合金为例，其冷却曲线和结晶过程如图1-21b所示。合金的成分垂线

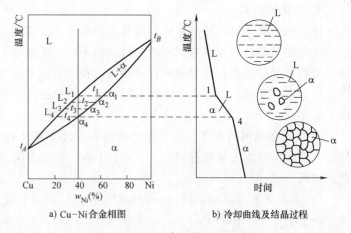

a) Cu-Ni合金相图   b) 冷却曲线及结晶过程

图1-21   Cu-Ni合金结晶过程分析

与液、固两线交于1、4点，合金从高温液态缓慢冷却至t_1温度时，开始从液相中结晶出α固溶体；随着温度的下降，α相不断增多，而L相不断减少；同时，两相的成分也通过原子

扩散不断改变，液相成分沿液相线变化，固相成分则沿固相线变化。如图 1-21a 所示，t_1 温度时液相成分为 L_1，固相成分为 α_1；t_2 温度时液相、固相的成分为 L_2、α_2……当温度降至固相线温度 t_4 时，最后的液相成分为 L_4，固相成分为 α_4。结晶过程结束，得到与原合金成分完全相同的单相 α 固溶体组织。

上述结晶过程最终得到与原合金成分完全相同的、均匀的 α 固溶体，要达到这一结果，只有在极缓慢的冷却条件下，铜、镍原子在 L、α 相内的扩散过程充分进行才能实现。实际的冷却过程，如铸造条件下的冷却较快，结晶时原子扩散受到抑制。由 Cu-Ni 合金相图可知，先结晶出的 α 相含镍量较高，后结晶出的 α 相含镍量较低，这种在一个晶粒内部化学成分不均匀的现象称为晶内偏析，也称枝晶偏析。枝晶偏析的存在将影响合金的性能，使合金的塑性、韧性和耐蚀性下降。采用均匀化退火可以消除或改善合金的枝晶偏析。

1.3 铁碳合金相图

钢和铸铁是现代工业中应用最广泛的金属材料，由铁和碳两个基本组元组成，统称为铁碳合金。不同成分的铁碳合金在不同温度下具有不同的组织，因而表现出不同的性能。为了研究铁碳合金的成分、组织和性能之间的关系，必须了解铁碳合金相图。

1.3.1 铁碳合金的基本组元和相

铁碳合金的基本组元是铁和碳。在固态下，碳可溶入 α-Fe、γ-Fe 和 δ-Fe 中形成三种固溶体：铁素体、奥氏体和 δ-固溶体，当含碳量超过固溶体的溶解度时，则形成金属化合物——渗碳体。δ-固溶体是无实用价值的高温相，铁素体、奥氏体和渗碳体是铁碳合金的基本相。

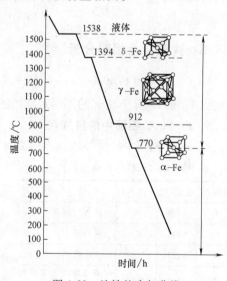

图 1-22 纯铁的冷却曲线

1. 纯铁

工业纯铁一般含有 0.1%~0.2%（质量分数）的杂质。纯铁的冷却曲线如图 1-22 所示。

纯铁从液态结晶为固态后，随温度的下降还会发生两次晶格类型的转变。金属在固态下发生晶格类型的转变称为"同素异晶转变"。纯铁的同素异晶转变为

$$\delta\text{-Fe} \xrightleftharpoons{1394℃} \gamma\text{-Fe} \xrightleftharpoons{912℃} \alpha\text{-Fe}$$

铁在 1538℃ 结晶时原子排列为体心立方晶格，称为 δ-Fe，至 1394℃ 时原子排列方式转变为面心立方晶格，称为 γ-Fe，到 912℃ 时原子排列方式转变为体心立方晶格，称为 α-Fe。

纯铁在 770℃ 时发生磁性转变，在 770℃ 以上的 α-Fe 不具有铁磁性；在 770℃ 以下的 α-Fe 具有铁磁性。工业纯铁的塑性、韧性好，强度、硬度低。

2. 铁素体

碳溶于 α-Fe 中形成的间隙固溶体称为铁素体（用 F 表示）。碳在 α-Fe 中的溶解度甚

微，在727℃时为0.0218%，在600℃时约为0.006%，在室温下为0.0008%，其显微组织为均匀明亮的多边形晶粒。铁素体的塑性、韧性好，但强度、硬度不高。铁素体在770℃以下具有铁磁性，在770℃以上则失去铁磁性。

3. 奥氏体

碳溶于γ-Fe中形成的间隙固溶体称为奥氏体（用A表示）。γ-Fe的溶碳能力比α-Fe高，这是由于γ-Fe是面心立方晶格结构，其晶格致密度虽然高于体心立方晶格的α-Fe，但其晶格空隙直径较大，故能溶解较多的碳。在1148℃时，碳在γ-Fe中的最大溶解度为2.11%，随温度下降，溶解度下降，在727℃时为0.77%。

奥氏体的显微组织为亮白色的多边形晶粒，晶界较铁素体平直。与γ-Fe一样，奥氏体为非铁磁性相。奥氏体的强度和硬度低，塑性好，易于锻压成形。

4. 渗碳体

铁与碳形成的金属化合物Fe_3C称为渗碳体，常用"C_m"表示。渗碳体晶格结构复杂，$w_C = 6.69\%$，熔点约为1227℃。渗碳体的硬度极高、脆性极大，塑性和韧性几乎为零，故不能作为基体相，但它是铁碳合金中的重要强化相，可以呈片状、网状、粒状和条状分布，其形态、大小及分布对铁碳合金的力学性能有很大影响。渗碳体是一个亚稳定相，在较高温度下长时间保温后会分解为铁和石墨，即

$$Fe_3C \rightarrow Fe + G（石墨）$$

1.3.2 铁碳合金相图分析

Fe_3C的w_C为6.69%，$w_C > 6.69\%$的铁碳合金脆性很大，没有实用价值。因此，通常只研究以Fe和Fe_3C为组元的Fe-Fe_3C相图。简化后的Fe-Fe_3C相图如图1-23所示。

1. Fe-Fe₃C相图中的特性点

Fe-Fe_3C相图中的主要特性点的温度、含碳量、含义见表1-3。

表1-3　Fe-Fe₃C相图中的特性点

特性点	温度/℃	$w_C(\%)$	含 义
A	1538	0	纯铁的熔点
C	1148	4.3	共晶点
D	1227	6.69	渗碳体的熔点
E	1148	2.11	碳在奥氏体中的最大溶解度
G	912	0	α-Fe⇌γ-Fe 同素异晶转变点
P	727	0.0218	碳在铁素体中的最大溶解度
S	727	0.77	共析点
Q	室温	0.0008	碳在α-Fe中的溶解度

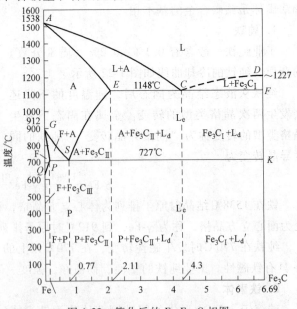

图1-23　简化后的Fe-Fe₃C相图

其中C、S为两个最重要的点。C点为共晶点，$w_C = 2.11\% \sim 6.69\%$的铁碳合金在平衡结晶过程中，当温度冷

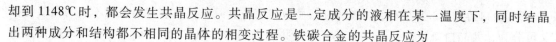

却到1148℃时，都会发生共晶反应。共晶反应是一定成分的液相在某一温度下，同时结晶出两种成分和结构都不相同的晶体的相变过程。铁碳合金的共晶反应为

$$L_C \overset{1148℃}{\rightleftharpoons} A_E + Fe_3C \quad 即 \quad L_{4.3} \overset{1148℃}{\rightleftharpoons} A_{2.11} + Fe_3C$$

C 点成分的液相（w_C4.3%）在 1148℃ 时生成 E 点成分的奥氏体和 F 点成分的 Fe_3C。共晶反应生成了奥氏体与渗碳体的共晶混合物，称为莱氏体，以符号 L_d 表示。由共晶反应生成的渗碳体称为共晶渗碳体，生成的莱氏体冷却至室温时成为低温莱氏体（或称室温莱氏体），用 L_d' 表示。

S 点为共析点。w_C = 0.0218% ~ 6.69% 的铁碳合金在平衡结晶过程中，当冷却到 727℃ 时，都会发生共析反应。共析反应是由一定成分的固溶体在某一温度下，同时析出两相晶体的机械混合物。铁碳合金的共析反应为

$$A_S \overset{727℃}{\rightleftharpoons} F_P + Fe_3C \quad 即 \quad A_{0.77} \overset{727℃}{\rightleftharpoons} F_{0.0218} + Fe_3C$$

S 点成分的奥氏体在 727℃ 温度下，生成 F 和 Fe_3C。共析反应生成的铁素体与渗碳体的共析混合物称为珠光体（以符号 P 表示）。在显微镜下珠光体的形态呈层片状。在放大倍数很高时，可清楚看到渗碳体片与铁素体片的相间分布。珠光体的强度较高，塑性、韧性和硬度介于铁素体和渗碳体之间。

2. Fe-Fe₃C 相图中的特性线

ACD 线——液相线，当温度高于 ACD 线时合金呈液相。

$AECF$ 线——固相线，当温度低于 $AECF$ 线时合金呈固相。

ES 线——碳在奥氏体（A）中的溶解度曲线，也称为 A_{cm} 线。在 727 ~ 1148℃ 之间，随着温度的升高奥氏体的溶碳量增加（由 0.77% 增到 2.11%），因此，当 w_C>0.77% 的铁碳合金自 1148℃ 平衡冷却到 727℃ 的过程中，将从 A 中析出 Fe_3C，这时析出的 Fe_3C 称为二次渗碳体，以 Fe_3C_{II} 表示。所以 A_{cm} 线也就是从 A 中析出 Fe_3C_{II} 的开始线。

PQ 线——碳在 F 中的溶解度曲线。在 727℃ 的 F 中溶碳量最大，可达到 0.0218%，600℃ 时仅约为 0.006%，室温时为 0.0008%。铁碳合金自 727℃ 冷却至室温时，将不断从 F 中析出 Fe_3C，称为三次渗碳体，以 Fe_3C_{III} 表示。所以 PQ 线也是从 F 中析出 Fe_3C_{III} 的开始线。Fe_3C_{III} 数量很少，在讨论中往往予以忽略。

GS 线——w_C<0.77% 的铁碳合金，在冷却时从奥氏体（A）中析出 F 的开始线，也称 A_3 线。

ECF 线（1148℃）——为共晶反应线，w_C 为 2.11% ~ 6.69% 的铁碳合金冷却至该温度时，均发生共晶反应。

PSK 线（727℃）——为共析反应线，w_C 为 0.0218% ~ 6.69% 的铁碳合金冷却到该温度时，均发生共析反应，亦称 A_1 线。

1.3.3　典型合金的结晶过程及其室温下的平衡组织

Fe-Fe₃C 相图中的各种合金，按含碳量和显微组织不同可分为三大类：

1）工业纯铁（w_C≤0.0218%），室温组织为 F。

2）钢（0.0218%<w_C<2.11%），按室温组织不同又分为：共析钢（w_C = 0.77%）；亚共析钢（0.0218%<w_C<0.77%）；过共析钢（0.77%<w_C<2.11%）。

3）白口铸铁（2.11%<w_C<6.69%），显微组织中有莱氏体。按室温组织不同，白口铸铁又可分为：共晶白口铸铁（w_C=4.3%）；亚共晶白口铸铁（2.11%<w_C<4.3%）；过共晶白口铸铁（4.3%<w_C<6.69%）。

下面讨论典型铁碳合金的结晶过程及室温平衡组织。

1. 共析钢（w_C=0.77%）

如图1-24所示，当共析钢由液态冷却至1点温度时，从液相中开始结晶出奥氏体，在1~2点温度之间，随着温度的降低，奥氏体量不断增多，其成分沿AE线变化；液相不断减少，其成分沿AC线变化。到2点温度时，液相全部结晶为奥氏体。在2~3点温度之间，合金呈单相奥氏体不变。到3点温度时（727℃），合金发生共析转变，转变产物为珠光体。3′~4点温度继续下降时，组织不会发生转变，因此，共析钢的室温平衡组织为珠光体，它是由层片状的铁素体与渗碳体所组成，如图1-25所示。

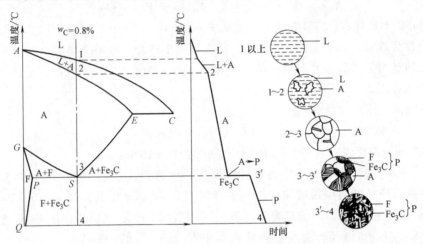

图1-24 共析钢结晶过程示意图

2. 亚共析钢（0.0218%<w_C<0.77%）

如图1-26所示，亚共析钢在1~3点间的结晶规律与共析钢相似，仅因含碳量不同，其临界点温度不同。当单相奥氏体冷却到GS线上的3点时，奥氏体开始析出铁素体。在3~4点温度之间，随着温度的降低，从奥氏体中析出的铁素体越来越多。由于铁素体的溶碳能力极低，因此在铁素体量增加的同时，剩余奥氏体的含碳量却越来越高，实际上铁素体的成分沿GP线变化，而奥氏体的成分则沿GS线变化。当冷却到4点时，A的成

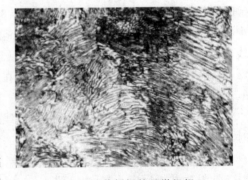

图1-25 共析钢的显微组织

分到达S点（w_C=0.77%），因此，A发生共析转变而生成P，4′点以后继续冷却，组织不变。因此，亚共析钢的室温平衡组织为F+P，如图1-27所示。F呈白色块状，珠光体呈层片状，放大倍数较低时，无法分辨层片，故呈黑灰色。

所有亚共析钢的室温平衡组织均由F和P组成，其区别仅在于F和P的相对量有所不同，亚共析钢的含碳量越接近共析成分，其室温平衡组织中P量越多；反之，F量越多。

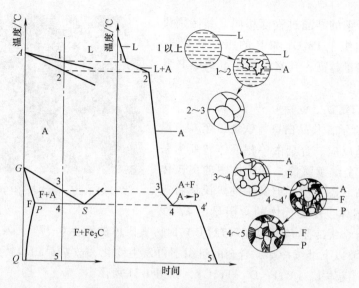

图 1-26　亚共析钢结晶过程示意图

3. 过共析钢（$0.77\% < w_C < 2.11\%$）

如图 1-28 所示，从液态冷却至 3 点温度时与亚共析钢类似。当温度达到 ES 线的 3 点温度时，奥氏体中含碳量达到饱和而析出二次渗碳体。二次渗碳体沿奥氏体晶界析出而呈网状分布。随着温度的下降，析出的二次渗碳体越来越多，A 中的含碳量沿 ES 线逐渐降低。当温度到达 4 点的 727℃ 时，A 中 w_C 变为 0.77%，于是发生共析转变，A 转变为 P。4′点以后继续冷却，组织不变。因而其室温平衡组织为 $P+Fe_3C_{II}$，网状 Fe_3C_{II} 分布在 P 周围，如图 1-29 所示。

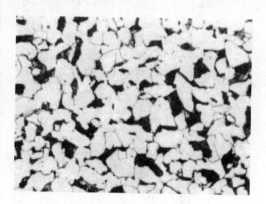

图 1-27　亚共析钢的显微组织

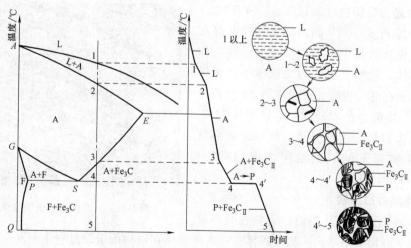

图 1-28　过共析钢结晶过程示意图

所有过共析钢的结晶过程都相同,其区别仅在于室温平衡组织中 Fe_3C_{II} 和 P 的相对量不同,过共析钢的含碳量越高,其室温平衡组织中 P 量越少,Fe_3C_{II} 越多。

图1-29 过共析钢的显微组织

4. 共晶白口铸铁 ($w_C = 4.3\%$)

如图1-30所示,共晶白口铸铁缓冷至 C 点温度时,发生共晶反应。合金由单相液体转变为莱氏体(L_d)。合金继续缓冷,莱氏体中的奥氏体与渗碳体的分布状态不变,但其中的奥氏体将逐渐析出二次渗碳体,使奥氏体的含碳量沿 ES 线不断降低。当合金缓冷至 PSK 温度(727℃)时,奥氏体的 $w_C = 0.77\%$,发生共析反应转变成珠光体。727℃以下继续冷却,合金的组织不再发生变化。故共晶白口铸铁在室温下的平衡组织为室温莱氏体 L_d'($P + Fe_3C_{II} + Fe_3C$),如图1-31所示。

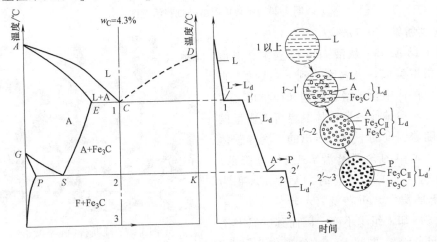

图1-30 共晶白口铸铁结晶过程示意图

5. 亚共晶白口铸铁 ($2.11\% < w_C < 4.3\%$)

如图1-32所示,亚共晶白口铸铁在共晶反应之前,已先从液相中结晶出部分奥氏体,称为初生奥氏体。初生奥氏体与莱氏体中的奥氏体一样,都会在继续缓冷的过程中沿 ES 线析出二次渗碳体,也都会在727℃时 w_C 达到 0.77%,并通过共析反应转变为珠光体。所以,亚共晶白口铸铁在室温下的平衡组织为 $P + Fe_3C_{II} + L_d'$,如图1-33所示。

6. 过共晶白口铸铁 ($4.3\% < w_C < 6.69\%$)

如图1-34所示,过共晶白口铸铁在共晶反应之前,先从液相中结晶出一次渗碳体。一次渗碳体在以后的缓冷过程中不发生变化。过共晶白口铸铁发生共晶反应后的结晶过程,均与共晶白口铸铁相似。所以,过共晶白口铸铁在

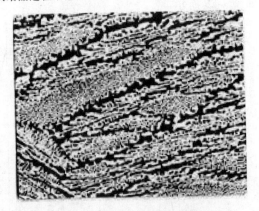

图1-31 共晶白口铸铁的显微组织

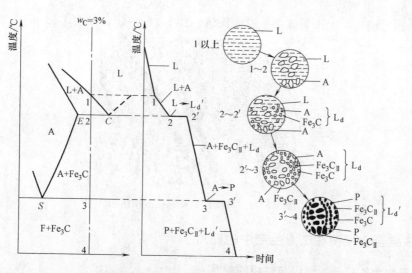

图 1-32 亚共晶白口铸铁结晶过程示意图

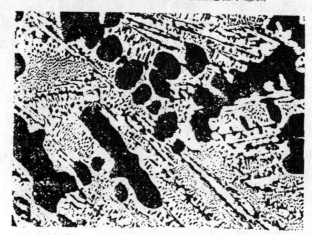

图 1-33 亚共晶白口铸铁的显微组织

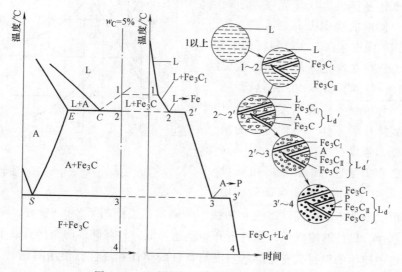

图 1-34 过共晶白口铸铁结晶过程示意图

室温下的平衡组织为一次渗碳体和室温莱氏体，即 $Fe_3C_I + L_d'$，如图 1-35 所示。

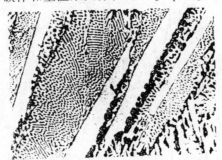

图 1-35 过共晶白口铸铁的显微组织

1.3.4 铁碳合金相图在工业生产中的应用

1. 铁碳合金的成分、组织与性能的关系

（1）含碳量对平衡组织的影响 根据典型铁碳合金结晶过程的分析可知，铁碳合金在室温下由铁素体和渗碳体两相组成，随着含碳量的增加，铁素体的量不断减少，渗碳体的量不断增加，而且形态和分布也随之发生变化。不同成分的铁碳合金，组成两个相的组织也不同。随着含碳量的增加，铁碳合金组织变化顺序为

$$F \rightarrow F+P \rightarrow P \rightarrow P+ Fe_3C_{II} \rightarrow P+Fe_3C_{II}+L_d' \rightarrow L_d' \rightarrow Fe_3C_I +L_d'$$

含碳量的变化引起合金组织的变化，对合金的性能也产生重大影响。

（2）含碳量对铁碳合金力学性能的影响 铁素体的强度和硬度不高，而塑性和韧性很好；渗碳体的性能是硬而脆。在铁碳合金中，随着含碳量的增加，渗碳体的量增加，合金的硬度升高，塑性与韧性下降。在亚共析钢和共析钢中，渗碳体呈片状分布在铁素体基体内形成珠光体，起到了强化作用，使钢的强度提高。显然，珠光体越多，钢的强度越高。在过共析钢中，Fe_3C_{II} 呈网状分布在珠光体晶界上，造成了严重的脆性，特别是当 $w_C > 0.9\%$ 后，网状趋于连续，导致强度迅速下降。在白口铸铁中，渗碳体作为基体，更使合金的塑性与韧性降低，强度也急剧下降。图 1-36 为含碳量对碳钢力学性能的影响。由图可见，当钢的 $w_C < 0.9\%$ 时，随着含碳量的增

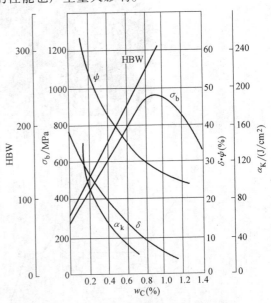

图 1-36 含碳量对碳钢力学性能的影响

加，钢的强度、硬度不断提高，塑性和韧性不断降低；当钢的 $w_C > 0.9\%$ 时，随着含碳量的增加，钢的塑性、韧性继续降低，强度也开始迅速降低，只有硬度曲线仍直线上升。为了保证在实际生产中使用的钢材具有足够的强度与良好的塑性和韧性，使用的钢材 w_C 一般不超过 1.4%。对于白口铸铁，性能硬而脆，难于切削加工，很少使用。

（3）含碳量对铁碳合金工艺性能的影响

1）如流动性、缩孔、热裂及偏析的倾向等，与液相线和固相线间的水平距离及垂直距离有关，距离越小的合金其铸造性能越好，反之则铸造性能就差。碳钢由于液相线温度高，熔点高，流动性差，收缩大，易形成分散缩孔，热裂倾向大，钢的铸造性能较差。铸铁由于液相线温度低，熔点比钢低，特别是共晶成分的铸铁熔点最低，具有很好的铸造性能。偏离共晶成分越远的铸铁，铸造性能越差。

2）低碳钢比高碳钢锻造性好，钢加热呈单相奥氏体状态时，塑性好、强度低，便于压力加工，所以锻造都是在奥氏体状态下进行的。锻造时必须根据铁碳合金相图确定温度，始锻温度不能过高，以免产生过烧；终锻温度不能过低，以免产生裂纹。无论在低温或高温，白口铸铁的固态组织中都含有硬而脆的莱氏体，所以不能锻造。

3）低碳钢（$w_C < 0.25\%$ 的碳钢）塑性好，切削时产生的切削热较多，容易粘刀，切屑不易折断，切削加工性较差。高碳钢（$w_C > 0.6\%$ 的碳钢）硬度较高，容易磨损刀具，可加工性也较差。中碳钢（$0.25\% < w_C < 0.6\%$）的硬度和韧性适中，可加工性较好。白口铸铁中由于存在莱氏体组织，硬度太高，很难进行切削加工。

4）低碳钢塑性好，可焊性好，随着含碳量增加，钢的塑性和韧性明显下降，可焊性变差。高碳钢的可焊性差，一般多用于修补工作。铸铁的可焊性更差。

2. 铁碳合金相图的应用

（1）在选材方面的应用　铁碳合金相图揭示了铁碳合金组织随成分变化的规律，根据相组织可以判断其大致性能，便于合理选择材料。

低碳钢塑性、韧性好，焊接性好，宜用于轧制型材及制造桥梁、船舶和各种建筑结构等；中碳钢强度、塑性及韧性都较好，具有良好的综合力学性能，可用于各种机器零件；高碳钢中亚共析成分的钢，强度和弹性极限较高，宜于制造高强度零件以及弹簧；过共析成分的高碳钢，具有高的硬度和耐磨性，多用作工具、模具等。白口铸铁的硬度高、耐磨性好，脆性大，铸造性能优良，适用于耐磨、不受冲击、形状复杂的铸件。

（2）在制订热加工工艺方面的应用

1）根据 $Fe\text{-}Fe_3C$ 相图，可以确定合适的浇注温度，一般在液相线以上 $50 \sim 100℃$。共晶成分的合金熔点最低，结晶温度范围最小，具有良好的铸造性能，生产中多采用接近共晶成分的铸铁制作铸件。

2）钢在奥氏体状态下强度低、塑性好，便于进行塑性变形，因此，钢的锻造、轧制温度必须选择在单相奥氏体区域内。一般始锻、始轧温度控制在固相线之下 $100 \sim 200℃$，以免钢材严重氧化或发生晶界熔化；终锻、终轧温度不能过低，以免因钢材塑性变差而产生裂纹。

3）焊接时，焊缝到母材各区域的加热温度不同，在冷却过程中就可能出现不同的组织与性能，碳钢可根据铁碳合金相图来分析焊缝组织。

4）钢材的热处理（如退火、正火、淬火等）温度都根据 $Fe\text{-}Fe_3C$ 相图来选择，这将在钢的热处理一章中详细介绍。

应当指出，$Fe\text{-}Fe_3C$ 相图是在极其缓慢的冷却条件下测得的，而实际生产中的加热和冷却速度都比较快，因此实际生产中所获得组织的分析，用 $Fe\text{-}Fe_3C$ 相图还有一定的局限性。另外，$Fe\text{-}Fe_3C$ 相图只反映了碳对铁碳合金的影响，而工业生产中使用的钢铁材料，常含有其他合金元素，它们对 Fe-Fe$_3$C 相图也有影响，这将在有关章节中讨论。

 本 章 小 结

本章主要内容有：第一，金属材料的力学性能，其中介绍了强度、塑性、硬度、冲击韧度、疲劳强度和断裂韧度等力学性能指标的含义及试验方法。

第二，金属与合金的晶体结构与结晶，其中介绍了金属的晶体结构与结晶、合金的晶体结构与结晶。

第三，介绍了铁碳合金相图、典型合金的结晶过程分析及相图的应用。

思考题与习题

1-1 注释下列力学性能指标。

R_m、A、Z、HBW、HRC、HV、α_K、K_{IC}

1-2 何为金属的强度、塑性、硬度、冲击韧度、断裂韧度？

1-3 为什么机械零件大多以 R_e 为设计依据？

1-4 什么叫屈强比？它有何实际意义？

1-5 什么是疲劳破坏？如何提高零件的疲劳抗力？

1-6 解释名词：晶格、晶胞 、致密度、合金和相。

1-7 常见的金属晶体结构有哪几种？指出 α-Fe、γ-Fe、Al、Cu、Cr、Mo、W、V 等各属于何种晶体结构？

1-8 实际金属的晶体结构有哪些缺陷？它们对金属的性能有什么影响？

1-9 什么叫结晶？结晶过程是怎样进行的？

1-10 什么是固溶体和金属化合物，它们的特性如何？

1-11 解释下列名词并说明其性能和显微组织特征：铁素体、奥氏体、渗碳体和珠光体。

1-12 画出简化后的 Fe-Fe$_3$C 相图，并完成以下问题：

1）说明图中主要点、线的意义。

2）标出相图中各个区域的组织组成物。

3）分析 $w_C = 0.40\%$、$w_C = 0.77\%$、$w_C = 1.2\%$ 的钢的结晶过程以及室温下的平衡组织。

1-13 20（$w_C = 0.20\%$）、45（$w_C = 0.45\%$）、T8（$w_C = 0.8\%$）、T12（$w_C = 1.2\%$）钢的力学性能有何不同？试从四种钢的显微组织方面来说明原因。

1-14 根据 Fe-Fe$_3$C 相图，解释下列现象：

1）室温下，$w_C = 0.8\%$ 的碳钢比 $w_C = 0.4\%$ 的碳钢硬度高，比 $w_C = 1.2\%$ 的碳钢强度高。

2）钢铆钉一般用低碳钢制造。

3）绑扎物件一般用铁丝（镀锌低碳钢丝），而起吊重物时都用钢丝绳（60、65 钢制成）。

4）在 1100℃ 时，$w_C = 0.4\%$ 的碳钢能进行锻造，而 $w_C = 4.0\%$ 的铸铁不能进行锻造。

5）钢适宜压力加工成形，而铸铁适宜铸造成形。

第2章 工程材料的强化与处理

学习重点

退火、正火、淬火、回火、表面热处理的目的、工艺及应用。

学习难点

奥氏体在冷却时的转变规律及转变产物。

学习目标

1. 了解钢在加热时的转变规律，掌握奥氏体在冷却时的转变规律及转变产物。
2. 掌握退火、正火、淬火、回火、表面热处理的目的、工艺及应用。

2.1 钢的热处理

钢的热处理是钢在固体状态下，通过加热、保温和冷却来改变钢的内部组织结构，从而改善钢的性能的一种工艺。热处理的加热、保温和冷却这三个阶段，可以用热处理工艺曲线来表示，如图2-1所示。

热处理是提高金属材料使用性能的有效途径，也是改善金属材料加工性能的重要手段。绝大多数重要的机械零件都要进行热处理。

根据加热和冷却规范的不同，热处理可以分为普通热处理（包括退火、正火、淬火、回火）与表面热处理（包括表面淬火与化学热处理）。

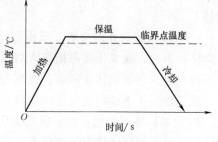

图 2-1 热处理工艺曲线

2.1.1 钢在加热时的组织转变

热处理的第一道工序就是加热，大多数加热的目的是获得细小的奥氏体。钢中奥氏体的形成过程称为钢的奥氏体化。

1. 加热温度的确定

铁碳合金相图是确定钢加热温度的理论基础用图。由铁碳合金相图可知，钢在常温下的平衡组织是铁素体和珠光体（亚共析钢）、珠光体（共析钢）、珠光体和二次渗碳体（过共析钢）。将这些钢缓慢加热时，就会按铁碳合金相图发生转变。共析钢加热温度超过 A_1 后，珠光体就转变为奥氏体。亚共析钢加热温度超过 A_1 后，珠光体转变为奥氏体；继续加热到温度超过 A_3 后，铁素体也全部溶入奥氏体。过共析钢加热温度超过 A_1 后，珠光体转变为奥氏体；继续加热到温度超过 A_{cm} 后，渗碳体全部溶入奥氏体。

碳钢在缓慢加热和冷却过程中，固态下的组织转变温度分别是 A_1、A_3、A_{cm}，实际加热时的转变温度总是高于 A_1、A_3、A_{cm}，用 Ac_1、Ac_3、Ac_{cm} 表示，实际冷却时的转变温度总是低于 A_1、A_3、A_{cm}，用 Ar_1、Ar_3、Ar_{cm} 表示。

2. 奥氏体化过程

以共析钢为例来说明奥氏体化过程。将共析钢加热到 Ac_1 时，珠光体向奥氏体转变。奥氏体化大致可分为四个过程，如图 2-2 所示。

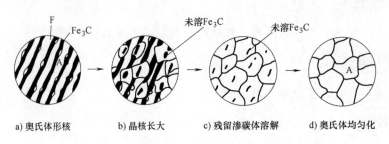

a) 奥氏体形核   b) 晶核长大   c) 残留渗碳体溶解   d) 奥氏体均匀化

图 2-2   共析钢奥氏体形成过程示意图

（1）奥氏体形核   在铁素体与渗碳体的交界面上形成奥氏体晶核。因为交界面上的碳浓度不均匀，原子排列也不规则，位错、空位密度较高，这样，在浓度和结构上为奥氏体晶核的形成提供了有利条件。

（2）晶核长大   奥氏体晶核形成后，便是晶核的长大。在与铁素体接触的方向上，铁素体通过晶格改组向奥氏体转变；在与渗碳体接触的方向上，渗碳体不断溶入奥氏体。

（3）残留渗碳体的溶解   根据晶格的形式和含碳量的差别，铁素体较渗碳体更接近于奥氏体。因此，在奥氏体晶核长大后，总是铁素体较渗碳体先完成转变，即在铁素体全部消失后还存在少量渗碳体未溶解，这部分未溶解的渗碳体称为残留渗碳体。随着保温时间的延长，残留渗碳体继续向奥氏体中溶解直至完全消失。

（4）奥氏体均匀化   在形成的奥氏体晶粒中碳浓度是不均匀的。原属于渗碳体的位置，碳浓度较高；原属于铁素体的位置，碳浓度较低。需要继续保温，通过碳原子的扩散获得成分均匀的奥氏体。

珠光体刚完成向奥氏体的转变时，其晶粒细小，若继续加热或延长保温时间，奥氏体晶粒会继续长大。奥氏体晶粒粗化后，热处理后钢的晶粒就粗大，使钢的强度和韧性降低。因此，加热时应防止奥氏体晶粒粗化。

对于亚共析钢和过共析钢来说，除了加热时发生珠光体向奥氏体的转变外，还有铁素体或渗碳体向奥氏体转变或溶解的过程。因此，对于亚共析钢和过共析钢，只有加热至 Ac_3 或 Ac_{cm} 以上并保温足够时间，才能得到单相奥氏体。

2.1.2   钢在冷却时的组织转变

奥氏体的冷却转变直接影响钢冷却后的组织和性能，是热处理工艺的关键。奥氏体的冷却方式通常有两种，即等温冷却和连续冷却，如图 2-3 所示。现以共析钢为例来讨论奥氏体在两种冷却方式下的转变。

1. 奥氏体的等温转变

将奥氏体化的钢，迅速冷却至低于 Ar_1 的某一温度，等温一段时间，使过冷奥氏体完成转变。处于 A_1 以下的奥氏体是不稳定的，必然要发生转变，但需要一定的时间。这种被冷却到 A_1 以下暂时存在的奥氏体，称为过冷奥氏体。

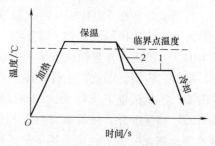

图 2-3　不同冷却方式示意图

奥氏体等温转变图，是用来分析过冷奥氏体的转变温度、转变时间和转变产物之间关系的，它是研究过冷奥氏体等温转变的重要工具。下面介绍用金相硬度法测定共析钢的奥氏体等温转变图。

用共析钢制成若干小薄片试样（$\phi 10mm \times 1.5mm$），将其加热到 Ac_1 以上某一温度并保温，使其组织为均匀的奥氏体。然后分别将试样迅速投入到不同温度（如 660℃、600℃、550℃ 等）的盐浴中等温处理；每隔一定的时间取出一块试样迅速淬入水中，冷却后观察其显微组织并测定硬度，便可测出过冷奥氏体开始转变和转变终了的时间。在温度—时间坐标图上标出所有的转变开始点和终了点，并分别连接各开始转变点和转变终了点，便得到图 2-4 所示的奥氏体等温转变图。由于该图形状似英文字母"C"，所以又叫 C 曲线。对于不同成分的钢，奥氏体等温转变图中的曲线的形状是不同的。

图 2-4 中，左曲线为过冷奥氏体等温转变开始线，右曲线为过冷奥氏体等温转变终了线。在转变开始线的左边是过冷奥氏体区；转变终了线的右边为转变产物区；两条曲线之间为转变过渡区，即过冷奥氏体和转变产物共存区。在不同温度下，过冷奥氏体的稳定性是不同的。

转变开始线到纵坐标轴之间的水平距离，称为过冷奥氏体在对应温度下的孕育期。由图 2-4 可见，在奥氏体等温转变图的"鼻尖"（约 550℃）处孕育期最短，过冷奥氏体最不稳定。

若将奥氏体化的钢迅速投入水中冷却，奥氏体将不发生上述等温转变，而是在 230℃ 开始转变为马氏体，到 -50℃ 奥氏体向马氏体转变完成，图 2-4 中 Ms、Mf 线分别为奥氏体向马氏体转变的开始线和终了线。

奥氏体等温转变的产物因温度不同而不同。

当等温温度在 $A_1 \sim 550℃$ 时，过冷奥氏体转变为珠光体型组织，但随着过冷度的增大，珠光体的片层逐渐变薄，按照珠光体中铁素体与渗碳体的片层间距，可将其分为三类：

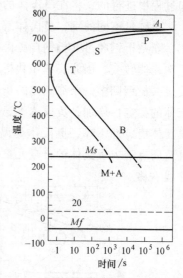

图 2-4　共析钢的奥氏体等温转变图

1）在 $A_1 \sim 650℃$ 范围内，奥氏体转变为粗珠光体，用"P"表示。

2）在 650~600℃ 范围内，奥氏体转变为细珠光体，称为索氏体，用"S"表示。

3）在 600~550℃ 范围内，奥氏体转变为极细珠光体，称为托氏体，用"T"表示。

粗珠光体、索氏体、托氏体本质上都是铁素体与渗碳体的机械混合物，只是片层的厚度不同。片层愈薄，塑性变形的抗力愈大，则强度、硬度愈高，塑性、韧性也愈好。

当等温温度在550℃~Ms时，过冷奥氏体转变为贝氏体（B），即过饱和铁素体和极为分散的渗碳体的机械混合物。在550~350℃范围内形成的贝氏体称为上贝氏体，硬度为40~45HRC。上贝氏体在显微镜下呈羽毛状，如图2-5a所示。细小的渗碳体分布在铁素体条之间，易引起脆断，因此，上贝氏体的强度和韧性较差。温度在350~230℃间，转变组织为下贝氏体，在显微镜下呈针状，如图2-5b所示，它除了比上贝氏体具有较高的硬度（45~55HRC）和强度外，还具有良好的塑性与韧性，即具有较优良的综合力学性能。生产上常用"等温淬火"的方法来获得下贝氏体，以获得良好的综合力学性能。

a) 上贝氏体显微组织   b)下贝氏体显微组织

图 2-5 贝氏体显微组织

将奥氏体过冷到Ms线以下时，过冷奥氏体转变为马氏体（M）。这种转变是在连续冷却过程中进行的，将在奥氏体的连续冷却转变中介绍。

含碳量不同的钢，奥氏体等温转变图中的曲线的形状和位置不同。由铁碳合金相图可知，亚共析钢和过共析钢自奥氏体状态冷却时，先有铁素体或渗碳体的析出过程，随后才发生珠光体转变。因此，在亚共析钢奥氏体等温转变图中的曲线上部多一条铁素体的析出线，而过共析钢则多一条渗碳体的析出线，如图2-6所示。对于亚共析钢，含碳量增加，过冷奥氏体的稳定性增加，奥氏体等温转变图中的曲线右移。而对于过共析钢，含碳量增加，过冷奥氏体稳定性下降，奥氏体等温转变图中的曲线左移。合金元素的影响比较复杂，除钴以外，所有溶入奥氏体的合金元素，都能提高过冷奥氏体的稳定性，使奥氏体等温转变图中的曲线右移。

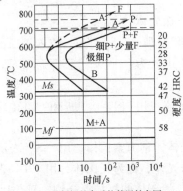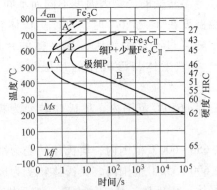

a) 亚共析钢的奥氏体等温转变图   b) 过共析钢的奥氏体等温转变图

图 2-6 亚共析钢、过共析钢的奥氏体等温转变图

2. 奥氏体的连续冷却转变

在实际生产中，如淬火、正火、退火等，过冷奥氏体的转变大多是在连续冷却的过程中进行的，研究过冷奥氏体的连续冷却转变，对实际生产具有重要的指导意义。

（1）奥氏体连续冷却转变图　将高温奥氏体连续冷却，使过冷奥氏体在不同的过冷度下连续进行转变。如图 2-7 所示，是用实验方法测定共析钢的连续冷却转变图。图中 Ps 线为过冷奥氏体转变为珠光体的开始线；Pf 线为过冷奥氏体转变为珠光体的终了线。两线之间为奥氏体向珠光体转变的区域。若以 V_1 速度冷却得到珠光体；以 V_2 速度冷却得到细珠光体和极细珠光体；以 V_3、V_4 速度冷却均得到马氏体。其中 V_3 与 Ps 线相切，是奥氏体全部过冷到 Ms 线以下转变为马氏体的最小冷却速度，称为临界冷却速度。

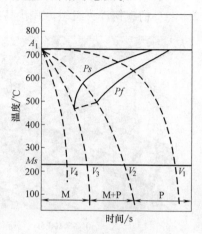

图 2-7　共析钢连续冷却转变图

共析钢的连续冷却转变图位于奥氏体等温转变图曲线的右下方，说明连续冷却时，奥氏体向珠光体的转变温度要低些，转变要滞后些，而且，连续冷却转变图没有等温转变图的下半段，则共析钢连续冷却时不形成贝氏体组织。另外，连续冷却转变是在一定温度范围内进行的，所以得到的转变产物不可能沿零件截面均匀一致。

（2）用奥氏体等温转变图近似分析连续冷却转变

由于连续冷却转变图的测定比较困难，所以工程上常参照等温转变图来近似地、定性地分析连续冷却转变过程。为了预测某种钢在某一冷却速度下所得到的组织，可将此冷却速度线画在该钢种的等温转变图上，根据冷却速度线与等温转变图中曲线相交的位置来估计所得到的组织，如图 2-8 所示。

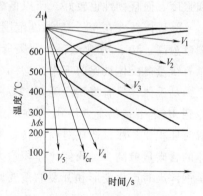

图 2-8　在共析钢奥氏体等温转变图上的连续冷却速度线

在图 2-8 中，V_1 冷却速度相当于随炉冷却（退火）的情况，它与等温转变图中曲线交于 700~650℃温度范围，估计过冷奥氏体转变为珠光体组织；V_2 冷却速度相当于空冷（正火）的情况，它与等温转变图中曲线交于 650~600℃温度范围，估计过冷奥氏体转变为细珠光体；V_3 冷却速度得到的组织是极细珠光体；V_4 先与珠光体转变开始线相交，随后又与 Ms 相交，冷却到室温得到的组织是极细珠光体、马氏体、残留奥氏体；V_5 速度线不与等温转变图中曲线相交，奥氏体直接过冷到 Ms 以下转变为马氏体；V_{cr} 为奥氏体全部过冷到 Ms 以下，转变为马氏体的最小冷却速度——临界冷却速度。显然，只要冷却速度大于 V_{cr} 就能得到马氏体组织。

亚共析钢或过共析钢的连续冷却转变图比共析钢复杂一些，不再详细讨论。

（3）过冷奥氏体向马氏体的转变　碳在 α-Fe 中的过饱和固溶体，称为马氏体，用"M"表示。一般讲，当 $w_C < 0.25\%$ 时，马氏体仍为体心立方晶格；当 $w_C > 0.25\%$ 时，马氏体为体心正方晶格。

马氏体的形态主要有两种：板条马氏体和片状马氏体，如图 2-9 所示。当奥氏体中 $w_C<0.2\%$ 时，淬火组织中马氏体几乎全部是板条状，板条马氏体也称低碳马氏体。当奥氏体中 $w_C>1\%$ 时，淬火组织中马氏体几乎全部是片状，片状马氏体也称高碳马氏体。含碳量 w_C 在 0.2%~1%的碳钢淬火组织为片状马氏体和板条马氏体的混合组织。

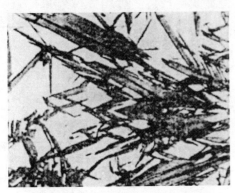

a) 高碳马氏体　　　　　　　　　　　　b) 低碳马氏体

图 2-9　马氏体的显微组织

马氏体的力学性能与含碳量有关，其硬度随含碳量的增加而增加，但当其 $w_C>0.6\%$ 时，由于残留奥氏体的增多，硬度增加不明显。高碳马氏体硬而脆，低碳马氏体具有较高的硬度和强度，而且韧性也较好，所以低碳马氏体得到了广泛的应用。

马氏体转变在 $Ms\sim Mf$ 温度范围内进行，温度停止下降，转变也立即中断。奥氏体中含碳量愈高，Ms、Mf 愈低，当含碳量 $w_C>0.5\%$ 时，Mf 已降至 0℃ 以下。因此，高碳钢淬火后总有少量奥氏体被保留下来，这部分奥氏体称为残留奥氏体（Ar）。要使残留奥氏体继续转变为马氏体，只有将钢冷至 0℃ 以下，这种处理称为"冷处理"。实际上，即使把奥氏体过冷到 Mf 之下，仍有少量 Ar 存在。这是由于马氏体的比体积是所有组织中最大的，马氏体形成时体积要膨胀，造成对尚未转变的奥氏体的压应力，阻碍了奥氏体向马氏体的转变。奥氏体的含碳量愈高，马氏体比体积愈大。马氏体形成时体积的膨胀，会引起很大的内应力，这是钢淬火时产生变形和开裂的重要原因。

2.1.3　钢的普通热处理

热处理工艺按其作用可分为预备热处理和最终热处理两类。预备热处理的目的是为了消除热加工（铸、锻、轧、焊等）所造成的缺陷，或为随后的冷加工和最终热处理做准备。最终热处理的目的是使工件获得良好的使用性能。

1. 钢的退火和正火

退火和正火一般作为钢的预备热处理。

（1）退火　退火是将钢加热到略高于或略低于临界点（Ac_1、Ac_3）某一温度，保温一定时间，然后缓慢冷却（一般随炉冷却）的工艺过程。

退火的目的是：细化晶粒，改善钢的力学性能；降低硬度，提高塑性，以便进一步切削加工；去除或改善前一道工序造成的组织缺陷或内应力，防止工件的变形和开裂。

生产上常用的退火方法有以下几种，其加热温度范围如图 2-10 所示。

1）完全退火是将钢加热到 Ac_3 以上 30 ~ 50℃，保温一定时间，然后缓慢（随炉）冷却至 600℃ 以下出炉空冷至室温的热处理工艺。

完全退火适用于亚共析成分的钢，完全退火后的组织为铁素体和珠光体。通过完全退火可以细化晶粒，消除内应力，降低硬度，有利于切削加工。

2）等温退火的加热工艺与完全退火相同，奥氏体化后，以较快速度冷却到珠光体转变温度的某一温度，等温一定时间，使奥氏体在等温中发生珠光体转变，然后又以较快速度（一般为空冷）冷至室温。因此，等温退火不仅可以有效地缩短退火时间，提高生产率，而且工件是处于同一温度下发生组织转变，故能获得均匀的组织与性能。

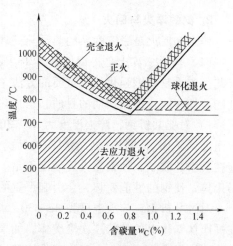

图 2-10　退火、正火的加热温度范围

3）球化退火是将钢加热到 Ac_1 以上 30~50℃ 的温度，保温一定时间，随炉缓冷或在 Ar_1 以下 20℃ 左右等温一定时间，使渗碳体球化，然后在 600℃ 以下出炉空冷至室温的热处理工艺。

球化退火主要用于共析钢、过共析钢及合金工具钢。通过球化退火，使钢中的层片状和网状渗碳体变成球（粒）状渗碳体，这种在铁素体基体上均匀分布着球状渗碳体的组织称为球状珠光体。球状珠光体较层片状珠光体与网状珠光体的硬度低。因此，通过球化退火，降低了硬度，改善了切削加工性，并为淬火做好组织准备。

4）合金铸锭及大型铸件在铸造过程中，先结晶部分与后结晶部分的成分差别较大，形成枝晶偏析。为了消除枝晶偏析，可将钢加热到高温（Ac_1、Ac_3 或 Ac_{cm} +150~250℃）并停留较长时间，使合金元素充分扩散，然后缓冷，这种方法称为均匀化退火。

5）去应力退火也称低温退火。去应力退火是将工件缓慢加热到 500~600℃，适当保温后随炉缓冷的热处理工艺。

去应力退火一般用于铸件、锻件及焊接件。钢在这一过程中不发生组织变化，但其内应力得到消除。

（2）正火　正火是将工件加热至 Ac_3 或 Ac_{cm} 以上 30~50℃，保温后从炉中取出空冷的一种热处理工艺。正火比退火的冷却速度要快些，得到的工件组织细一些，可获得索氏体组织，力学性能高于退火处理的工件。

正火的主要目的是细化晶粒，均匀组织，改善钢的力学性能；消除铸件、锻件和焊接件的内应力；调整硬度，以改善切削加工性。

正火工艺可用于普通结构零件的最终热处理及重要零件的预备热处理。例如发电厂使用的 20 钢锅炉钢管，通常用正火作最终热处理，以得到比退火高的强度、硬度和塑性。20 钢钢管的正火温度为 900~930℃；过共析钢在球化退火前用正火来消除组织中的网状渗碳体。

正火也可用于改善低碳钢的切削加工性。一般认为，金属材料的硬度在 160~230HBW 范围内，切削加工性能较好，而低碳钢退火状态的硬度普遍低于 160HBW，切削时易"粘刀"，零件的表面质量也较差，经正火后，可适当提高其硬度，改善切削加工性。

2. 钢的淬火与回火

淬火和回火是紧密联系的两种热处理工艺，一般作为钢的最终热处理。

（1）淬火 淬火是将钢加热到 Ac_3 或 Ac_1 以上 $30\sim50℃$，保温后快速冷却的一种热处理工艺。淬火是使钢强化的最重要的方法，其主要目的是为了获得马氏体组织，提高钢的力学性能。淬火能否得到预期的目的，与加热温度、保温时间及冷却速度等紧密相关。

1）对亚共析钢，淬火温度为 $Ac_3+30\sim50℃$，淬火后的组织为均匀细小的马氏体。若淬火温度低于 Ac_3，则淬火后的组织为马氏体和被保留下来的原始组织中的铁素体。铁素体的存在会引起软点，使钢淬火后硬度不足。如果淬火温度过高，奥氏体晶粒粗化，得到粗大的马氏体，使钢的性能变坏，会引起严重的变形。

对过共析钢，淬火温度为 $Ac_1+30\sim50℃$，淬火后的组织为均匀细小的马氏体和均匀分布在马氏体基体上的粒状二次渗碳体。如果淬火温度过高，不仅淬火后得到粗大的马氏体，使钢的脆性增大，而且会由于渗碳体溶解过多，使奥氏体含碳量增高，从而降低马氏体转变温度，增加了淬火钢中的残留奥氏体，使钢的硬度和耐磨性降低。同时，过高的淬火温度也增大了淬火变形与开裂的倾向。

对于合金钢，由于大多数合金元素（除 Mn、P 外）阻碍奥氏体晶粒长大，因此，它们的淬火温度应稍高于临界点所确定的加热温度，这样可以使合金元素充分溶解于奥氏体中，以保证较好的淬火效果。

2）淬火时的冷却速度必须大于临界冷却速度，但过快的冷却又会增加内应力，导致工件的变形和开裂。显然，淬火冷却是决定淬火质量的关键。生产中常通过选择适当的淬火冷却介质，并结合改进淬火冷却方法来保证淬火的质量。

生产中常用的淬火冷却介质是水和油。水在等温转变图鼻尖附近，即 $650\sim550℃$ 冷却能力很强；在马氏体形成时，即 $300\sim200℃$ 冷却能力也很强；水中加入盐或碱只能提高 $650\sim550℃$ 的淬火能力。用水或水溶液冷却能避免非淬火组织的出现，但易引起零件的变形和开裂，故水和水溶液主要用于结构简单、截面尺寸较大的碳钢零件。各种矿物油（如全损耗系统用油、变压器油）的优点是在 $300\sim200℃$ 冷却能力小，有利于减小零件的变形，但在 $650\sim550℃$ 冷却能力也低，稍大一点的碳钢件就不能淬成马氏体。因此，油一般用于合金钢零件和碳钢小零件的淬火。

随着对冷却介质的广泛研究，近几年有些采用冷却能力介于水和油之间的冷却介质——水溶性（高分子聚合物）淬火介质。水溶性淬火介质可以与水以任意比例无限互溶，用普通自来水稀释即可使用。水溶性淬火介质的突出优点是：无毒、无油烟、无着火危险、冷速可调、有效寿命长、淬火后工件可不用清洗直接回火。

3）钢在淬火冷却时，会产生很大的内应力，主要是热应力和组织应力。热应力是由于工件各部分的冷却速度不一致，例如工件的中心比表面冷却慢、大截面比小截面冷却慢，不均匀的冷却使工件各部分温度不一致，引起各部分收缩不一致，从而产生热应力；组织应力是由于冷却过程中工件各部分温度不同，使相变不能同时进行产生的；而钢在不同的组织状态下，其比体积各不相同，淬火后得到的马氏体比体积最大，因而造成体积膨胀，引起内应力，即组织应力。

淬火时产生的内应力是造成工件变形和开裂的重要原因。当内应力大于钢材的屈服强度时，就会产生变形；当内应力大于钢材的抗拉强度时，就会产生开裂。

4）生产上常用的淬火方法有单液淬火、双液淬火、分级淬火、等温淬火，如图 2-11 所示。

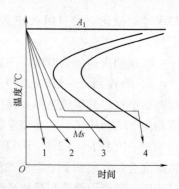

图 2-11　常用淬火方法示意图
1—单液淬火　2—双液淬火
3—分级淬火　4—等温淬火

① 将钢件奥氏体化后，直接放入一种淬火介质中冷却，称为单液淬火，如水淬、油淬等。这种方法操作简单，容易实现机械化、自动化；但容易产生淬火缺陷。

② 将钢件奥氏体化后，先放入一种冷却能力较强的介质中冷却，至接近 Ms 点温度时，立即转入另一种冷却能力较弱的介质中冷却，使马氏体转变在缓冷的条件下进行。这种淬火方法称为双液淬火，例如先水淬后油淬。双液淬火减小了内应力，有效地减小了变形和开裂，但操作复杂。双液淬火适用于形状复杂的碳钢件（如工具、模具等）的淬火。

③ 将钢件奥氏体化后，迅速放入稍高于 Ms 点温度的盐浴或碱浴中，停留一段时间，待其表面和心部与介质温度基本一致后，再取出空冷，使过冷奥氏体转变为马氏体，这种淬火方法称为分级淬火。分级淬火比双液淬火容易掌握，可以减小工件温差，从而减小变形和开裂的倾向。分级淬火适用于形状复杂的小工件（如刀具等）的淬火。

④ 将钢件奥氏体化后，迅速放入稍高于 Ms 点温度的盐浴或碱浴中，并保温足够的时间，使其在等温的过程中完成下贝氏体转变，然后取出空冷，这种淬火方法称为等温淬火。等温淬火大大降低了淬火内应力，减小了变形，而且所得到的下贝氏体组织具有高的强度、硬度和韧性，也不必进行回火。但所需时间长、生产率低。等温淬火适用于形状复杂、尺寸精度高的小工件（如工具、模具、弹簧及小齿轮等）。

5）小截面零件淬火后，表面和心部的冷却速度都大于临界冷却速度，表面和心部均可淬透而得到马氏体。但较大截面零件淬火后，由于心部冷却速度小于临界冷却速度，表层得到马氏体，而心部有非马氏体组织出现，即钢件未被淬透，只是在一定深度上获得了马氏体组织。一般规定从钢件表面到半马氏体区（即马氏体和非马氏体组织各占一半）的深度作为淬硬层深度，把钢件在一定条件下淬火所获得淬硬层深度的能力，称为淬透性。它表示钢接受淬火的能力。在同一淬火条件下，获得淬硬层越厚的钢，其淬透性越好。

显然，钢的淬透性与钢的临界冷却速度密切相关。所有能使等温转变图中曲线右移，从而降低临界冷却速度的因素，都能提高钢的淬透性。

钢的淬透性主要取决于钢的化学成分。碳钢的含碳量越接近共析成分，则临界冷却速度越小，钢的淬透性越好。反之，碳钢的含碳量离共析成分越远，则临界冷却速度越大，钢的淬透性越低。除 Co 外，大多数合金元素都能显著提高钢的淬透性，尤其是微量的硼能强烈提高钢的淬透性。钢中合金元素的含量越高，提高淬透性的作用就越显著。

（2）回火　回火是将淬火钢加热到 A_1 以下的某一温度，保温后在油中或空气中冷却的一种热处理工艺。

大多数钢淬火后虽然获得了高的硬度，但脆性大，不能直接使用。通过回火处理，可以降低脆性，提高韧性和塑性，满足工件对使用性能的要求；淬火钢存在较大的内应力，容易引起工件的变形和开裂，通过回火处理，可以减小或消除内应力；淬火钢中马氏体和残留奥氏体是不稳定组织，都有自发地向稳定组织（铁素体和渗碳体）转变的倾向，从而引起工件尺寸的变化。通过回火使其转变为较稳定的组织，以保证工件在使用过程中的尺寸稳定性。

根据回火的加热温度，一般将回火分为三类：

1）低温回火（150~250℃），目的是降低淬火内应力和脆性，并保持淬火后的高硬度和高耐磨性。其组织是回火马氏体（碳在 α-Fe 中的过饱和固溶体和 Fe_3C 组成的组织），硬度约为 58~64HRC。主要用于各种工具、模具及滚动轴承、渗碳件等。

2）中温回火（350~500℃），目的是为了得到回火托氏体（铁素体和细粒状渗碳体的机械混合物）组织，它具有高的弹性极限和屈服强度，同时具有较高的韧性，硬度约为35~45HRC。常用于弹簧和某些高强度零件。

3）高温回火（500~650℃），目的是为了得到回火索氏体（铁素体和粒状渗碳体的机械混合物），硬度约为 20~35HRC，其性能特点是既具有足够的强度，又具有良好的塑性和韧性，即具有良好的综合力学性能。淬火加高温回火的工艺称为调质处理，目的是获得强度、硬度、塑性和韧性都较好的综合力学性能。广泛用于汽车、拖拉机、机床等的重要结构零件，如连杆、螺栓、齿轮及轴类。

回火时，随回火温度的升高，钢的强度、硬度降低，塑性、韧性提高，但韧性不是简单的上升。钢的韧性在 200℃ 以下回火时，有些提高，但在 250~300℃ 回火时反而降低，这种现象称为钢的第一类回火脆性或不可逆回火脆性。几乎所有的钢都存在这类脆性，它是一种不可逆的回火脆性。产生的主要原因是由于碳化物沿马氏体的晶界析出，破坏了马氏体之间的联系，引起脆性的增加。因此，要避免在 250~300℃ 范围内回火。

某些合金钢（如铬钼钢、铬锰硅钢、铬镍钢等）不仅在 250~300℃ 会出现脆性增加的现象，在 550℃ 左右还会出现一次脆性增加的倾向。这种回火脆性称为第二类回火脆性或可逆回火脆性。产生的原因主要是杂质元素（如磷、锡、锑）在原奥氏体晶界偏聚的结果。减少钢中杂质元素的含量，加入钼、钨等防止偏聚的元素，或采取回火后快冷的方法，均可有效地抑制可逆回火脆性。

2.2 钢的表面热处理

生产中有许多在扭转、弯曲以及交变载荷或易磨损条件下工作的零件，如轴、齿轮、凸轮等，要求其表面有高的强度、硬度、耐磨性、疲劳极限，而心部则保持足够的塑性和韧性。采用表面热处理即表面淬火和化学热处理是满足上述要求的有效方法。

2.2.1 表面淬火

仅对钢的表面加热和冷却而不改变钢表层化学成分的热处理工艺称为表面淬火。它是通过快速加热使钢表层奥氏体化，不等热量传至心部，立即快速冷却，使表层获得硬而耐磨的马氏体，心部仍为塑性、韧性较好的退火、正火或调质状态的组织。

表面淬火用的材料，以中碳结构钢及球墨铸铁最为适宜，其他铸铁及高碳钢等也可进行表面淬火强化。表面淬火后，一般需进行低温回火，以减少淬火应力和降低脆性。

按加热方式，表面淬火可分为感应加热、火焰加热、电接触加热和激光加热表面淬火等。最常用的是前两种。

1. 感应加热表面淬火

感应加热表面淬火是利用感应电流通过工件表面所产生的热效应，使表面加热并进行快速冷却的淬火工艺。

感应加热表面淬火的原理如图 2-12 所示。当感应圈中通入交变电流时，产生交变磁场，在工件中便产生同频率的感应电流；这种感应电流在工件中分布是不均匀的，表面电流密度最大，而中心电流密度几乎为零，电流频率愈高，电流密度极大的表层愈薄，这种现象称为集肤效应。由于钢表面具有电阻，集中于工件表面的电流，可使表层迅速加热到淬火温度，而心部温度仍接近室温，随后立即喷水快速冷却，使工件表面淬硬。

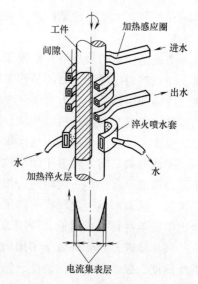

图 2-12 感应加热表面淬火示意图

根据电流频率不同，所用的加热装置主要有三种：一种是高频感应加热，常用频率为 200~300kHz，淬硬层为 0.5~2mm，适用于中、小模数齿轮及中、小尺寸的轴类零件。第二种是中频感应加热，常用频率为 2500~3000Hz，淬硬层为 2~10mm，适用于较大尺寸的轴和大、中模数的齿轮等。第三种是工频感应加热，电流频率为 50Hz，硬化层深度可达 10~20mm，适用于大尺寸的零件，如轧辊、火车车轮等。此外还有超音频感应加热，频率为 30~40kHz，适用于硬化层略深于高频加热的零件，其要求硬化层沿表面均匀分布，例如中小模数齿轮、链轮、轴及机床导轨等。

感应加热速度极快，时间很短仅为几秒钟，感应加热表面淬火有以下特点：第一，表面性能好，硬度比普通淬火高 2~3HRC，疲劳强度较高，一般工件可提高 20%~30%；第二，工件表面质量高，不易氧化脱碳，淬火变形小；第三，淬硬层深度易于控制，操作易于实现机械化、自动化，生产率高。

2. 火焰加热表面淬火

火焰加热表面淬火是以高温火焰作为加热源的一种表面淬火方法。常用火焰为乙炔-氧火焰（最高温度为 3200℃）或煤气-氧火焰（最高温度为 2400℃）。火焰加热表面淬火如图 2-13 所示。高温火焰将钢件表面迅速加热到淬火温度，随即喷水快冷使表面淬硬。调节烧嘴移动速度及与喷水管之间的距离，可获得不同的淬火层深度。火焰加热表面淬硬层通常为 2~8mm。

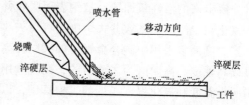

图 2-13 火焰加热表面淬火示意图

火焰加热表面淬火设备简单，方法易行，但火焰加热温度不易控制，零件表面易过热，淬火质量不够稳定。火焰加热表面淬火尤其适宜处理特大或特小件、异型工件等，如大齿轮、轧辊、顶尖、凹槽、小孔等。

2.2.2 化学热处理

化学热处理是将钢件置于一定介质中加热和保温，使介质中的活性原子渗入工件表层，以改变表层的化学成分和组织，从而使工件表层具有某些特殊的力学性能或物理、化学性能的一种热处理工艺。常见的化学热处理有渗碳、渗氮、碳氮共渗及氮碳共渗等。

1. 渗碳

渗碳是向钢的表层渗入碳原子的过程，即把零件置于渗碳介质中加热至 900～950℃ 保温，使钢件表层增碳。目的是使工件表层具有高的硬度、耐磨性，心部保持一定的强度和韧性。渗碳件用钢的 $w_C < 0.25\%$。渗碳广泛用于在磨损情况下工作并承受冲击载荷、交变载荷的零件，如汽车、拖拉机的传动齿轮、内燃机的活塞销等。渗碳后再进行淬火和低温回火处理。渗碳方法有固体渗碳、气体渗碳和液体渗碳，常用的是前两种。

固体渗碳是将零件置于四周填满渗碳剂（木炭和碳酸盐）的箱内，然后送入炉中加热至渗碳温度，并保温一定时间，使渗碳剂分解出的活性碳原子渗入其奥氏体中，并向钢的内部扩散，从而形成一定深度的渗碳层。固体渗碳速度较慢，质量难以控制，劳动条件较差，但由于简单易行，成本低，特别适用于单件、小批量生产。

气体渗碳是将零件置于密闭的加热炉中，通入渗碳剂（煤油、甲醇、苯等），并加热至渗碳温度，保温一定时间，使渗碳剂分解出的活性碳原子被工件表层吸收，并向钢的内部扩散，通过控制保温时间，得到一定深度的渗碳层。气体渗碳法渗碳过程易于控制，渗层质量好，易于实现机械化、自动化，生产率高，适用于成批、大量生产，故应用较广。

低碳钢零件渗碳后，表层 w_C 为 0.85%～1.05% 为宜。低碳钢渗碳缓冷后的组织为：表层珠光体-网状二次渗碳体，心部为铁素体-少量珠光体；两者之间为过渡区，越靠近表层铁素体越少。一般规定，碳钢从表面到过渡区的一半厚度处为渗碳层厚度。渗碳层厚度根据零件的工作条件和具体尺寸来确定。渗碳层太薄时，易引起表面疲劳剥落，太厚则经不起冲击，一般为 0.5～2.5mm。

2. 渗氮

渗氮又称氮化，是向钢的表层渗入氮原子的过程，目的是提高工件表面的硬度、耐磨性、疲劳强度和耐蚀性等。氮化广泛应用于耐磨性和精度均要求很高的零件，如镗床主轴、精密传动齿轮；在交变载荷下要求高疲劳强度的零件，如高速柴油机曲轴；以及要求变形很小和具有一定耐热、耐蚀性的耐磨件，如阀门、发动机气缸以及热作模具等。

生产中应用的氮化方法很多，其中应用最广泛的是气体氮化法。气体氮化是氨气在加热时分解出来的活性氮原子，被钢表面吸收并向内扩散，在钢表面形成一定深度的氮化层。气体氮化在专门的设备或井式炉中进行。

渗氮件多采用中碳合金钢。如果以提高疲劳强度为主要目的，则可选用合金结构钢；如果以高硬度、高耐磨为主要目的，则可选用氮化钢；如果为提高工模具的使用寿命，则宜选用回火温度和氮化温度相近的工模具钢，以利于复合热处理；如果以提高耐蚀性为目的，则材料不受限制，钢和铸铁均可。

常用的氮化钢有 35CrAlA、38CrMoAlA、38CrWVAlA 等。应用最广泛的氮化钢是 38CrMoAl，钢中 Cr、Mo、Al 等合金元素在氮化过程中形成高度弥散、硬度极高的稳定化合物，氮化后工件表面硬度可高达 68～72HRC，具有很高的耐磨性，因此，氮化后，不需进行淬火处理。氮原子的渗入，使氮化层内形成残留压应力，疲劳强度可提高 25%～30%。另外，由于在工件表层形成了一层致密的氮化物，使钢具有很高的耐蚀性。

为了保证工件心部的力学性能，消除内应力，渗氮的工件需要先进行调质处理。氮化层很薄，一般不超过 0.6～0.7mm，因此，氮化往往是加工工艺路线中最后一道工序，氮化后

最多再进行精磨或研磨，不再进行其他加工。

3. 碳氮共渗

碳氮共渗是向钢的表面同时渗入碳、氮原子的过程，也称氰化。碳氮共渗的方法有液体碳氮共渗和气体碳氮共渗，目的是提高工件表层的硬度、耐磨性及疲劳强度等，效果比单一的渗碳或渗氮好。

目前生产中应用较广的有中温气体碳氮共渗和低温气体氮碳共渗两种。

1）中温气体碳氮共渗是在一定温度下同时将碳、氮原子渗入工件表层，并以渗碳为主的化学热处理工艺，故称碳氮共渗。由于共渗温度较高，它是以渗碳为主的碳氮共渗过程，因此，处理后要进行淬火和低温回火。共渗深度一般为 0.3~0.8mm，共渗层表面组织由细片状回火马氏体、适量的粒状碳氮化合物以及少量残留奥氏体组成。表面硬度可达 58~64 HRC。气体碳氮共渗所用的钢大多为低碳钢、中碳钢或合金钢，如 20CrMnTi。

中温气体碳氮共渗与渗碳相比，具有温度低且便于直接淬火，变形小，共渗速度快、时间短、生产率高、耐磨性好等优点。主要用于汽车和机床齿轮、蜗轮、蜗杆和轴类零件。

2）低温气体氮碳共渗实质上是以渗氮为主的共渗工艺，故又称气体氮碳共渗，生产上把这种工艺称为气体软氮化。常用的共渗温度为 560~570℃，由于共渗温度较低，共渗 1~3h，渗层可达 0.01~0.02mm。低温气体氮碳共渗具有温度低、时间短，工件变形小的特点，而且不受钢种限制，碳钢、合金钢、铸铁及粉末冶金材料均可进行氮碳共渗处理，以达到提高耐磨性、抗咬合性、疲劳强度和耐蚀性的目的。由于共渗层很薄，不宜在重载下工作，目前气体软氮化广泛应用于模具、量具、刃具以及耐磨、承受弯曲疲劳的结构件。

2.2.3 热处理新技术简介

随着工业生产和科学技术的发展，以及生产实际的需求，热处理技术得到很大的发展，出现了许多新的热处理工艺方法，计算机技术也越来越多地应用于热处理工艺控制中。

1. 真空热处理

在真空环境（低于一个大气压，即 101.325Pa）中进行的热处理称为真空热处理，主要有真空淬火、真空退火、真空回火等。真空热处理是在 1.33~0.0133Pa 真空度的真空介质中加热工件，可大大减少工件的氧化和脱碳；由于升温速度慢，工件截面温差小，热处理变形小；表面氧化物、油污在真空加热时被分解，由真空泵排出，使得工件表面光洁美观；可提高工件的疲劳强度、耐磨性和韧性；工艺操作条件好，易实现机械化和自动化，节约能源，减少污染；但设备较复杂，价格昂贵。目前，主要用于工模具和精密零件的热处理。

2. 可控气氛热处理

工件在炉气成分可以控制的炉内进行的热处理称为可控气氛热处理。钢在热处理时，如果炉内存在氧化性气体，便会引起氧化和脱碳；严重降低表面质量，并对高强度钢的断裂韧度产生很大影响。可控气氛热处理的目的就是减少或防止工件加热时的氧化和脱碳，提高工件表面质量和尺寸精度，控制渗碳时渗碳层的碳浓度，而且还可以使脱碳的工件重新复碳。

用于热处理的可控气氛类型很多。目前我国常用的可控气氛有吸热式气氛、放热式气氛、放热—吸热式气氛和有机滴注式气氛等，其中以放热式气氛制备成本最低。

3. 激光热处理

激光热处理是利用高能量密度的激光束扫描照射工件表面，以极快的加热速度迅速加热至相变温度以上，停止照射后，依靠工件自身传导散热迅速冷却表层而进行自行淬火。激光热处理加热速度快，加热区域准确集中，不需淬火冷却介质而能自行淬火。采用激光热处理后工件表面光洁、变形极小，表面组织晶粒细小，硬度和耐磨性好，还能对复杂形状工件及微孔、沟槽、不通孔等部位进行淬火热处理。

4. 形变热处理

形变热处理是将塑性变形同热处理有机结合在一起，以获得形变强化和相变强化综合效果的工艺方法。这种工艺方法不仅可以提高钢的强韧性，还可以大大简化金属材料或工件的生产流程。形变热处理的方法很多，有低温形变热处理、高温形变热处理、等温形变淬火、形变时效和形变化学热处理等。

（1）低温形变热处理 低温形变热处理是将钢加热到奥氏体状态后，快速冷却到 Ac_1 温度以下 Ms 点以上某一温度范围（一般为 500～600℃），进行大量塑性变形达 50%～70%，然后进行淬火，如图 2-14a 所示。这种热处理可在保持塑性、韧性不降低的条件下，大幅度提高钢的强度和耐磨性，还能明显提高钢的疲劳强度。这种工艺适用于某些珠光体与贝氏体之间有较长孕育期的合金钢。

（2）高温形变热处理 高温形变热处理是将钢加热至稳定的奥氏体区内，保温后进行塑性变形，然后立即进行淬火回火的热处理工艺，又称为高温形变淬火，如图 2-14b 所示。锻热淬火、轧热淬火均属于高温形变热处理。高温形变热处理对钢的强度增加不大，只能提高 10%～30%，但能大大提高韧性，塑性可提高 40%～50%；可降低缺口敏感性，减小回火脆性，大幅度提高抗脆能力。高温形变热处理对材料无特殊要求，一般碳素钢、低合金钢均可应用。

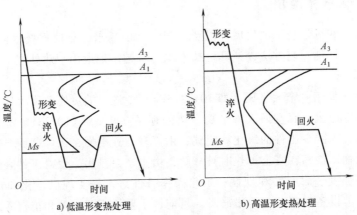

a) 低温形变热处理 b) 高温形变热处理

图 2-14　形变热处理工艺示意图

形变热处理主要受设备和工艺条件限制，应用还不普遍，对形状比较复杂的工件进行形变热处理尚有困难，形变热处理后对工件的切削加工和焊接也有一定影响，这些问题有待进一步研究解决。目前，形变热处理主要用于强度要求极高的工件，如高速钢刀具、模具、飞机起落架及特殊使用要求的弹簧等。

5. 计算机在热处理中的应用

计算机首先用于热处理工艺基本参数（如炉温、时间和真空度等）及设备动作的程序控制；而后扩展到整条生产线（如包括渗碳、淬火、清洗及回火的整条生产线）的控制；

进而发展到计算机辅助热处理工艺最优化设计和在线控制，以及建立热处理数据库，为热处理计算机辅助设计及性能预测提供了重要支持。

 **本 章 小 结**

本章主要内容有：介绍了钢在加热时的转变规律；奥氏体在冷却时的转变规律；钢的退火、正火、淬火、回火及表面热处理工艺等。

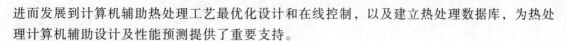

2-1 何谓热处理？其目的是什么？它有哪些基本类型？

2-2 退火的主要目的是什么？常用的退火方法有哪些？

2-3 根据表2-1，归纳比较共析碳钢过冷奥氏体冷却转变中几种产物的特点。

表 2-1 共析碳钢过冷奥氏体冷却转变产物的特点

转变产物	采用符号	形成条件	显微组织特征	力学性能特点
珠光体				
索氏体				
托氏体				
上贝氏体				
下贝氏体				
马氏体				

2-4 临界冷却速度的意义是什么？它与等温转变图曲线的位置有什么关系？对淬火有什么实际意义？

2-5 正火与退火的主要区别是什么？如何选用？

2-6 淬火的主要目的是什么？常用的淬火方法有哪些？

2-7 什么是马氏体？马氏体组织形态有哪两种？马氏体的性能如何？获得马氏体组织的条件是什么？

2-8 列表说明完全退火、正火、淬火、回火的含义、目的、加热温度范围及冷却特点。

2-9 什么是调质热处理？钢经调质热处理后获得什么组织？调质热处理适用于哪些零件？

2-10 什么叫回火？钢淬火后为什么必须及时回火？实际生产中常用哪几种回火工艺？各适用于哪些零件？

2-11 什么是表面热处理？常用的方法有哪些？哪些零件需要进行表面热处理？

2-12 什么是化学热处理？它与一般热处理比较有何特点？常用的方法有哪些？

2-13 什么叫渗碳和渗氮？经渗碳和渗氮后钢具有什么特点？举例说明其应用。

第3章　常用金属材料

常用金属材料的成分、组织状态、热处理工艺、性能及其应用。

典型机械零件的选材及其热处理工艺的确定。

1. 熟悉碳钢、合金钢、铸铁及有色金属等常用金属材料的成分、组织、性能及热处理方法等。
2. 熟悉典型机械零件的工作条件和性能要求。
3. 掌握典型机械零件的材料选择原则和基本步骤，并能正确选材。

3.1　工业用钢

工业用钢主要是指碳素钢和合金钢，它们是应用最广泛的机械工程材料，在工业生产中起着十分重要的作用。

3.1.1　碳素钢

碳的质量分数小于 2.11% 的铁碳合金称为碳素钢，简称碳钢。碳钢容易冶炼，价格低廉，易于加工，能满足一般机械零件的使用要求，因此是工业中用量最大的金属材料。

1. 钢中常存杂质元素对钢性能的影响

钢中最常见的杂质元素有 Mn、Si、S、P 等，都是在钢铁冶炼过程中进入的，它们对钢的性能有一定影响。

（1）锰（Mn）的影响　Mn 来自于生铁和脱氧剂，在钢中是有益元素，其质量分数一般在 0.8% 以下。锰能溶入铁素体中形成固溶体，产生固溶强化，提高钢的强度和硬度；Mn 还能与 S 形成 MnS，以减轻 S 的有害作用。

（2）硅（Si）的影响　Si 也是来自于生铁和脱氧剂，在钢中也是有益元素，其质量分数一般在 0.4% 以下。Si 和 Mn 一样能溶入铁素体中，产生固溶强化，使钢的强度、硬度提高，但使塑性和韧性降低。一般 Si 含量不多，在碳钢中仅作为少量杂质存在，对钢的性能影响也不明显。

（3）硫（S）的影响　S 是由生铁和燃料带入的杂质，在钢中是有害元素。S 在钢中不溶于铁，而与铁形成化合物 FeS，而 FeS 与 Fe 形成熔点较低（985℃）的共晶体，分布在奥氏体的晶界上。当钢在 1000~1200℃ 进行压力加工时，由于共晶体已经熔化，使晶粒脱开，钢材变脆，这种现象称为热脆性。因此，必须严格控制钢中S的含量。

（4）磷（P）的影响　P是由生铁带入钢中的有害杂质。P在钢中能全部溶入铁素体，使钢的强度、硬度提高，却使室温下的塑性、韧性急剧降低，使钢变脆。这种情况在低温时更为严重，因此称为冷脆性。所以，钢中的P含量也应严格控制。

在易切削钢中适当提高S、P的含量，使切屑易断，改善切削加工性能。

2. 碳钢的分类

（1）按碳的质量分数分

1）低碳钢：$w_C \leq 0.25\%$。

2）中碳钢：$0.25\% < w_C \leq 0.6\%$。

3）高碳钢：$w_C > 0.6\%$。

（2）按质量（根据钢中有害杂质的硫、磷含量）分

1）普通质量钢：$w_S \leq 0.050\%$，$w_P \leq 0.045\%$含量较高。

2）优质钢：$w_S \leq 0.035\%$，$w_P \leq 0.035\%$含量较低。

3）高级优质钢：$w_S \leq 0.020\%$，$w_P \leq 0.030\%$含量很低。

（3）按钢的用途分

1）碳素结构钢：主要用于制造各种机械零件和工程结构件。这类钢一般属于低、中碳钢。

2）碳素工具钢：主要用于制造各种刃具、量具和模具。这类钢一般属于高碳钢。

3）碳素铸钢：主要用于制作形状复杂，难以用锻压等方法成形的铸钢件。

（4）按钢的冶炼方法分　有平炉钢、转炉钢、电炉钢。

（5）按其脱氧方法分　有沸腾钢（F）、镇静钢（Z）、特殊镇静钢（TZ）。

3. 碳钢的牌号、性能和用途

（1）碳素结构钢　碳素结构钢的牌号由代表钢材屈服强度的字母、屈服强度数值、质量等级和脱氧方法四个部分组成。其中质量等级共有四级，分别用A、B、C、D表示。脱氧方法用汉语拼音字母表示。"F"表示沸腾钢；"Z"表示镇静钢；"TZ"表示特殊镇静钢，在钢号中"Z"和"TZ"符号可省略。

例如，Q235AF，牌号中"Q"代表屈服强度"屈"字汉语拼音首位字母，"235"表示屈服强度值 σ_S 不小于235　MPa，"A"表示质量等级为A级，"F"表示沸腾钢（冶炼时脱氧不完全）。见表3-1。

表3-1　碳素结构钢的牌号、化学成分和力学性能（摘自 GB/T 700—2006）

牌号	等级	化学成分(质量分数)（%）					脱氧方法	力学性能		
		C	Mn	Si	S	P		R_e /MPa	R_m /MPa	A （%）
					≤					
Q195	–	0.12	0.50	0.30	0.040	0.035	F、Z	185~195	315~430	33
Q215	A	0.15	1.2		0.050	0.045	F、Z	165~215	335~450	26~31
	B				0.045					
Q235	A	0.22	1.4	0.35	0.050	0.045	F、Z	185~235	370~500	21~26
	B	0.20			0.045					
	C	≤0.17			0.040	0.040	Z			
	D				0.035	0.035	TZ			

（续）

牌号	等级	化学成分（质量分数）（%）					脱氧方法	力学性能		
		C	Mn	Si	S	P		R_e /MPa	R_m /MPa	A （%）
					≤					
Q275	A	0.24	1.5		0.050	0.045	F、Z	215~275	410~540	17~22
	B	0.21			0.045		Z			
		0.22					Z			
	C	0.20			0.040	0.040	Z			
	D				0.035	0.035	TZ			

Q195、Q215、Q235 属低碳钢，有良好的塑性和焊接性能，并具有一定的强度，通常轧制成型材、板材或焊接钢管等，用于桥梁、建筑等工程结构，在机械制造中用作受力不大的零件，如螺钉、螺母、垫圈、地脚螺栓、法兰以及不太重要的轴、拉杆等，其中以 Q235 应用最广。Q235C、Q235D 质量好，用作重要的焊接结构件。Q275 强度较高，可用作受力较大的机械零件。

（2）优质碳素结构钢　优质碳素结构钢的牌号用两位数字表示，即碳的平均质量分数的百分数。如 45 钢，表示钢中碳的平均质量分数为 0.45%。若钢中锰的含量较高，则在两位数字后面加锰元素符号 "Mn"。如 65Mn 钢，表示钢中碳的平均质量分数为 0.65%，含锰量较高（$w_{Mn}=0.9\%~1.2\%$）。若为沸腾钢，则在两位数字后面加 "F"，如 08F 钢。

优质碳素结构钢随碳的质量分数增加，强度、硬度提高，塑性、韧性降低。不同牌号的优质碳素结构钢具有不同的性能特点及用途，见表 3-2。

表 3-2　优质碳素结构钢的牌号、化学成分和力学性能（摘自 GB/T 699—2015）

牌号	化学成分（质量分数）（%）					力学性能（正火态）		交货状态硬度 HBW	
	C	Si	Mn	P	S	R_m /MPa	A （%）	未热处理	退火钢
				≤		≥		≤	
08F	0.05~0.11	≤0.03	0.25~0.50	0.035	0.035	295	35	131	
10F	0.07~0.13	≤0.07	0.25~0.50	0.035	0.035	315	33	137	
08	0.05~0.11	0.17~0.37	0.35~0.65	0.035	0.035	325	33	131	
10	0.07~0.13	0.17~0.37	0.35~0.65	0.035	0.035	335	31	137	
15	0.12~0.18	0.17~0.37	0.35~0.65	0.035	0.035	375	27	143	
20	0.17~0.23	0.17~0.37	0.35~0.65	0.035	0.035	410	25	156	
25	0.22~0.29	0.17~0.37	0.50~0.80	0.035	0.035	450	23	170	
30	0.27~0.34	0.17~0.37	0.50~0.80	0.035	0.035	490	21	179	
35	0.32~0.39	0.17~0.37	0.50~0.80	0.035	0.035	530	20	197	
40	0.37~0.44	0.17~0.37	0.50~0.80	0.035	0.035	570	19	217	187
45	0.42~0.50	0.17~0.37	0.50~0.80	0.035	0.035	600	16	229	197
50	0.47~0.55	0.17~0.37	0.50~0.80	0.035	0.035	630	14	241	207
55	0.52~0.60	0.17~0.37	0.50~0.80	0.035	0.035	645	13	255	217
60	0.57~0.65	0.17~0.37	0.50~0.80	0.035	0.035	675	12	255	229
65	0.62~0.70	0.17~0.37	0.50~0.80	0.035	0.035	695	10	255	229

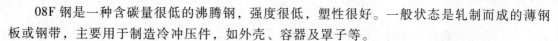

08F钢是一种含碳量很低的沸腾钢，强度很低，塑性很好。一般状态是轧制而成的薄钢板或钢带，主要用于制造冷冲压件，如外壳、容器及罩子等。

10~25钢属低碳钢，强度、硬度低，塑性、韧性好，具有良好的冷冲压性能和焊接性能。用于冷冲压件和焊接结构件，以及受力不大、韧性要求高的机械零件，如螺栓、螺钉、螺母、轴套、法兰盘及焊接容器等。还可用作尺寸不大、形状简单的渗碳件。

30~55钢属中碳钢，经调质处理后，具有良好的综合力学性能，用于齿轮、连杆、轴类零件等，其中以45钢应用最广。

60、65钢属高碳钢，经适当热处理后，有较高的强度和弹性，用于弹性零件和耐磨零件，如弹簧、弹簧垫圈及轧辊等。

（3）碳素工具钢 碳素工具钢碳的质量分数为0.65%~1.35%。根据S、P含量的不同又分为优质碳素工具钢（简称为碳素工具钢）和高级优质碳素工具钢两类。碳素工具钢的牌号冠以"碳"的汉语拼音字母"T"，后面加数字表示碳的平均质量分数的千分数，如为高级优质碳素工具钢，则在数字后面再加上"A"。例如T8钢表示碳的平均质量分数为0.8%的优质碳素工具钢。T10A钢表示碳的平均质量分数为1.0%的高级优质碳素工具钢。

T7、T8钢适于制造承受一定冲击且韧性较好的工具，如大锤、冲头、凿子、木工工具及剪刀等。T9、T10、T11钢用于制造冲击较小而硬度高和耐磨性较好的工具，如丝锥、板牙、小钻头、冷冲模及手工锯条等。T12、T13钢的硬度和耐磨性很高，但韧性较差，用于制造不受冲击的工具，如锉刀、刮刀、剃刀及量具等。碳素工具钢的牌号、化学成分和力学性能见表3-3。

表3-3 碳素工具钢的牌号、化学成分和力学性能（摘自GB/T 1298—2008）

牌号	化学成分（质量分数）（%）					退火后硬度HBW ≤	淬火温度/℃和冷却剂	淬火后硬度HRC ≥
	C	Mn	Si	S	P			
			≤					
T7	0.65~0.74	≤0.40	0.35	0.030	0.035	187	800~820 水	62
T8	0.75~0.84	≤0.40	0.35	0.030	0.035	187	780~800 水	62
T8Mn	0.80~0.90	0.40~0.60	0.35	0.030	0.035	187	780~800 水	62
T9	0.85~0.94	≤0.40	0.35	0.030	0.035	192	760~780 水	62
T10	0.95~1.04	≤0.40	0.35	0.030	0.035	197	760~780 水	62
T11	1.05~1.14	≤0.40	0.35	0.030	0.035	207	760~780 水	62
T12	1.15~1.24	≤0.40	0.35	0.030	0.035	207	760~780 水	62
T13	1.25~1.35	≤0.40	0.35	0.030	0.035	217	760~780 水	62

3.1.2 合金钢

为改善钢的组织和性能，在碳钢的基础上加入一种或几种合金元素所形成的钢称为合金钢。碳钢虽然价格低廉，容易加工，但是碳钢具有淬透性低、回火稳定性差、基本组成相强度低等缺点，使其应用受到了一定的限制。而合金钢与碳钢相比具有许多优良性能，如高的强度与韧性，高的淬透性和回火稳定性，一定的抗氧化能力和低温冲击韧性，良好的耐磨、耐蚀性等。但也存在不足之处，如热处理工艺较复杂、成本较高等。

1. 概述

（1）合金元素及其在钢中的作用　在合金钢中，经常加入的合金元素有锰（Mn）、硅（Si）、铬（Cr）、镍（Ni）、钼（Mo）、钨（W）、钒（V）、钛（Ti）、铌（Nb）、锆（Zr）、稀土元素（RE）等。除铬（Cr）、钴（Co）、镍（Ni）外，大多数元素在我国的资源丰富，为我国发展合金钢创造了有利条件。

合金元素在钢中的作用很复杂，归纳起来主要有以下几个方面：

1）形成强化相（细晶强化、固溶强化等），有效地提高合金钢的强度、硬度。

2）稳定组织、细化晶粒，改善合金钢的综合力学性能，提高回火稳定性和热硬性。

3）提高淬透性，有效减少工件淬火后的变形和开裂倾向。

4）提高抗氧化能力和耐蚀能力。

（2）合金钢的分类　合金钢种类繁多，为了便于生产、选材、管理及研究，根据某些特性，从不同角度将其分成若干种类。

1）按用途分，可分为合金结构钢、合金工具钢和特殊性能钢。

① 合金结构钢，可分为机械制造用钢和工程结构用钢等，主要用于制造各种机械零件、工程结构件等。

② 合金工具钢，可分为刃具钢、模具钢及量具钢三类，主要用于制造刃具、模具及量具等。

③ 特殊性能钢，可分为抗氧化用钢、不锈钢、耐磨钢及易切削钢等。

2）按合金元素含量分，可分为低合金钢、中合金钢和高合金钢。

① 低合金钢，合金元素的总含量（质量分数）在5%以下。

② 中合金钢，合金元素的总含量（质量分数）在5%~10%之间。

③ 高合金钢，合金元素的总含量（质量分数）在10%以上。

3）按金相组织分，可分为平衡组织、退火组织和正火组织。

按平衡组织或退火组织分类，可分为亚共析钢、共析钢、过共析钢和莱氏体钢。

按正火组织分类，可分为珠光体钢、贝氏体钢、马氏体钢和奥氏体钢。

4）其他分类方法：

按工艺特点，可分为铸钢、渗碳钢、易切削钢等。

按质量，可分为普通质量钢、优质钢和高级质量钢，其区别主要在于钢中所含有害杂质（S、P）的数量。

（3）合金钢的编号

1）低合金高强度结构钢，其编号方法与碳素结构钢的编号方法相同。例如，Q390表示$R_e \geqslant 390\mathrm{MPa}$的低合金高强度结构钢。

2）合金结构钢采用两位数字+化学元素符号+数字的方法表示。前面两位数字表示碳的平均质量分数的万分数；元素符号表示所含的合金元素；元素符号后面的数字表示该元素的平均质量分数的百分数。如60Si2Mn、40Mn2、50CrVA等。

3）合金工具钢平均$w_C \geqslant 1.00\%$时，其C的质量分数不标出；$w_C < 1.00\%$时，用千分数表示；其他同合金结构钢，如9SiCr、9Mn2V、Cr12等。

4）为避免铬轴承钢与其他合金钢的重复，滚动轴承钢碳的质量分数不标出，Cr的质量分数以千分数表示，并冠以用途名称，如平均Cr的质量分数为1.5%的铬轴承钢，其牌号写

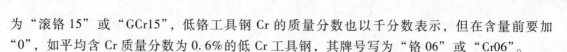

为"滚铬15"或"GCr15"，低铬工具钢 Cr 的质量分数也以千分数表示，但在含量前要加"0"，如平均含 Cr 质量分数为 0.6% 的低 Cr 工具钢，其牌号写为"铬06"或"Cr06"。

5）特殊性能钢如不锈钢、耐热钢、高速钢等高合金钢，其 C 含量一般不标出，但如果几种钢的合金元素相同，仅 C 的质量分数不同，则将碳的质量分数用千分数表示，如 3Cr13、0Cr13（碳的质量分数<0.1%）、00Cr17Ni14Mo2（碳的质量分数≤0.03%）。

另外，易切削钢前冠以汉字"易"或符号"Y"；各种高级优质钢在钢号之后加"高"或"A"。

除铬轴承钢和低铬工具钢外，合金元素含量一般按以下原则表示：质量分数小于 1.5% 时，钢号中仅标明元素种类，一般不标明含量；平均质量分数在 1.50%～2.49%，2.50%～3.49%，…22.50%～23.49%，…等时，分别表示为 2，3，…23…等。

2. 合金结构钢

用于制造各类机械零件和建筑工程结构件的钢称为结构钢（碳素结构钢、合金结构钢）。合金结构钢主要包括低合金结构钢、易切削钢、调质钢、渗碳钢、弹簧钢、滚动轴承钢等。

合金结构钢是在碳素结构钢的基础上，适当地加入一种或多种合金元素，如 Cr、Mn、Si、Ni、Mo、W、V、Ti 等而形成的钢种。合金元素除了保证有较高的强度或较好的韧性外，还能提高钢的淬透性，使机械零件在整个截面上得到良好的综合力学性能。

（1）低合金高强度结构钢　低合金高强度结构钢（工程结构用钢）是在低碳钢的基础上，加入少量合金元素而形成的钢。钢中碳的质量分数一般为 0.16%～0.20%，常加入的合金元素有 Mn、Si、Cr、Ni、V、Nb、Ti、Al 等，合金元素总质量分数≤3%，主要是细化晶粒和提高强度。这类钢的强度显著高于相同碳质量分数的碳钢，所以常称其为低合金高强度钢。该钢还具有较好的韧性、塑性以及良好的焊接性和耐蚀性。

常用的低合金结构钢有 Q295、Q345、Q390、Q420、Q460 等。

（2）渗碳钢　用于制造渗碳零件的钢称为渗碳钢。渗碳钢广泛用于制造汽车、机车及工程机械的传动齿轮、凸轮轴、活塞销等，即要求表面高硬度、高耐磨性，而心部具有良好强韧性的机械零件。

1）渗碳钢的碳质量分数一般在 0.10%～0.25% 之间，属于低碳钢。低的碳含量，可保证渗碳件心部具有足够的韧性和塑性。

合金渗碳钢中所含的主要合金元素（质量分数）有 Cr（<2%）、Ni（<4.5%）、Mn（<2%）和 B（<0.005%）等，其主要作用是提高钢的淬透性，改善渗碳件的心部组织和性能，还能提高渗碳层的性能（如强度、韧性及塑性），其中 Ni 的作用最为显著。除上述合金元素外，在合金渗碳钢中，还加入少量（质量分数）的 V（<0.2%）、W（<1.2%）、Mo（<0.6%）、Ti（0.1%）等碳化物形成元素，具有细化晶粒、抑制钢件在渗碳时产生过热的作用。

2）渗碳钢的一般热处理工艺规范是在渗碳之后进行淬火和低温回火，以获得"表硬里韧"的性能。由于钢的成分和性能要求不同，其热处理规范也稍有差异。

低淬透性合金渗碳钢，如 15Cr、20Cr、15Mn2、20Mn2 等，经渗碳、淬火与低温回火后心部强度较低，强度与韧性配合较差。一般可用作受力不太大，不需要高强度的耐磨零件，如柴油机的凸轮轴、活塞销、滑块及小齿轮等。

中淬透性合金渗碳钢，如 20CrMnTi、12CrNi3A、20CrMnMo、20MnVB 等，合金元素的总含量≤4%，其淬透性和力学性能均较高。常用作承受中等动载荷的耐磨零件，如变速齿轮、齿轮轴、十字销头及气门座等。

高淬透性合金渗碳钢，如 12Cr2Ni4A，18Cr2Ni4W 等，合金元素总含量在 4%~6% 之间，淬透性很好，经渗碳、淬火与低温回火后，心部强度高，强度与韧性配合好。常用作承受重载荷和强烈摩擦的大型重要零件，如内燃机车的主动牵引齿轮、柴油机曲轴及连杆等。

下面以 20CrMnTi 合金渗碳钢制造的汽车变速齿轮为例，说明其热处理工艺的确定和工艺路线的安排，如图 3-1 所示。

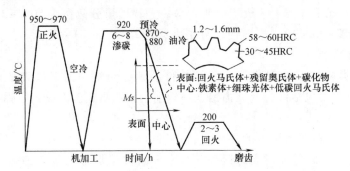

图 3-1　20CrMnTi 钢制汽车齿轮热处理工艺路线

用 20CrMnTi 钢制造汽车变速齿轮的工艺路线是：锻造→正火→加工齿形→局部镀铜→渗碳→预冷淬火、低温回火→喷丸→磨齿（精磨）。

（3）调质钢　调质钢是指经过调质处理后的碳素结构钢和合金结构钢。多数调质钢属于中碳钢，调质处理后，其组织为回火索氏体。调质钢具有高的强度、良好的塑性与韧性，即良好的综合力学性能，常用于制造汽车、拖拉机、机床的各种重要零件，如柴油机连杆螺栓、汽车底盘上的半轴以及机床主轴等。

1）调质钢的 C 含量（质量分数）介于 0.30%~0.50% 之间。钢中含有 Cr、Ni、Mn、Ti 等的合金元素，其主要作用是提高钢的淬透性，使调质后的回火索氏体组织得到强化。调质钢中的 Mo、V、Al、B 等合金元素含量较少，特别是 B 的含量极微。Mo 所起的主要作用是防止合金调质钢在高温回火时产生第二类回火脆性；V 的作用是阻碍高温奥氏体晶粒长大；Al 的主要作用是能加速合金调质钢的氮化过程；微量的 B 能强烈地使等温转变图中曲线向右移，显著提高合金调质钢的淬透性。

2）用调质钢制造的零件在锻造成形后，一般应进行预先热处理，以消除锻造过程中产生的应力及不正常组织，提高钢的切削加工性。对于碳的质量分数较低、合金元素含量较少的低淬透性调质钢，其预先热处理采用正火工艺；而对碳的质量分数较高、合金元素含量较多的中淬透性调质钢，通常采用退火，然后进行调质处理，即淬火+高温回火。

一般的调质钢零件，除了要求有良好的综合力学性能外，往往还要求表层具有良好的耐磨性能。所以，经过调质处理的零件还要进行感应加热表面淬火，如果对耐磨性能的要求极高时，则需要选用专门的调质钢进行特殊的化学热处理，如 38CrMoAlA 钢的渗氮处理等。

3）40、45 钢经调质处理后，其力学性能大致为 $R_m = 620 \sim 700 MPa$，$R_e = 450 \sim 500 MPa$，$A = 20\% \sim 17\%$，$Z = 50\% \sim 45\%$，$K = 72 \sim 64J$。钢的力学性能不高，只适用于尺寸较小、载荷较轻的零件；合金调质钢适用于尺寸较大、载荷较重的零件，以 42CrMo、37CrNi3 钢的综合

力学性能较为良好。

连杆螺栓是发动机中一个重要的连接零件，工作时承受周期性的冲击性拉应力和装配时的预应力。在发动机运转中，连杆螺栓如果断裂，会引起严重事故。因此，要求它具有足够的强度、冲击韧度和抗疲劳能力。为满足上述综合力学性能的要求，40Cr 钢制连杆螺栓在机加工后需进行调质热处理。40Cr 钢制连杆螺栓及调质热处理工艺如图 3-2 所示。

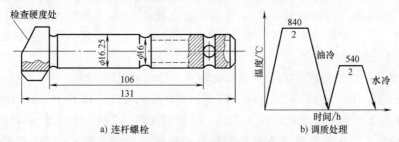

a) 连杆螺栓　　　　　　　　b) 调质处理

图 3-2　连杆螺栓及其调质热处理工艺

连杆螺栓的生产工艺路线为：下料→锻造→退火→机加工→调质→机加工→装配。

（4）弹簧钢　弹簧是各种机械和仪表中的重要零件，主要利用弹性变形时所贮存的能量来缓和机械上的振动和冲击作用。因此，要求弹簧钢必须具有高的抗拉强度、高的屈强比，高的疲劳强度（尤其是缺口疲劳强度），并有足够的塑性、韧性以及良好的表面质量，同时还要求有较好的淬透性和低的脱碳敏感性，在冷热状态下容易绕卷成形。

1）弹簧钢的碳质量分数比调质钢高，碳素弹簧钢碳的质量分数一般在 0.6% ~ 0.9% 之间。合金弹簧钢的 C 含量在 0.50% ~ 0.75%（质量分数）之间，所含的合金元素有 Si、Mn、Cr、W、V 等，主要作用是提高钢的淬透性和回火稳定性，强化铁素体和细化晶粒，有效地改善弹簧钢的力学性能，提高弹性极限、屈强比。

2）弹簧钢按生产方法可分为热轧钢和冷拉钢两类。

热轧弹簧钢及其热处理特点：常用的热轧弹簧钢主要有 65Mn、60Si2Mn、55Si2MnV 等。65Mn 钢可制作截面尺寸为 8 ~ 15mm 左右的小型弹簧，如坐垫弹簧、弹簧发条等；55Si2Mn 钢主要用于汽车、拖拉机上的减振板簧和螺旋弹簧。

热轧弹簧钢制造弹簧的工艺路线如下（以板簧为例）：扁钢剪断→加热压弯成形后淬火→中温回火→喷丸→装配。

冷拉弹簧钢及其热处理特点：直径较小或厚度较薄的弹簧，一般用冷拉弹簧钢丝或冷轧弹簧钢带制成。冷拉弹簧钢丝按制造工艺不同可分为三类：

1）铅浴等温处理冷拉钢丝。这类钢丝主要是 65、65Mn 等碳素弹簧钢丝，冷卷后进行去应力退火。

2）油淬回火钢丝。这种钢丝广泛用于制造各种动力机械阀门弹簧，冷卷成形后，只进行去应力退火。

3）退火状态供应的合金弹簧钢丝。主要有 50CrVA、60Si2MnA、55Si2Mn 钢丝等。

（5）滚动轴承钢　用于制造滚动轴承的钢称为滚动轴承钢。滚动轴承在工作时，滚动体和套圈均受周期性的交变载荷作用，由于接触面积小，在周期性载荷作用下，在套圈和滚动体表面，都会产生小块金属剥落而导致疲劳破坏。根据滚动轴承的工作条件，要求滚动轴承钢具有高而均匀的硬度和耐磨性，高的弹性极限和接触疲劳强度，足够的韧性和淬透性，同时在大气或润滑剂中具有一定的耐蚀性。

1）滚动轴承钢都是指高碳铬钢，其 C 含量约为 $w_C = 0.95\% \sim 1.15\%$，Cr 含量为 w_{Cr} 0.40% ~ 1.65%，尺寸较大的轴承则可采用铬锰硅钢。

为了保证滚动轴承钢的高硬度、高耐磨性和高强度，C 含量应较高。加入质量分数 0.40% ~ 1.65%的 Cr 是为了提高钢的淬透性。含 Cr 质量分数为 1.50%，厚度为 25mm 以下的零件在油中可淬透。铬轴承钢中含 Cr 量以质量分数 0.40% ~ 1.65%范围为宜。

从化学成分看，滚动轴承钢属于工具钢范畴，有时也用来制造各种精密量具、冷变形模具、丝杠和高精度轴类零件等。

2）滚动轴承钢的热处理工艺主要为球化退火、淬火和低温回火。

球化退火的目的是获得粒状珠光体，降低钢锻造后的硬度，以利于切削加工，为零件的最终热处理做好组织准备。球化退火工艺为：将钢材加热到 780 ~ 810℃，在 710 ~ 720℃ 保温 2 ~ 4h，然后炉冷。淬火和低温回火是决定轴承钢性能的重要工序，GCr15 钢的淬火温度要求十分严格，淬火后应立即回火，回火温度为 150 ~ 170℃，保温 2 ~ 3h，经热处理后的金相组织为极细的回火马氏体、分布均匀的细粒状碳化物及少量的残留奥氏体，硬度为 61 ~ 65HRC。

综上所述，铬轴承钢制造轴承的工艺路线是：轧制或锻造→预先热处理（球化退火）→机加工→淬火和低温回火→磨削加工→成品。

（6）易切削钢　在钢中附加一种或几种合金元素，以提高其切削加工性，这类钢称为易切削钢。目前常用的附加元素有 S、Pb、Ca、P 等。

易切钢的常用钢号有 Y12、Y20、Y40Mn 等，其数字表示平均碳质量分数的万分数。Mn 含量较高者，在钢号后标出"锰"或"Mn"。如 Y40Mn 表示平均碳质量分数为 0.40%、Mn 含量较高（w_{Mn}1.02% ~ 1.55%）、附加 S 的易切钢。Y40CrSCa 表示硫钙复合的 40Cr 合金调质易切钢。

自动机床加工的零件，大多选用低碳的碳素易切钢。若切削加工性要求高，可选用含 S 量较高的 Y15，需要焊接性好的则选用含 S 量较低的 Y12，强度要求稍高的选用 Y20 或 Y30；车床丝杠常选用中碳含锰高的 Y40Mn。

3. 合金工具钢

用于制造刃具、模具、量具等工具的钢称为工具钢。主要讨论工具钢的工作条件、性能要求、成分特点及热处理特点等。

（1）刃具钢　主要指制造车刀、铣刀、钻头等切削刀具的钢。在切削时，刀具受到工件的压应力和弯曲应力，刃部与切屑之间发生相对摩擦，产生热量，使温度升高；切削速度愈大，温度愈高，有时可达 500 ~ 600℃；但冲击力较小。

1）对刃具钢的性能要求。高硬度，一般都在 60HRC 以上；高耐磨性，硬度愈高、其耐磨性愈好；高热硬性，是指刃部受热升温时，刀具钢仍能维持高硬度（大于 60HRC）的能力，热硬性的高低与回火稳定性和碳化物的弥散程度等因素有关。在刃具钢中加入 W、V、Nb 等，将显著提高钢的热硬性，如高速钢的热硬性可达 600℃ 左右。此外，刃具钢还要求具有一定的强度、韧性和塑性，以免刃部在冲击、振动载荷作用下，突然发生折断或剥落。

2）在低合金工具钢中，常加入的合金元素有 Cr、Si、Mn、Mo、V 等，为避免碳化物的不均匀性，其总量一般不超过 4%（质量分数）。常用的低合金刃具钢有 9SiCr、9Mn2V、CrWMn 等。如 9SiCr 钢常作为冷冲模具钢使用。9SiCr 钢相当于在 T9 钢的基础上加入质量分数 1.2%～1.6% 的 Si 和 0.95%～1.25% 的 Cr。9SiCr 钢与碳素工具钢相比具有较高的淬透性，故 9SiCr 钢适用于截面较厚且要求淬透，或截面较薄要求变形小、形状较复杂的工模具。9SiCr 钢在生产中的应用很广，特别适合制造各种薄刃刀具，如板牙、丝锥等。

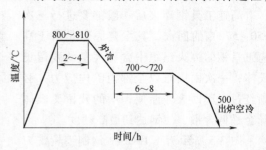

图 3-3　9SiCr 钢制圆板牙等温球化退火工艺

用 9SiCr 钢制造的圆板牙，其工艺路线是：下料→球化退火→机械加工→淬火→低温回火→磨平面。

9SiCr 钢制圆板牙球化退火一般采用等温退火工艺，退火后硬度在 197～241HBW 之间，适合机械加工。9SiCr 钢制圆板牙球化退火和淬火回火工艺分别如图 3-3 和图 3-4 所示。

先在 600～650℃ 预热，以减少高温停留时间，降低氧化脱碳倾向。淬火后在 190～200℃ 进行低温回火，使其达到所要求的硬度（60～63HRC），并降低残留应力。

3）高速工具钢是一种高合金工具钢，含有 W、Mo、Cr、V 等合金元素，其总量超过 10%（质量分数）。高速工具钢的主要特性是具有良好的热硬性，当切削温度高达 600℃ 左右时，硬度仍无明显下降，能（比低合金工具钢）以更高的切削速度进行切削加工。

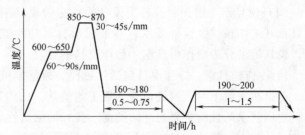

图 3-4　9SiCr 钢制圆板牙淬火回火工艺

W18Cr4V 钢的应用很广，适于制造高速切削用车刀、刨刀、钻头及铣刀等。下面就以 W18Cr4V 钢制造的盘形齿轮铣刀为例，说明其热处理工艺方法及加工工艺路线，如图 3-5 所示。

盘形齿轮铣刀的主要用途是铣制齿轮，在工作过程中，齿轮铣刀往往会磨损、变钝而失去切削能力，因此要求齿轮铣刀经淬火回火后，应保证高硬度（刃部硬度要求为 63～66HRC）、高耐磨性及热硬性。盘形齿轮铣刀的加工工艺路线是：下料→锻造→退火→机械加工→淬火→回火→喷砂→磨削加工→成品。

高速工具钢的退火一般采用等温退火，其退火工艺为 860～880℃ 加热，740～750℃ 等温 6h，炉冷至 500～550℃ 后出炉空冷。退火后可直接进行机械加工，但为了使齿轮铣刀在铲削后齿面有较高的表面质量，需要在铲削前增加调质处理，即在 900～920℃ 加热，油中冷却，然后在 700～720℃ 回火 1～8h。调质后的组织为回火索氏体+碳化物，其硬度为 26～33HRC。

高速工具钢的淬火加热温度非常高，就 W18Cr4V 钢而言，其加热温度高达 1270～1280℃。高速工具钢淬火后的热硬性及回火稳定性的高低，主要取决于马氏体中的合金元素含量。淬火冷却多采用分级淬火法，在 580～620℃ 进行分级冷却，使刀具表面及心部的温度趋于一致，然后从冷却介质中取出进行空冷，使其在较缓慢的空冷过程中完成马氏体转变，可显著减少热应力和组织应力，从而减少变形、防止开裂。W18Cr4V 钢淬火后的组织为马氏体、粒状碳化物及残留奥氏体。

高速工具钢淬火后一般都要进行三次 550～570℃ 的回火，其主要原因是由于高速工具钢的淬火组织中含有大量的残留奥氏体，一次回火难以全部消除内应力，必须经过三次回火才能使钢中的残留奥氏体降至最低含量，使钢达到最高硬度。

图 3-5 所示为 W18Cr4V 钢制齿轮铣刀的淬火、回火工艺。

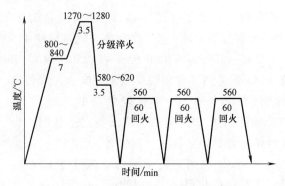

图 3-5　W18Cr4V 钢制齿轮
铣刀的淬火、回火工艺

W6Mo5Cr4V2 钢为生产中广泛应用的另一种高速钢，其热塑性、使用状态的韧性、耐磨性等均优于 W18Cr4V 钢，热硬性相近，价格便宜；但磨削加工性较差，脱碳敏感性较大。W6Mo5Cr4V2 的淬火温度为 1220～1240℃，可用于耐磨性和韧性很好配合的高速切削刀具，如丝锥、钻头等。

（2）模具钢　用于制造各类模具的钢称为模具钢。模具是使金属或非金属材料成形的工具，其工作条件及性能要求，与被成形材料的性能、温度及状态等有着密切的关系。因此，模具钢可分为冷作模具钢、热作模具钢等。

1）冷作模具钢。冷作模具包括拉延模、拔丝模或压弯模、冲裁模、冷镦模和冷挤压模等，都是在室温下对金属进行变形加工的模具，也称为冷变形模具。由工作条件可知，冷作模具钢所要求的性能主要是高的硬度、良好的耐磨性以及足够的强度和韧性。

尺寸较小、载荷较轻的模具可采用 T10A、9SiCr、9Mn2V 等刃具钢制造；尺寸较大的、重载的或性能要求较高、热处理变形要求小的模具，则采用 Cr12、Cr12MoV 等 Cr12 型钢制造。

冲孔落料模因其工作条件繁重，对凸模和凹模均要求有高的硬度（58～60HRC）、高的耐磨性、足够的强度和韧性，并要求淬火时达到微变形，显然采用 Cr12MoV 钢制造是比较合适的。根据冲孔落料模规格、性能要求和 Cr12MoV 钢成分的特点，制定的加工工艺路线是：锻造→退火→机加工→淬火、回火→精磨或电火花加工→成品。

Cr12MoV 钢类似于高速钢，在锻造空冷后会出现淬火马氏体组织，因此，锻后应缓冷，以免产生裂纹。锻后退火工艺也类似于高速钢（850～870℃，3～4h 加热，然后 720～760℃，6～8h 等温退火），退火后硬度小于 255HBW，经机械加工后进行淬火、回火处理，如图 3-6 所示。

2）热作模具钢。热作模具包括热锻模、热镦模、热挤压模、精密锻造模及高速锻模等，都是在受热状态下对金属进行变形加工的模具，也称为热变形模具。由于热作模具一般尺寸较大，因而还要求热作模具钢具有高的淬透性和热导性。

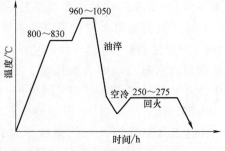

图 3-6　Cr12MoV 钢制冲孔落
料模淬火回火工艺

锤锻模有两个特点，一是工作时冲击载荷大，

二是模具本身的截面尺寸大。因此，锤锻模具用钢应当具有高的淬透性，使淬火、回火后整体具有高的强韧性。用于制造锤锻模具的典型钢号有 5CrNiMo 和 5CrMnMo。一般中、小型热锻模具（高度小于 250mm 为小型模具，高度在 250～400mm 的为中型模具）均采用 5CrMnMo 钢制造；而大型热锻模具则采用 5CrNiMo 钢制造，因为它的淬透性比较好，强度和韧性亦比较高。

现以 5CrMnMo 钢制扳手热锻模为例，说明其热处理工艺方法的确定和加工工艺路线，如图 3-7 所示。

热锻模具生产过程的工艺路线是：锻造→退火→粗加工→成形加工→淬火、回火→精加工（修型、抛光）。

锻造时必须消除轧制状态所产生的纤维组织，避免钢的性能呈现各向异性特征。锻造后应进行退火，以免产生裂纹。退火的主要目的在于消除锻造应力、降低硬度、改善切削加工性、改善组织以及细化晶粒等，以适应机械加工及热处理的要求。常用的退火工艺为：加热至 780～800℃，保温 4～5h 后炉冷。使其改善锻后组织，以满足加工工艺要求。

最终热处理为淬火、回火。由于热锻模尺寸较大，为减少热应力和组织应力，宜采用分级加热，即在 500℃左右均匀加热后再缓慢升至淬火温度。5CrMnMo 钢的常用淬火加热温度为 820～850℃，比 5CrNiMo 钢低 10℃左右。淬火操作时还必须注意，模具出炉后要先在空气中预冷至 750～780℃再淬入油中，接近 Ms 点（约 210℃）时取出，并尽快进行回火，以防开裂。回火的目的在于消除淬火残留应力，获得均匀的回火托氏体或回火索氏体，以保证获得所要求的性能。模具的硬度要求随尺寸而定，一般情况下，截面尺寸较大的，其硬度应该低一些。这是因为大尺寸模具在回火后尚需进行切削加工，降低硬度对切削加工有利。同时，由于存在较多的残留应力，降低硬度可以相应地增加一些韧性。

图 3-7 所示为 5CrMnMo 钢制热锻模热处理工艺。

（3）量具钢

1）根据量具的工作性质，其工作部分应有高的硬度（≥56HRC）与耐磨性，某些量具要求热处理变形小，在存放和使用的过程中，尺寸不能发生变化，始终保持其高的精度，并要求具有较好的加工工艺性。

2）高精度的精密量具如塞规、块规等，常采用热处理变形较小的钢制造，如 CrMn、CrWMn、GCr15 钢等；精度较低、形状简单的

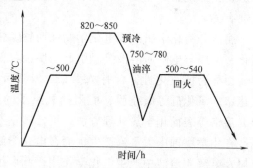

图 3-7 5CrMnMo 钢制热锻模热处理工艺

量具，如量规、样套等可采用 T10A、T12A、9SiCr 等钢制造，也可选用 10、15 钢经渗碳热处理或 50、55、60、60Mn、65Mn 钢经高频感应加热处理后制造精度要求不高，但使用频繁，碰撞后不致折断的卡板、样板、直尺等量具。

下面以 CrWMn 钢制造的块规为例，说明其热处理工艺方法的加工工艺路线。

块规是机械制造工业中的标准量块，常用来测量和标定线性尺寸，因此，要求块规硬度达到 62～65HRC，并且在长期的使用中，能够保证尺寸不变。选用 CrWMn 钢制造是比较合适的，其热处理工艺方法和加工工艺路线是：锻造→球化退火→机加工→粗磨→淬火→研磨。

CrWMn 钢锻造后的球化退火为：780～800℃加热，690～710℃等温，退火后的硬度为217～255HBW。

CrWMn 钢制块规的最终热处理工艺是淬火后的冷处理和时效处理。冷处理和时效处理的目的，是为了保证块规具有高的硬度（62～66HRC）和尺寸的长期稳定性。量具在保存和使用过程中，由于残留奥氏体继续转变为马氏体，马氏体继续分解而引起尺寸的膨胀。采用冷处理工艺可大大减少残留奥氏体量，再进行低温人工时效处理，有利于使冷处理后尚存的极少量残留奥氏体稳定化，并且可以使马氏体的体积膨胀和残留应力减低至最低程度，从而使 CrWMn 钢制块规获得高的硬度和尺寸的长期稳定性。

冷处理后的低温回火（140～160℃加热，保温 3h）是为了减小内应力，并使冷处理后的高硬度（66HRC 左右）降至所要求的硬度（62～66HRC）。时效处理后的低温回火（110～120℃加热，保温 3h）是为了消除磨削应力，使量具的残留应力保持在最小值。

CrWMn 钢制块规的最终热处理工艺如图 3-8 所示。

4. 特殊性能钢

所谓特殊性能钢，是指不锈钢、耐热钢、耐磨钢、耐蚀钢等一些具有特殊的力学、物理和化学性能的钢。

（1）不锈钢　是指能够抵抗大气、酸、碱或其他介质腐蚀的合金钢。

1）金属的腐蚀是金属制件失效的主要形式之一。金属的腐蚀给国民经济造成巨大损失，钢的生锈、氧化，石油管道、化工设备和船艇壳体的损坏都与腐蚀有关。

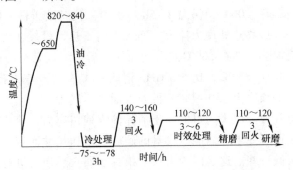

图 3-8　CrWMn 钢制块规的最终热处理工艺

腐蚀分为化学腐烛和电化学腐蚀两种。钢在高温下的氧化属于化学腐蚀，钢在常温下的氧化、金属与电解质溶液接触引起的腐蚀都属于电化学腐蚀。金属抵抗高温氧化性气氛腐蚀的能力称为抗氧化性，含有 Al、Cr、Si 等元素的合金钢，在高温时能形成致密的氧化铝、氧化铬、氧化硅等氧化膜，能阻挡氧原子的进一步扩散，提高钢的抗氧化性。有时利用渗铝、渗铬等表面化学热处理方法，可使碳钢获得良好的抗氧化性。

在化学腐蚀中无电流产生，而在电化学腐蚀中有电流产生，能形成原电池或微电池，使金属在电解质溶液中产生电化学作用受到腐蚀。

2）不锈钢的合金化原理，就是要提高金属的耐蚀性，主要途径是合金化。向金属中加入合金元素的主要目的是：一方面使合金在室温下呈单一均匀的组织，另一方面是提高材料本身的电极电位，再就是使金属表面形成致密的氧化膜。因此，常在钢中加入较多数量的 Cr、Ni 等合金元素，使电极电位得以提高。在不锈钢中同时加入 Cr 和 Ni，能形成单一奥氏体组织。

3）常用的不锈钢有铬不锈钢和 18-8 型不锈钢。

铬不锈钢主要有 1Cr13、2Cr13、3Cr13 和 4Cr13 等。

Cr13 型不锈钢中的平均 Cr 含量为 $w_{Cr} = 13\%$，主要作用是提高钢的耐蚀性。基体中 Cr 含量 $w_{Cr} \geq 11.7\%$ 的含铬不锈钢，能在阳极（负极）区域的基体表面上形成一层富铬的氧化物保护膜，用于阻碍阳极区域的反应，提高电极电位，减缓基体的电化学腐蚀过程，使含 Cr 不锈钢获得一定的耐蚀性。金属中阳极区域的反应受到阻碍，而使金属耐蚀性（抗电化学腐蚀）提高的现象称为"钝化"。

不锈钢是在氧化性介质中才有耐蚀作用。例如 1Cr13、2Cr13 钢在大气、水蒸气中具有良好的耐蚀性，在淡水、海水、温度不超过 30℃ 的盐水溶液、硝酸、食品介质以及浓度不高的有机酸中，也具有足够的耐蚀性，但在酸性介质中耐蚀性却是很低的。不锈钢的所谓"不锈"是相对的、有条件的。随着钢中碳含量的增加，其耐蚀性将下降。

1Cr13、2Cr13 钢常用来制造汽轮机叶片、水压机阀、螺栓、螺母等零件，但 2Cr13 钢的强度稍高，而耐蚀性较差。

1Cr13 和 2Cr13 钢都是在调质状态下使用的，回火索氏体组织具有良好的综合力学性能，其基体（铁素体）Cr 含量 $w_{Cr}>11.7\%$，具有良好的耐蚀性。

3Cr13 钢常用于制造弹性较好的夹持器械，如各种手术钳及医用镊子等；而 4Cr13 钢则由于含碳量稍高，适合于制造较高硬度和耐磨性的外科刃具，如手术剪、手术刀等。

18-8 型铬镍不锈钢相当于我国标准钢号中的 18-9 型铬镍不锈钢，在国标中共有 5 个钢号：0Cr18Ni9、1Cr18Ni9、2Cr18Ni9、0Cr18Ni9Ti 和 1Cr18Ni9Ti。

铬镍不锈钢属于奥氏体型不锈钢，其强度、硬度均很低，无磁性，塑性、韧性及耐蚀性均较 Cr13 型不锈钢好；适合于冷作成形，焊接性较好，一般采取冷变形强化措施来提高其强度；与 Cr13 型钢比较，切削加工性较差，在一定条件下会产生晶间腐蚀，应力腐蚀倾向较大。为了提高 18-8 型不锈钢的性能，常用的热处理工艺有固溶处理、稳定化处理及去应力处理等。

（2）耐热钢　金属材料的耐热性包含高温抗氧化性和高温强度。前者是金属材料在高温下对氧化作用的抗力，而高温强度是金属材料在高温下对机械载荷的抗力。因此，耐热钢就是具有这两种抗力的钢，包括抗氧化钢和热强钢。

1）所谓抗氧化钢是在高温下具有较好的抗氧化性、又有一定强度的钢，多用于制造炉用零件和热交换器，如锅炉吊挂、加热炉底板以及炉管等。高温炉用零件的氧化剥落是零件损坏的主要原因。

实际上应用的抗氧化钢，大多是在 Cr 钢、CrNi 钢或 CrMnN 钢基础上，添加 Si 或 Al 配制而成的。常用的抗氧化钢有 3Cr18Mn12Si2N、2Cr20Mn9Ni2Si2N、3Cr18Ni25Si2 等。

2）所谓热强钢是指在高温下具有一定的抗氧化能力、较高的强度以及良好的组织稳定性的钢。汽轮机、燃气机的转子和叶片、内燃机进、排气阀等均用此类钢制造。

常用的热强钢有珠光体钢、马氏体钢、贝氏体钢及奥氏体钢等几种。

（3）耐磨钢　耐磨钢主要指在冲击载荷作用下产生冲击硬化的高锰钢，主要化学成分（质量分数）是含 C1.0%~1.3%，含 Mn11%~14%。由于这种钢机械加工比较困难，基本上都是铸造成形，因而将其钢号写成 ZGMn13。在高锰钢铸件的铸态组织中存在着大量的碳化物，因而表现出硬而脆、耐磨性差的特性，不能实际应用。实践证明，高锰钢只有在全部获得奥氏体组织时，才呈现出最为良好的韧性和耐磨性。

为了使高锰钢全部获得奥氏体组织，经常对高锰钢进行"水韧处理"，即一种淬火处理方法，其具体操作是把钢加热至临界点温度以上（约在 1000~1100℃），保温一定的时间，使钢中碳化物全部溶入奥氏体，然后迅速地把钢淬于水中进行冷却。由于冷却速度非常快，碳化物来不及从奥氏体中析出，因而保持了均匀的奥氏体状态。水韧处理后，高锰钢的组织为单一的奥氏体，其硬度并不高，约为 180~220HBW。当它受到剧烈的冲击或较大压力作用时，表面层的奥氏体将迅速产生加工硬化，并伴有马氏体及 ε 碳化物沿滑移面形成，从而使表面层硬度提高到 450~550HBW，并获得高的耐磨性，其心部仍维持原来的奥氏体状态。

高锰钢制件在使用过程中，必须伴随外来的压力和冲击作用，否则高锰钢是不耐磨的。

高锰钢制件不仅具有良好的耐磨性，而且材质坚韧，不会突然折断；即使有裂纹产生，由于加工硬化作用，也会抵抗裂纹的继续扩展，而且容易发现。另外，高锰钢在寒冷气候条件下，还具有良好的力学性能，不会发生冷脆；高锰钢用于挖掘机的铲斗、各式碎石机的颚板、衬板，显示出了非常优越的耐磨性；高锰钢在受力变形时，能吸收大量的能量，因此，高锰钢也常用于制造防弹钢板以及保险箱钢板等；高锰钢还大量用于挖掘机、拖拉机、坦克等的履带板。

3.2 铸铁

3.2.1 概述

铸铁是 $w_C>2.11\%$ 的铁碳合金，以 Fe、C、Si 为主要组成元素，比碳钢含有较多的 Mn、S、P 等杂质元素的多元合金。铸铁件生产工艺简单，成本低廉，具有优良的铸造性、切削加工性、耐磨性和减振性等。因此，铸铁件广泛应用于机械制造、冶金、矿山及交通运输等部门。

1. 铸铁的成分与组织特点

工业上常用铸铁的成分（质量分数）一般为含 C2.5%~4.0%、含 Si1.0%~3.0%、含 Mn0.5%~1.4%、含 P0.01%~0.5%、含 S0.02%~0.2%。与钢相比，铸铁的 C 和 Si 含量较高。为了提高铸铁的力学性能或某些物理、化学性能，还可以添加一定量的 Cr、Ni、Cu、Mo 等合金元素，得到合金铸铁。

铸铁中的 C 主要是以石墨（常用 G 来表示）形式存在的，所以铸铁的组织是由钢的基体和石墨组成的。铸铁的基体有珠光体、铁素体、珠光体加铁素体三种。因此，铸铁的组织是在钢的基体上分布着不同形态的石墨。

2. 铸铁的性能特点

铸铁的力学性能主要取决于铸铁的基体组织及石墨的数量、形状、大小和分布。石墨在铸铁中的作用：石墨的硬度仅为 3~5HBW，抗拉强度约为 20MPa，伸长率接近于零，故分布于基体上的石墨可视为空洞或裂纹。由于石墨的存在，减少了铸件的有效承载面积，且受力时石墨尖端处产生应力集中，大大降低了基体强度的利用率。因此，铸铁的抗拉强度、塑性和韧性比碳钢低。

由于石墨的存在，使铸铁具有一些碳钢所没有的性能，如良好的耐磨性、减振性、低的缺口敏感性以及优良的切削加工性能。铸铁的成分接近共晶成分，因此铸铁的熔点低，约为 1200℃左右，液态铸铁流动性好，此外，由于石墨结晶时体积膨胀，所以铸造收缩率低，其铸造性能优于钢。

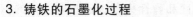

3. 铸铁的石墨化过程

铸铁组织中石墨的形成过程称为石墨化过程。铸铁组织的特点就是含有石墨。石墨是铁水在凝固的过程中，C原子以游离状态析出并聚集而成。C在铸铁中存在的形式有渗碳体（Fe_3C）和游离状态的石墨（G）两种。究竟以哪种形式存在，取决于铁液的成分和冷却速度。

影响铸铁石墨化的主要因素，是化学成分和结晶过程中的冷却速度。C和Si是强烈促进石墨化的元素，铸铁中C和Si的含量愈高，就越容易石墨化。在化学成分相同的情况下，铸铁结晶时，厚壁处由于冷却速度慢，有利于石墨化；薄壁处由于冷却速度快，不利于石墨化。因此，在实际生产中，同一铸件厚壁处为灰铸铁，而薄壁处则出现白口铸铁。

根据影响石墨化的因素可知，当铁液的碳当量较高，结晶过程中的冷却速度较慢时，容易形成灰铸铁。相反，则易形成白口铸铁。

4. 铸铁的分类

（1）按石墨化程度分类　根据铸铁在结晶过程中石墨化的程度可分为三类：

1）白口铸铁中的C几乎全部以Fe_3C形式存在，断口呈银白色，故称为白口铸铁。此类铸铁组织中存在大量莱氏体，硬而脆，切削加工较困难。除少数用来制造不需加工的高硬度、高耐磨零件外，主要用作炼钢原料。

2）灰铸铁中C主要以石墨形式存在，断口呈暗灰色，故称灰铸铁，是工业上应用最广的铸铁。

3）麻口铸铁中的C一部分以石墨形式存在，另一部分以Fe_3C形式存在，其组织介于白口铸铁和灰口铸铁之间，断口呈黑白相间的麻点，故称为麻口铸铁。该铸铁性能硬而脆、切削加工困难，故工业上很少使用。

（2）按铸铁中石墨形态分类　根据铸铁中石墨存在的形态可将铸铁分为以下四种：

1）灰铸铁。灰铸铁中的石墨呈片状。其力学性能较差，但生产工艺简单，价格低廉，应用最广。

2）球墨铸铁。球墨铸铁中的石墨呈球状。其生产工艺比可锻铸铁简单，且力学性能较好，应用广泛。

3）可锻铸铁。可锻铸铁中的石墨呈团絮状。其力学性能比灰铸铁好，但生产工艺较复杂，成本高，只能制造一些重要的小型铸件。

4）蠕墨铸铁。蠕墨铸铁中的石墨呈短小的蠕虫状。其强度和塑性介于灰铸铁和球墨铸铁之间。它的铸造性、耐热疲劳性比球墨铸铁好，因此可用来制造大型复杂的铸件，以及在较大温度梯度下工作的铸件。

3.2.2　灰铸铁

1. 灰铸铁的成分、组织与性能特点

（1）灰铸铁的成分　$w_C = 2.7\% \sim 3.6\%$，$w_{Si} = 1.0\% \sim 2.5\%$，$w_{Mn} = 0.5\% \sim 1.3\%$，$w_P \leq 0.3\%$，$w_S \leq 0.15\%$。

（2）灰铸铁的组织　灰铸铁的显微组织特征是片状石墨分布在各种基体组织上。根据基体组织的不同可分为：铁素体组织+片状石墨、珠光体组织+片状石墨、铁素体+珠光体组织+片状石墨。

（3）灰铸铁的性能　灰铸铁的抗拉强度、塑性、韧性和弹性模量远比相应基体的钢低。石墨片的数量愈多，尺寸愈大，分布愈不均匀，对基体的割裂作用愈严重，则铸铁的强度、塑性与韧性就愈低。

由于灰铸铁的抗压强度、硬度与耐磨性主要取决于基体组织，石墨的存在对其影响不大，故灰铸铁的抗压强度一般是其抗拉强度的 3～4 倍。同时，珠光体基体比其他两种基体的灰铸铁具有较高的强度、硬度与耐磨性。

石墨虽然会降低铸铁的抗拉强度、塑性和韧性，但也正是由于石墨的存在，使铸铁具有一系列其他优良性能。与钢相比，灰铸铁的铸造性能、减摩性、减振性、切削加工性良好，并且具有低的缺口敏感性。由于灰铸铁具有一系列的优良性能，而且价格便宜，容易获得，在工业生产中，仍然是应用最广泛的金属材料之一。

2. 灰铸铁的孕育处理

由于灰铸铁组织中石墨片比较粗大，因此它的力学性能较差。为了提高灰铸铁的力学性能，生产上常进行孕育处理。孕育处理就是在浇注前往铁液中加入少量孕育剂，改变铁液的结晶条件，从而获得细珠光体基体加上细小均匀分布的片状石墨组织的工艺过程。经孕育处理后的铸铁称为孕育铸铁。

生产中常先熔炼出含 C（$w_C = 2.7\% \sim 3.3\%$）、Si（$w_{Si} = 1\% \sim 2\%$）均较低的铁液，然后向出炉的铁水中加入孕育剂，经过孕育处理后再浇注。常用的孕育剂为 $w_{Si} = 75\%$ 的硅铁，加入量为铁水重量的 0.25%～0.6%。

因孕育剂增加了石墨结晶的核心，故经过孕育处理的铸铁石墨细小、均匀，并获得珠光体基体。孕育铸铁的强度、硬度较普通灰铸铁都高，如 $\sigma_b = 250 \sim 400\text{MPa}$，硬度达 170～270HBW。孕育铸铁的石墨仍为片状，塑性和韧性仍然较低，其本质仍属灰铸铁。

3. 常用灰铸铁的牌号及用途

（1）灰铸铁的牌号　灰铸铁的牌号以"HT"和一组数字来表示，其中"HT"表示"灰铁"，数字为最低抗拉强度值。常见灰铸铁的牌号、力学性能及用途见表 3-4。

表 3-4　常见灰铸铁的牌号、力学性能及用途（摘自 GB/T 9439—2010）

牌号	基体类别	铸件壁厚/mm	R_m/MPa	硬度HBW	用　　途
HT100	铁素体灰铸铁	2.5～10	130	110～166	适用于对摩擦、磨损无特殊要求的低载荷零件，如盖、外罩、油盘、手轮、支架、底板、重锤等
		10～20	100	93～140	
		20～30	90	87～131	
		30～50	80	82～122	
HT150	铁素体+珠光体灰铸铁	2.5～10	175	170～205	适用于承受中等载荷的零件，如普通机床上的支柱、底座、齿轮箱、刀架、床身、轴承座、工作台、带轮等
		10～20	145	119～179	
		20～30	130	110～166	
		30～50	120	105～157	
HT200	珠光体灰铸铁	2.5～10	220	157～236	适用于承载大载荷的重要零件，如汽车、拖拉机的气缸体、气缸盖、制动鼓以及齿轮等
		10～20	195	148～222	
		20～30	170	134～200	
		30～50	160	129～192	

（续）

牌号	基体类别	铸件壁厚/mm	R_m/MPa	硬度HBW	用　途
HT250	珠光体灰铸铁	4.0~10	270	175~262	适用于承受大应力、重要的零件,如联轴器盘、液压缸、泵体、泵壳、化工容器及活塞等
		10~20	240	164~236	
		20~30	220	150~225	
		30~50	200	150~225	
HT300	孕育铸铁	10~20	290	182~272	适用于承受高载荷、高气密性和要求耐磨的重要零件,如剪床、压力机等重型机床的床身、机座、机架以及受力较大的齿轮、凸轮、衬套、大型发动机的气缸体、气缸套及液压缸、泵体、阀体等
		20~30	250	168~252	
		30~50	230	161~241	
HT350		10~20	340	199~298	
		20~30	290	182~272	
		30~50	260	171~257	

（2）灰铸铁的应用　选择铸铁牌号时必须考虑铸件的壁厚和相应的强度值,如表3-4所列。例如,某铸件的壁厚40mm,要求抗拉强度值为200MPa,此时,应选HT250,而不是HT200。

4. 灰铸铁的热处理

（1）消除内应力退火　铸件在铸造冷却过程中容易产生内应力,能导致铸件变形和裂纹。为保证尺寸的稳定,防止变形开裂,对一些大型复杂的铸件,如机床床身、柴油机气缸体等,需要进行消除内应力的退火处理（又称人工时效）。工艺规范一般为:加热温度500~550℃,加热速度一般在60~120℃/h,经一定时间保温后,炉冷到150~200℃出炉空冷。

（2）改善切削加工性退火（消除铸件白口的退火）　灰铸铁的表层及一些薄截面处,由于冷速较快,可能产生白口,硬度增加,切削加工困难,故需要进行退火降低硬度,其工艺规范依铸件壁厚而定。厚壁铸件加热至850~950℃,保温2~3h;薄壁铸件加热至800~850℃,保温2~5h。冷却方法根据性能要求而定,如果主要是为了改善切削加工性,则可采用炉冷或以30~50℃/h速度缓慢冷却。若需要提高铸件的耐磨性,则采用空冷,可得到珠光体为主要基体的灰铸铁件。

（3）表面淬火　目的是提高灰铸铁的表面硬度和耐磨性。其方法除感应加热表面淬火外,铸铁还可以采用接触电阻加热表面淬火。

3.2.3　球墨铸铁

用球化剂对铁液进行处理,使石墨大部或全部呈球状的铁碳合金。球墨铸铁具有接近灰铸铁的铸造性能,又具有接近铸钢的力学性能,具有广泛的应用前景。

1. 球墨铸铁的成分

球墨铸铁的成分: $w_C = 3.6\% \sim 4.0\%$, $w_{Si} = 2.0\% \sim 3.2\%$, $w_{Mn} = 0.6\% \sim 0.9\%$, $w_P <$ 0.1% , $w_S <0.07\%$, $w_{Mg} = 0.03\% \sim 0.05\%$, $w_{RE} <0.05\%$ 。球墨铸铁的化学成分与灰铸铁相比,其特点是C与Si的含量高,Mn含量较低,S与P的含量低,并含有一定量的RE元素

与 Mg。

2. 球墨铸铁的组织

球墨铸铁的显微组织由球形石墨和金属基体两部分组成。随着成分和冷速的不同，球铁在铸态下的金属基体可分为铁素体、铁素体+珠光体、珠光体三种。

3. 球墨铸铁的性能特点

强度、塑性、韧性大大高于灰铸铁，接近铸钢。具有良好的减振性、耐磨性和低的缺口敏感性。

（1）力学性能 球墨铸铁的抗拉强度、塑性、韧性不仅高于其他铸铁，而且可与相应组织的铸钢相媲美。对于承受静载荷的零件，用球墨铸铁代替铸钢，可以减轻机器重量，但球墨铸铁的塑性与韧性低于钢。球墨铸铁中的石墨球愈小、愈分散，球墨铸铁的强度、塑性与韧性愈好，反之则差。

球墨铸铁的力学性能还与其基体组织有关。铁素体基体具有高的塑性和韧性，但强度与硬度较低，耐磨性较差。珠光体基体强度较高，耐磨性较好，但塑性、韧性较低。铁素体+珠光体基体的性能介于前两种基体之间。经热处理后，具有回火马氏体基体的硬度最高，但韧性很低；下贝氏体基体则具有良好的综合力学性能。

（2）其他性能 由于球墨铸铁的石墨呈球状，使它具有与灰铸铁近似的一些优良性能，如铸造性能、减摩性、切削加工性等。但球墨铸铁的过冷倾向大，易产生白口现象，而且铸件也容易产生缩松等缺陷，因而球墨铸铁的熔炼工艺和铸造工艺都比灰铸铁要求高。

4. 球墨铸铁的牌号与应用

球墨铸铁牌号是用"QT"及两组数字表示。"QT"为球铁两字的汉语拼音字首，第一组数字代表最低抗拉强度值，第二组数字代表最低伸长率值，见表3-5。

球墨铸铁通过热处理可获得不同的基体组织，其性能可在较大范围内变化，生产周期短，成本低（接近灰铸铁），因此，球墨铸铁在机械制造业中得到了广泛应用。球墨铸铁能代替碳钢、合金钢和可锻铸铁，制造一些受力复杂，强度、韧性和耐磨性要求较高的零件。

5. 球墨铸铁的热处理

球墨铸铁常用的热处理方法有退火、正火、等温淬火、调质处理等。

表 3-5 常见球墨铸铁的牌号、力学性能及用途（摘自 GB/T 1348—2009）

牌号	基体类型	R_m /MPa	$R_{p0.2}$ /MPa ≥	A（%）	硬度 HBW	用途举例
QT400-18	铁素体	400	250	18	130~180	汽车、拖拉机的牵引架、轮载、离合器及减速器等的壳体；农机具的犁铧、犁柱、犁托；高压阀体、阀盖及支架等
QT400-15	铁素体	400	250	16	130~180	
QT450-10	铁素体	450	310	10	160~210	
QT500-7	铁素体+珠光体	500	320	7	170~230	液压泵齿轮；水轮机的阀门体；铁路机车车辆的轴瓦等
QT600-3	铁素体+珠光体	600	370	3	190~270	
QT700-2	珠光体	700	420	2	225~305	内燃机的曲轴、连杆、凸轮轴、气缸套、进排气阀门座；脚踏脱粒机的齿条、齿轮；空气压缩机及冷冻机的缸体、缸套、曲轴；球磨机齿轮、矿车轮、起重机滚轮等
QT800-2	珠光体	800	480	2	245~335	
QT900-2	下贝氏体	900	600	2	280~360	汽车、拖拉机减速器齿轮、柴油机凸轮轴等

（1）退火 球墨铸铁的弹性模量和凝固收缩率比灰铸铁高，铸造内应力比灰铸铁大，接近两倍。对不再进行热处理的球墨铸铁铸件，都应进行去应力退火。

去应力退火是将铸件缓慢加热到 $500 \sim 620℃$ 左右，保温 $2 \sim 8h$，然后随炉缓冷。

石墨化退火的目的是消除白口，降低硬度，改善切削加工性，获得铁素体球墨铸铁。根据铸态基体组织不同，分为高温石墨化退火和低温石墨化退火两种。

（2）正火 目的是为了获得珠光体组织，使晶粒细化、组织均匀，提高零件的强度、硬度和耐磨性，可作为表面淬火的预先热处理。正火可分为高温正火和低温正火两种。

由于球墨铸铁导热性较差，弹性模量又较大，正火后铸件内有较大的内应力，因此多数工厂在正火后，还进行一次去应力退火（常称回火），即加热到 $550 \sim 600℃$，保温 $3 \sim 4h$，然后出炉空冷。

（3）等温淬火 是把铸件加热至 $860 \sim 920℃$，保温一定时间，然后迅速放入温度为 $250 \sim 350℃$ 的等温盐浴中进行 $0.5 \sim 1.5h$ 的等温处理，然后取出空冷。等温淬火后的组织为下贝氏体+少量残留奥氏体+少量马氏体+球状石墨。

（4）调质处理 调质处理的淬火加热温度和保温时间，基本上与等温淬火相同，即加热温度为 $860 \sim 920℃$。除形状简单的铸件采用水冷外，一般都采用油冷。淬火后组织为细片状马氏体和球状石墨。然后再加热到 $550 \sim 600℃$，回火 $2 \sim 6h$。

球墨铸铁经调质处理后，获得回火索氏体和球状石墨组织，硬度为 $250 \sim 380HBW$，具有良好的综合力学性能，柴油机曲轴、连杆等重要零件常用调质处理。

球墨铸铁除能进行以上热处理外，为了提高球墨铸铁零件表面的硬度、耐磨性、耐蚀性及疲劳极限，还可以进行表面热处理，如表面淬火、渗氮等。

3.2.4 可锻铸铁

可锻铸铁是白口铸铁在固态下，经长时间石墨化退火，得到的具有团絮状石墨的一种铸铁。它比灰铸铁强度高，并具有一定的塑性与韧性，故称可锻铸铁，但实际上并不能锻造。

1. 可锻铸铁的成分和组织

C 含量为 $w_C = 2.2\% \sim 2.8\%$，Si 含量为 $w_{Si} = 1.0\% \sim 1.8\%$。Mn 含量可在 $w_{Mn} = 0.4\% \sim 1.2\%$ 范围内选择。含 S 与含 P 量应尽可能降低，一般要求 $w_p < 0.1\%$、$w_s < 0.2\%$。

根据其化学成分、退火工艺、性能及组织不同，可锻铸铁分为黑心可锻铸铁（铁素体基体可锻铸铁）和珠光体基体可锻铸铁。

2. 可锻铸铁的牌号与应用

牌号中"KT"是"可铁"两字汉语拼音的字首，后面的"H"表示黑心可锻铸铁，"Z"表示珠光体可锻铸铁。符号后面的两组数字分别表示其最小抗拉强度（MPa）和伸长率（%）。

可锻铸铁的强度和韧性均比灰铸铁高，并具有良好的塑性与韧性，常用来制作汽车与拖拉机的后桥外壳、机床扳手、低压阀门等，承受冲击、振动和扭转载荷的零件；珠光体可锻铸铁的塑性和韧性不及黑心可锻铸铁，但其强度、硬度和耐磨性高，常用来制作曲轴、连杆、齿轮等强度与耐磨性要求较高的零件。

3. 可锻铸铁的性能特点

可锻铸铁的力学性能优于灰铸铁，接近同类基体的球墨铸铁，但与球墨铸铁相比，具有铁水处理容易、质量稳定、废品率低等优点。因此生产中，常用可锻铸铁制作一些截面较薄而形状较复杂、工作时受振动，而强度、韧性要求较高的零件，这些零件如果用灰铸铁，则不能满足力学性能要求；用球墨铸铁，易形成白口；用铸钢，铸造性能较差，质量不易保证。

3.2.5 蠕墨铸铁

蠕墨铸铁是一种新型高强度铸铁。它是在铁水中加入一定量的蠕化剂（稀土镁钛合金、稀土硅铁合金或稀土镁钙合金等）经炉前处理得到的。由于析出的石墨呈蠕虫状，所以兼有灰铸铁和球墨铸铁的一些优点，可代替高强度灰铸铁、合金铸铁、黑心可锻铸铁和铁素体球墨铸铁。

1. 蠕墨铸铁的成分

蠕墨铸铁的化学成分一般为 $w_C = 3.5\% \sim 3.9\%$，$w_{Si} = 2.1\% \sim 2.8\%$，$w_{Mn} = 0.4\% \sim 0.8\%$，$w_P < 0.1\%$，$w_S < 0.1\%$，与球墨铸铁成分相似。

2. 蠕墨铸铁的组织

基体组织+蠕虫状石墨。根据基体组织的不同，蠕墨铸铁的组织可分为铁素体+蠕虫状石墨、珠光体+蠕虫状石墨以及铁素体+珠光体+蠕虫状石墨。

3. 蠕墨铸铁的牌号

蠕墨铸铁的牌号用"RuT"和一组数字来表示。"RuT"为"蠕铁"汉语拼音的字首，数字表示最小的抗拉强度。

4. 蠕墨铸铁的性能和用途

蠕墨铸铁的力学性能，介于基体组织相同的灰铸铁和球墨铸铁之间。当成分一定时，蠕墨铸铁的强度和韧性比灰铸铁高；塑性和韧性比球墨铸铁低，但强度接近于球墨铸铁。蠕墨铸铁具有优良的抗热疲劳性能，其铸造性能和减振能力都比球墨铸铁好，接近灰铸铁。因此，蠕墨铸铁广泛用于柴油机气缸盖、气缸套、机座和床身等机器零件。

3.2.6 特殊性能铸铁

特殊性能铸铁一般是指具有耐磨、耐热和耐腐蚀等特殊性能的铸铁。这些铸铁大多是加入了 Si、Mn、Al、Cr、Mo、W、Cu、V、B、Ti、Re 等合金元素的合金铸铁。

1. 耐磨铸铁

耐磨铸铁根据基体组织的不同可分为以下几类。

（1）耐磨灰铸铁 在灰铸铁中加入少量合金元素（如 P、V、Mo、Sb、RE 等），其强度和硬度升高，显微组织得到改善，具有良好的润滑性、抗咬合、抗擦伤的能力。耐磨灰铸铁广泛应用于机床导轨、汽缸套、活塞环和凸轮轴等零件。

（2）耐磨白口铸铁 通过控制化学成分，增加铸件冷却速度，可以使铸件只有珠光体、渗碳体和碳化物组成的组织。这种白口组织具有高硬度和高耐磨性。如果加入合金元素，例如 Cr、Mo、V 等，可以促使白口化。耐磨白口铸铁广泛应用于犁铧、泵体和磨球等零件。

（3）冷硬铸铁（激冷铸铁） 如发动机凸轮轴、气门摇臂及挺杆等零件，要求表面具有高硬度和耐磨性，心部具有一定的韧性。这些零件可以采用冷硬铸铁制造，冷硬铸铁实质上是一种加入少量 B、Cr、Mo、Te 等元素的低合金铸铁，经表面激冷处理获得的。

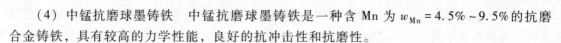

（4）中锰抗磨球墨铸铁　中锰抗磨球墨铸铁是一种含 Mn 为 $w_{Mn} = 4.5\% \sim 9.5\%$ 的抗磨合金铸铁，具有较高的力学性能，良好的抗冲击性和抗磨性。

2. 耐热铸铁

普通灰铸铁的耐热性较差，只能在低于 400℃ 的温度下工作。研究表明，铸铁在高温下的损坏形式主要是在反复加热、冷却过程中，发生相变和内氧化引起铸铁的"热生长"（体积膨胀）和微裂纹。

常用耐热铸铁有：中硅耐热铸铁（RTSi5.5）、中硅球墨铸铁（RQTSi5.5）、高铝耐热铸铁（RTAl22）、高铝球墨铸铁（RQTAl22）、低铬耐热铸铁（RTCr1.5）和高铬耐热铸铁（RTCr28）等。

3. 耐蚀铸铁

耐蚀铸铁不仅具有一定的力学性能，而且在腐蚀性介质中工作时具有耐蚀性。它广泛地应用于化工部门，用来制造管道、阀门及盛贮器等。如在国家标准《高硅耐蚀铸件》（GB/T 8491—1987）中应用最广泛的高硅耐蚀铸铁（STSi15R），它的含 C 量 $w_C < 1.0\%$、含 Si 量 $w_{Si} = 14.25\% \sim 15.75\%$，组织为含硅合金铁素体+石墨+$Fe_3Si$（或 FeSi）。

3.3　有色金属及其合金

金属材料分为黑色金属和有色金属两大类。黑色金属主要是指钢和铸铁。其他的金属，如铝、铜、锌、镁、铅、钛、锡等及其合金统称为有色金属（或非铁金属）。与黑色金属相比，有色金属及其合金具有许多特殊的力学、物理和化学性能。有色金属铝、镁、钛等矿藏丰富，其中铝矿比铁矿储量还高；但大多数有色金属化学活性高，冶炼困难，产量低，其成本高于钢铁，故其产量和使用量还远不如黑色金属。

3.3.1　铝及铝合金

1. 纯铝

纯铝的密度为 $2.72g/cm^3$，熔点为 660℃，具有面心立方晶格，无同素异构转变。纯铝的导电性、导热性很好，仅次于银、铜、金。其化学性质活泼，极易在表面生成一层致密的氧化膜，在大气中具有良好的耐蚀性，但铝不耐酸、碱、盐的腐蚀。纯铝塑性好（$A = 30\% \sim 50\%$，$Z = 80\%$），而且在 0 ～ -253℃ 范围内，塑性和冲击韧性仍不降低。纯铝易于铸造、切削和压力加工，但抗拉强度仅有 80 ～ 100MPa，不宜直接作为结构材料和制造机械零件。

工业纯铝的主要用途是：代替贵重的铜合金，制作导线，配制各种铝合金，制作质轻、导热或耐大气腐蚀、但强度不高的器具。

2. 铝合金的分类

纯铝的强度低，不宜作结构材料，为提高其强度，向铝中加入 Si、Cu、Mg、Zn、Mn 等合金元素制成铝合金。根据铝合金的成分及生产工艺特点，将铝合金分为变形铝合金和铸造铝合金两大类，如图 3-9 所示。

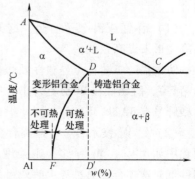

图 3-9　铝合金分类示意图

图 3-9 是铝与主加合金元素的二元合金相图。图中 D 点左边的合金，当加热到固溶线以上时，可得到单相固溶体，其塑性很好，适宜进行压力加工，称为变形铝合金；图中 D 点右边的合金，由于存在共晶组织，适宜铸造，称为铸造铝合金。

变形铝合金在相图中 F 点以左，α 固溶体成分不随温度的变化而变化，不能用热处理强化，属于热处理不能强化的变形铝合金；其成分在 D~F 之间的，α 固溶体成分随温度的变化而变化，能用热处理强化，属于热处理能强化的变形铝合金。

热处理不能强化的变形铝合金，主要有防锈铝合金；热处理能强化的变形铝合金，主要有硬铝、超硬铝和锻铝合金。

3. 铝合金的强化处理

铝合金的热处理与钢不同。钢是通过控制同素异构转变来改变性能，而铝合金则是通过固溶-时效处理来提高强度、硬度和其他性能，这种热处理也称为强化处理。

（1）铝合金的固溶-时效强化　当加热到 α 相区，保温后在水中快冷，其强度、硬度并没有明显升高，而塑性却得到改善，这种热处理称为固溶处理（或固溶淬火）。淬火后的铝合金，如在室温下停留相当长的时间，它的强度、硬度才显著提高，塑性下降。

淬火后铝合金的强度和硬度，随时间而发生显著提高的现象称为时效强化和时效硬化。室温下进行的时效称为自然时效，加热条件下（100~200℃范围内）进行的时效称为人工时效。

（2）铝合金的回归处理　将已经时效强化的铝合金，重新加热到 200~270℃，经短时间保温，然后在水中急冷，使合金恢复到淬火状态的处理称为回归处理。经回归处理后铝合金与新淬火的铝合金一样，仍能进行正常的自然时效。但每次回归处理后，再时效后的强度逐次下降。

4. 变形铝合金

变形铝合金可按其性能特点，分为铝-锰系或铝-镁系、铝-铜-镁系、铝-铜-镁-锌系、铝-铜-镁-硅系合金等。这些合金常经冶金厂加工成各种规格的板、带、线、管等型材供应。

变形铝合金牌号用四位字符体系表示，牌号的第一、三、四位为数字，第二位为"A"字母。牌号中第一位数字是依主要合金元素 Cu（2）、Mn（3）、Si（4）、Mg（5）、Mg_2Si（6）、Zn（7）、其他（8）、备用组（9）的顺序来表示变形铝合金的组别。例如 2A×× 表示以铜为主要合金元素的变形铝合金。最后两位数字用以标识同一组别中的不同铝合金。

（1）铝-锰或铝-镁系合金　这类合金又叫防锈铝，它们的时效强化效果较弱，一般只能用冷变形来提高强度。

防锈铝的工艺特点是塑性及焊接性好，常用拉延法制造各种高耐蚀性的薄板容器（如油箱等）、防锈蒙皮以及受力小、质轻、耐蚀的制品与结构件（如管道、窗框、灯具等）。典型牌号有 3A21，5A05 等。

（2）铝-铜-镁系合金　这类合金又叫硬铝，是一种应用较广的可热处理强化的铝合金。硬铝中如含 Cu、Mg 量多，则强度、硬度高，耐热性好（可在 200℃ 以下工作），但塑性、韧性低。这类合金通过淬火时效可显著提高强度，R_m 可达 420MPa，其比强度与高强度钢相近，故名硬铝。硬铝的耐蚀性远比纯铝差，更不耐海水腐蚀，尤其是硬铝中的 Cu 会导致其耐蚀性剧烈下降。为此，必须加入适量的 Mn，对硬铝板材还可采用表面包一层纯铝或包覆铝，以增加其耐蚀性，但在热处理后强度稍低。

2A01（铆钉硬铝）有很好的塑性，大量用来制造铆钉。飞机上常用的铆钉材料为 2A10，它比 2A01 含铜量稍高，含镁量更低，塑性好，且孕育期长，还有较高的剪切强度。

2A11（标准硬铝）常用来制造形状较复杂、载荷较低的结构零件，在仪器制造中也有广泛应用。

2A12（高强度硬铝）是目前最重要的飞机结构材料，广泛用于制造飞机翼肋、翼架等受力构件。2A12 硬铝还可用来制造在 200℃ 以下工作的机械零件。

（3）铝-铜-镁-锌系合金　在铝合金中，超硬铝时效强化效果最好，强度最高，R_m 可达 600MPa，其比强度已相当于超高强度钢（一般指 $R_m > 1400MPa$ 的钢），故名超硬铝。超硬铝的耐蚀性也较差，一般也要包铝（常采用 $w_{Zn} = 0.09\% \sim 1.0\%$ 的包覆铝作为保护层），以提高耐蚀性。另外，耐热性也较差，工作温度超过 120℃ 就会软化。目前应用最广的超硬铝是 7A04，常用于飞机上受力大的结构件，如起落架、大梁等。在光学仪器中，用于要求重量轻而受力较大的结构件。

（4）铝-铜-镁-硅系合金　这类合金又叫锻铝。力学性能与硬铝相近，但热塑性及耐蚀性较高，更适于锻造，故名锻铝。主要用作航空及仪表工业中各种形状复杂、要求比强度较高的锻件或模锻件，如各种叶轮、框架、支杆等。因锻铝的自然时效速率较慢，强化效果较低，故一般均采用淬火和人工时效。

5. 铸造铝合金

铸造铝合金有铝硅系、铝铜系、铝镁系和铝锌系四种，其中以铝硅系合金应用最广。国家标准《铸造铝合金》（GB 1173—2013）规定，铸造铝合金牌号由 Z（铸）Al、主要合金元素的化学符号及其平均质量分数（%）组成。如果平均含量小于 1，一般不标数字，必要时可用一位小数表示。铸造铝合金的代号用 ZL（铸铝）及三位数字表示。第一位数字表示合金类别（如 1 表示 Al-Si 系，2 表示 Al-Cu 系，3 表示 Al-Mg 系，4 表示 Al-Zn 系）；后两位数字为顺序号，顺序号不同，化学成分不同。

（1）铝硅系铸造铝合金　又称为硅铝明，其特点是铸造性能好，线收缩率小，流动性好，热裂倾向小，具有较高的耐蚀性和足够的强度。

这类合金最常见的是 ZL102，硅含量 $w_{Si} = 10\% \sim 13\%$，相当于共晶成分，铸造后几乎全部为（α+Si）共晶体组织。它的最大优点是铸造性能好，但强度低，铸件致密度不高，经过变质处理后可提高合金的力学性能。该合金不能进行热处理强化，主要在退火状态下使用。为了提高铝硅系合金的强度，满足较大载荷零件的要求，可在该合金成分基础上加入 Cu、Mn、Mg、Ni 等元素，组成复杂硅铝明，例如，ZL108 经过淬火和自然时效后，强度极限可提高到 200~260MPa，适用于强度和硬度要求较高的零件，如铸造内燃机活塞，因此也叫活塞材料。

（2）铝铜系铸造铝合金　这类合金的 Cu 含量不低于 $w_{Cu} = 4\%$。由于 Cu 在铝中有较大的溶解度，且随温度的改变而改变，因此这类合金可以通过时效强化提高强度，并且时效强化的效果能够保持到较高温度，使合金具有较高的热强性。由于合金中只含少量共晶体，故铸造性能不好，耐蚀性和比强度也较优质硅铝明低。此类合金主要用于制造在 200~300℃ 条件下工作、要求较高强度的零件，如增压器的导风叶轮等。

（3）铝镁系铸造铝合金　这类合金有 ZL301、ZL302 两种，其中应用最广的是 ZL301。该类合金的特点是密度小，强度高，比其他铸造铝合金耐蚀性好。它一般用于制造承受冲击载荷，耐海水腐蚀，外型不太复杂，便于铸造的零件，如舰船零件。

（4）铝锌系铸造铝合金　与 ZL102 相类似，这类合金铸造性能很好，流动性好，易充满铸型，但密度较大，耐蚀性差。由于在铸造条件下锌原子很难从过饱和固溶体中析出，因此合金铸造冷却时能够自行淬火，经自然时效后就有较高的强度。该合金可以在不经热处理的铸态下直接使用，常用于汽车、拖拉机发动机的零件。

3.3.2　铜及铜合金

铜是人类应用最早和最广的一种有色金属，由于具有某些优良的性能，使得铜及铜合金在电气仪表、造船及机械制造工业中得到了广泛的应用。

1. 工业纯铜

纯铜旧称紫铜，它的密度为 $8.96g/cm^3$，熔点为 $1083℃$。纯铜的导电性和导热性好，仅次于银而居于第二位。纯铜具有面心立方晶格，无同素异构转变，强度不高，硬度很低，塑性极好，并有良好的低温韧性，可以进行冷、热压力加工。

纯铜具有很好的化学稳定性，在大气、淡水及冷凝水中均有良好的耐蚀性。但在海水中的耐蚀性较差，易被腐蚀。纯铜在含有 CO_2 的湿空气中，表面将产生碱性碳酸盐的绿色薄膜，又称铜绿。

纯铜主要用于导电、导热及兼有耐蚀性的器材，如电线、电缆、电刷、防磁器械、化工用传热或深冷设备中。纯铜是配制铜合金的原料，铜合金具有比纯铜好的强度及耐蚀性，是电气仪表、化工、造船、航空和机械等工业中的重要材料。

2. 铜合金

由于纯铜的强度低，加入适量合金元素制成铜合金。

（1）铜合金的分类

1）按化学成分，铜合金可分为黄铜、青铜及白铜（铜镍合金）三大类，在机器制造业中，应用较广的是黄铜和青铜。

黄铜是以 Zn 为主要合金元素的铜-锌合金。其中不含其他合金元素的黄铜称为普通黄铜（或简单黄铜），含有其他合金元素的黄铜称为特殊黄铜（或复杂黄铜）。

青铜是以 Zn 和 Ni 以外的其他元素作为主要合金元素的铜合金。按其所含主要合金元素的种类可分为锡青铜、铅青铜、铝青铜和硅青铜等。

2）按生产方法分，铜合金可分为压力加工铜合金和铸造铜合金两类。

（2）铜合金牌号表示方法　有压力加工铜合金和铸造铜合金之分。

1）压力加工铜合金牌号由数字和汉字组成，为便于使用，常以代号替代牌号。

① 压力加工黄铜：普通压力加工黄铜代号表示方法为"H"+铜元素含量（质量分数×100）。例如，H68 表示 w_{Cu} = 68%、余量为 Zn 的黄铜。特殊加工黄铜代号表示方法为"H"+主加元素的化学符号（除 Zn 以外）+Cu 及各合金元素的含量（质量分数×100）。例如，HPb59-1 表示 w_{Cu} =59%，w_{Pb} =1%、余量为 Zn 的压力加工黄铜。

② 压力加工青铜：代号表示方法是"Q"（"青"的汉语拼音字首）+第一主加元素的化学符号及含量（质量分数×100）+其他合金元素含量（质量分数×100）。例如，QA15 表

示 $w_{Al}=5\%$、余量为铜的压力加工铝青铜。

2）铸造铜合金（铸造黄铜与铸造青铜）的牌号表示方法相同，是"Z"+铜元素化学符号+主加元素的化学符号及含量（质量分数×100）+其他合金元素化学符号及含量（质量分数×100）。

3. 黄铜

（1）锌对黄铜性能的影响　普通黄铜的组织和性能受含锌量的影响。当 Zn 含量 $w_{Zn}<32\%$ 时，合金的组织由单相面心立方晶格的 α 固溶体构成，塑性好。而且随 Zn 含量的增加，强度和塑性均增加。当 Zn 含量超过 $w_{Zn}45\%$ 之后，组织中产生了大量的 β' 相，其强度和塑性急剧下降。所以，工业黄铜中 Zn 含量一般不超过 $w_{Zn}45\%$，如图 3-10 所示。

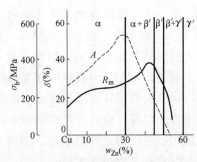

图 3-10　黄铜含锌量与力学性能的关系

（2）常用的普通黄铜　普通黄铜主要用于压力加工，按加工特点分为冷加工用 α 单相黄铜与热加工用 $\alpha+\beta'$ 双相黄铜两类。

H90（及 H80 等）属 α 单相黄铜，有优良的耐蚀性、导热性和冷变形能力，并呈金黄色，故有金色黄铜之称。常用于镀层及制作艺术装饰品、奖章和散热器等。

H68（及 H70）属 α 单相黄铜，按成分称为七三黄铜。它具有优良的冷、热塑性变形能力，适宜用冷冲压（深拉延、弯曲等）制造形状复杂而要求耐蚀的管、套类零件，如弹壳、波纹管等，故又有弹壳黄铜之称。

H62（及 H59）属 $\alpha+\beta'$ 双相黄铜，按成分称为六四黄铜。它的强度较高，并有一定的耐蚀性，广泛用于导电、耐蚀及适当强度的电器结构件，如螺栓、螺母、垫圈、弹簧及机器中的轴套等，有商业黄铜之称。

（3）特殊黄铜　在普通黄铜的基础上，加入其他合金元素组成的多元合金称为特殊黄铜。常加入的元素有 Sn、Pb、Al、Si、Mn、Fe 等。特殊黄铜也可依据加入的第二合金元素命名，如锡黄铜、铅黄铜、铝黄铜等。

合金元素加入黄铜后，或多或少地能提高其强度。加入 Sn、Al、Mn、Si 后还可提高耐蚀性，减少黄铜应力腐蚀破裂的倾向。某些元素的加入还可以改善黄铜的工艺性能，如加 Si 改善铸造性能，加 Pb 改善切削加工性能等。

4. 青铜

青铜是人类应用最早的一种合金，原指铜锡合金。现在工业上把以 Al、Si、Pb、Be、Mn、Ti 等为主加元素的铜基合金均称为青铜，分别称为铝青铜、铍青铜、硅青铜等，铜锡合金称为锡青铜。按照生产方式不同，青铜分为压力加工青铜和铸造青铜两类。

（1）锡青铜　Sn 含量低于 $w_{Sn}8\%$ 的锡青铜称为压力加工锡青铜，锡含量大于 $w_{Sn}10\%$ 的锡青铜称为铸造锡青铜。

锡青铜在大气、海水、淡水以及水蒸气中耐蚀性比纯铜和黄铜好，但在盐酸、硫酸及氨水中的抗蚀性较差。

锡青铜中还可以加入其他合金元素以改善性能。例如，加入 Zn 可以提高流动性，并可以通过固溶强化作用提高合金强度。加入 Pb 可以使合金的组织中存在软而细小的黑灰色 Pb 夹杂物，提高锡青铜的耐磨性和切削加工性。加入 P，可以提高合金的流动性，并生成

Cu_3P 硬质点，提高合金的耐磨性。

（2）铝青铜　铝青铜是以 Al 为主加元素的铜合金，一般 Al 含量为 $w_{Al}5\% \sim 10\%$。铝青铜的力学性能和耐磨性均高于黄铜和锡青铜，它的结晶温度范围小，不易产生化学成分偏析，而且流动性好，分散缩孔倾向小，易获得致密铸件。可制造齿轮、轴套、蜗轮等高强度、耐磨的零件以及弹簧和其他耐蚀元件。

（3）铍青铜　铍青铜一般 Be 含量为 $w_{Be}1.6\% \sim 2.5\%$。铍青铜可以进行淬火时效强化，淬火后得到单相 α 固溶体组织，塑性好，可以进行冷变形和切削加工，制成零件后再进行人工时效处理，获得很高的强度和硬度，超过其他所有的铜合金。

铍青铜的弹性极限、疲劳极限都很高，耐磨性、耐蚀性、导热性、导电性和低温性能也非常好，此外，尚具无磁性、冲击时不产生火花等特性。在工艺方面，它承受冷热压力加工的能力很好，铸造性能也好。但铍青铜价格昂贵。主要用来制作精密仪器、仪表的重要弹簧、膜片和其他弹性元件。

3.3.3　滑动轴承合金

滑动轴承是指支撑轴和其他转动或摆动零件的支承件。它是由轴承体和轴瓦两部分构成的。轴瓦可以直接由耐磨合金制成，也可在基体上浇注一层耐磨合金内衬制成。用来制造轴瓦及其内衬的合金，称为轴承合金。

1. 对滑动轴承合金的性能要求

具有良好的减摩性；具有足够的力学性能；滑动轴承合金还应具有良好的导热性、小的热膨胀系数、良好的耐蚀性和铸造性能。

2. 滑动轴承合金的组织特征

为满足上述要求，轴承合金的成分和组织应具备如下特点：

（1）轴承材料基体应与钢铁互溶性小　因轴颈材料多为钢铁，为减少轴瓦与轴颈的粘着性和擦伤性，轴承材料的基体应采用对钢铁互溶性小的金属，即与金属铁的晶体类型、晶格常数、电化学性能等差别大的金属，如 Sn、Pb、Al、Cu、Zn 等。这些金属与钢铁配对运动时，与钢铁不易互溶或形成化合物。

（2）轴承合金组织应软硬兼备　金相组织应由多个相组成，如软基体上分布着硬质点，或硬基体上嵌镶软颗粒。

图 3-11 所示为轴承理想表面示意图。

机器运转时，软的基体很快被磨损而凹陷下去，减少了轴与轴瓦的接触面积，硬的质点比较抗磨便凸出在基体上，这时凸起的硬质点支撑轴所施加的压力，而凹坑则能贮存润滑油，可降低轴和轴瓦之间的摩擦因数，减少轴颈和轴瓦的磨损。同时，软基体具有抗冲击、抗振和较好的磨合能力。

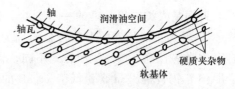

图 3-11　轴承理想表面示意图

此外，软基体具有良好的嵌镶能力，润滑油中的杂质和金属碎粒能够嵌入轴瓦内而不致划伤轴颈表面。

硬基体上分布软质点的组织，也可达到同样的目的，该组织类型的轴瓦具有较大的承载能力，但磨合能力较差。

3. 常用的滑动轴承合金

滑动轴承的材料主要是有色金属合金。常用的有锡基轴承合金、铅基轴承合金、铜基轴承合金和铝基轴承合金等。

轴承合金牌号表示方法为"Z"（"铸"字汉语拼音的字首）+基体元素与主加元素的化学符号+主加元素的含量（质量分数×100）+辅加元素的化学符号+辅加元素的含量（质量分数）。例如：ZSnSb8Cu4 为铸造锡基轴承合金，主加元素 Sb 的质量分数为 8%，辅加元素 Cu 的质量分数为 4%，余量为 Sn。ZPbSb15Sn5 为铸造铅基轴承合金，主加元素 Sb 的质量分数为 15%，辅加元素锡的质量分数为 5%，余量为 Pb。

（1）锡基轴承合金（锡基巴氏合金）　它是以锡为基体元素，加入 Sb、Cu 等元素组成的合金。Sb 溶入锡所形成的 α 固溶体（硬度为 24～30HBW），作为软基体；硬质点是 Sn、Sb、Cu 等所形成的化合物，如 SnSb 以及化合物 Cu_3Sn 和 Cu_6Sn_5 等。锡基轴承合金摩擦因数小，塑性和导热性好，是良好的减摩材料，常用作重要的轴承材料，如汽轮机、发动机等巨型机器的高速轴承。它的主要缺点是疲劳强度较低，且 Sn 较稀少，因此这种轴承合金价格最贵。

（2）铅基轴承合金（铅基巴氏合金）　它是 Pb-Sb 为基体的合金。加入 Sn 能形成 SnSb 硬质点，并能大量溶入 Pb 中而强化基体，故可提高铅基合金的强度和耐磨性。加 Cu 可形成 Cu_2Sb 硬质点，并防止比密度偏析。铅基轴承合金的强度、塑性、韧性及导热性、耐蚀性均较锡基合金低，且摩擦因数较大，但价格较便宜。因此，铅基轴承合金常用来制造承受中、低载荷的中速轴承。如汽车、拖拉机的轴承及电动机轴承。

无论是锡基轴承合金还是铅基轴承合金，它们的强度都比较低（R_m = 60～90MPa），不能承受大的压力，故需将其镶铸在钢的轴瓦（一般为 08 钢冲压成形）上，形成一层薄而均匀的内衬，才能发挥作用。这种工艺称为"挂衬"，挂衬后就形成所谓双金属轴承。

（3）铜基轴承合金　有许多种铸造青铜和铸造黄铜均可用作轴承合金，其中应用最多的是锡青铜和铅青铜。

铅青铜中常用的有 ZCuPb30，Pb 含量 w_{Pb} = 30%，其余为 Cu。Pb 不溶于 Cu 中，其室温显微组织为 Cu+Pb，Cu 为硬基体，颗粒状 Pb 为软质点，是硬基体上分布软质点的轴承合金，这类合金可以制造承受高速、重载的重要轴承，如航空发动机、高速柴油机轴承等。

锡青铜中常用 ZCuSn10P1，其成分为 w_{Sn} = 10%，w_P = 1%，其余为 w_{Cu}。该合金硬度高，适合制造高速、重载的汽轮机、压缩机等机械上的轴承。

铜基轴承合金的优点是承载能力大，耐疲劳性能好，使用温度高，具有良好的耐磨性和导热性，它的缺点主要是顺应性和嵌镶性较差，对轴颈的相对磨损较大。

（4）铝基轴承合金　铝基轴承合金密度小，导热性好、疲劳强度高，价格低廉，广泛应用于高速载荷条件下工作的轴承上。按化学成分（质量分数）可分为铝锡系（Al-20%Sn-1%Cu）、铝锑系（Al-4%Sb-0.5%Mg）和铝石墨系（Al-8Si 合金基体+3%～6%石墨）三类。

铝锡系铝基轴承合金具有疲劳强度高、耐热性和耐磨性良好等优点，因此，适宜制造高速、重载条件下工作的轴承。铝锑系铝基轴承合金适用于载荷不超过 20MPa、滑动线速度不大于 10m/s 条件下工作的轴承。铝石墨系轴承合金具有优良的自润滑作用和减振作用以及耐高温性能，适用于制造活塞和机床主轴的轴承。

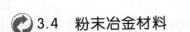 3.4 粉末冶金材料

粉末冶金就是将几种金属粉末或金属与非金属粉末混匀后压制成型，再经过烧结而获得材料或零件的加工方法。

3.4.1 粉末冶金的工艺特点

用粉末冶金方法可以生产出结构材料和具有多种特殊性能的材料，如硬质合金、难熔金属、磁性材料、摩擦材料和高温耐热材料等；粉末冶金不需要熔炼和铸造，生产工艺简单，占地面积小；粉末冶金可使压制品达到或极接近于零件要求的形状、尺寸精度与表面粗糙度，生产无切削或少切削的优质机械零件，材料的利用率高，接近100%。

3.4.2 粉末冶金的生产工艺

粉末冶金产品一般经过粉料配制混匀→压制成型→烧结→后处理四道工序。

1. 粉料制备

粉料制备是在金属粉末中加入石墨、合金元素、润滑剂（如硬脂酸锌、全损耗系统用油等）和增塑剂（汽油橡胶溶液、石蜡等），按一定比例混匀，以便压制成型。

金属粉末可以是纯金属粉末，也可以是合金、化合物或复合金属粉末，其制造方法很多，常用的有机械粉碎法、雾化法、还原法和电化学法等。重要的是金属粉末的各种性能均与制粉方法有密切关系。

2. 压制成型

粉末的压制成型过程包括称粉、装粉、压制、保压及脱模等。压制成型的方法很多，常用的有钢模压制成型、流体静压成型和注射成型等。

3. 烧结

压制成型的粉末冶金制品颗粒间的机械结合力较小，强度较低，需要在气氛保护或真空中进行高温烧结。烧结与熔化不同，熔化时全部组元都变成液相，而烧结时至少有一种组元仍处于固相。烧结后粉末经过扩散、再结晶、蠕变、晶粒长大等过程，得到具有一定孔隙度的制品。

4. 后处理

一般烧结后的粉末冶金制品即可使用，但对于尺寸精度、表面粗糙度、硬度、耐磨性要求较高的制品还需进行后处理。例如进行精压、滚压、表面淬火以提高制品的力学性能，进行浸油或浸渍其他润滑液以达到润滑、耐蚀的目的。

3.4.3 粉末冶金材料的应用

在工业生产中利用粉末冶金工艺，可以制成多种机械零件和工具，如刀具、精密齿轮、含油轴承、衬套、摩擦片和过滤器等。

1. 含油轴承

它是将粉末压制成轴承后，再浸在润滑油中。由于粉末冶金材料的多孔性，在毛细现象作用下，可吸附大量润滑油（一般含油率为12%~30%），故又称为含油轴承。它一般用作

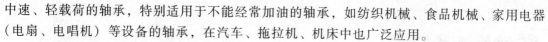

中速、轻载荷的轴承，特别适用于不能经常加油的轴承，如纺织机械、食品机械、家用电器（电扇、电唱机）等设备的轴承，在汽车、拖拉机、机床中也广泛应用。

2. 摩擦材料

摩擦材料通常由强度高、导热性好、熔点高的金属元素（如用 Fe、Cu）作为基体，并加入能提高摩擦因数的摩擦组分（如 Al_2O_3、SiO_2 及石棉等），以及能抗咬合、提高减摩性的润滑组分（如铅、锡、石墨、二硫化钼等）的粉末冶金材料。因此，它能较好地满足使用性能的要求。其中铜基烧结摩擦材料常用于汽车、拖拉机的离合器与制动器，而铁基的则多用于各种高速重载机器的制动器。

3. 硬质合金

硬质合金是以碳化钨（WC）或碳化钨与碳化钛（TiC）等高熔点、高硬度的碳化物为基体，并加入 Co（或 Ni）作为粘结剂而制成的一种粉末冶金材料。

（1）硬质合金的性能特点

1）硬度高、热硬性好以及耐磨性好。由于硬质合金是以高硬度、高耐磨、极为稳定的碳化物为基体，在常温下，硬度可达 86~93HRA（相当于 69~81HRC），热硬性可达 900~1000℃。故硬质合金刀具在使用时，其切削速度、耐磨性与寿命都比高速钢有显著提高。

2）抗压强度高。其抗压强度可达 6000MPa，高于高速钢；但抗弯强度较低，只有高速钢的 1/3~1/2 左右。硬质合金弹性模量很高，约为高速钢的 2~3 倍，但它的韧性很差，$K = 2~4.8J$，约为淬火钢的 30%~50%。

（2）常用的硬质合金　常用的硬质合金按成分与性能特点可分为三类，其代号、成分与性能如下：

1）钨钴类硬质合金的主要化学成分为 WC 及 Co。其代号用"硬"、"钴"两字汉语拼音的字首"YG"加数字表示。数字表示 Co 的含量（质量分数×100），例如 YG6，表示钨钴类硬质合金，$w_{Co} = 6\%$，余量为碳化钨。这类合金刀具切削韧性材料时的耐磨性较差，适合加工铸铁、青铜等脆性材料。

2）钨钴钛类硬质合金的主要化学成分为 WC、TiC 及 Co。其代号用"硬"、"钛"两字的汉语拼音的字首"YT"加数字表示。数字表示 TiC 含量（质量分数×100）。例如 YT15，表示钨钴钛类硬质合金，$w_{TiC} = 15\%$，余量为 WC 及 Co。这类硬质合金刀具切削韧性材料时较耐磨，适合用于加工钢材。

3）通用硬质合金是以碳化钽（TaC）或碳化铌（NbC）取代 YT 类合金中的一部分 TiC。在硬度不变的条件下，取代的数量越多，合金的抗弯强度越高。它适用于切削各种钢材，特别对于不锈钢、耐热钢、高锰钢等难于加工的钢材，切削效果更好。通用硬质合金又称"万能硬质合金"，其代号用"硬"、"万"两字的汉语拼音的字首"YW"加顺序号表示。

以上硬质合金的硬度很高，脆性大，除磨削外，不能进行一般的切削加工，所以冶金厂多将其制成一定规格的刀片供应。使用前采用焊接、粘接或机械固紧的办法将它们固紧在刀体或模具体上。

用粉末冶金法还生产了另一种工模具材料——钢结硬质合金。其主要化学成分是 TiC 或 WC 以及合金钢粉末。它与钢一样可进行锻造、热处理、焊接与切削加工。由于钢结硬质合金可切削加工，故适宜制造各种形状复杂的刀具、模具与要求刚度大、耐磨性好的机械零件，如镗杆、导轨等。

本 章 小 结

本章主要介绍了各种碳钢、合金钢、铸铁及有色金属等常用金属材料的成分、组织、使用性能及热处理特点等。第一，应掌握各种金属材料的性能和特点；第二，能够理解热处理在机械加工中的工艺位置；第三，根据机械零件的工作条件和性能要求判断和分析其材料使用的合理性，以便对常用机械零件进行正确选材。

思考题与习题

3-1 指出下列各种钢的类别、含碳量范围、质量及用途：Q235A、45、Q195、T12A。

3-2 根据下面的钢号选择下列工件所采用的材料：

08F；20；T8；T12；65Mn；45（冷冲压件；螺钉；齿轮；小弹簧；锉刀）。

3-3 今有 W18Cr4V 钢制铣刀，试制定其加工工艺路线，说明热加工工序的目的。淬火温度为什么要高达1280℃？淬火后为什么要进行三次高温回火？能不能用一次长时间回火代替？

3-4 比较 9SiCr、Cr12MoV、5CrMnMo、W18Cr4V 这四种合金工具钢的成分、性能和用途的差异。

3-5 简述提高钢的耐蚀性的原理及方法。

3-6 耐磨钢（ZGMn13）和奥氏体不锈钢的淬火目的与一般钢的淬火目的有何不同？耐磨钢的耐磨原理与工具钢有什么差异？

3-7 什么是钢的耐回火性和"二次硬化"？它们在实际应用中有何意义？

3-8 铸铁分为哪几类？其最基本的区别是什么？

3-9 影响石墨化的因素有哪些？

3-10 什么是孕育铸铁？如何进行孕育处理？

3-11 HT200、KTH300-06、KTZ550-04、QT400-15、QT700-2、QT900-2 等铸铁牌号中数字分别表示什么性能？具有什么显微组织？

3-12 试指出下列铸件应采用的铸铁种类和热处理方法，并说出原因。

（1）机床床身 （2）柴油机曲轴 （3）液压泵壳体 （4）犁铧 （5）球磨机衬板。

3-13 何谓硅铝明？它属于哪一类铝合金？为什么硅铝明具有良好的铸造性能？

3-14 什么是黄铜？为什么黄铜中锌的质量分数不超过45%？

3-15 什么是锡青铜？有何性能特点？

3-16 滑动轴承合金应具有怎样的性能和理想的显微组织？试举例说明。

3-17 什么是粉末冶金？举例说明其应用。

3-18 试述硬质合金的种类、特点和用途。

第4章　非金属材料与新型材料

学习重点

主要介绍塑料、橡胶、陶瓷，以及常用复合材料和某些新型材料在工业生产中的应用。

学习难点

常用非金属材料的性能特点。

学习目标

1. 熟悉不同种类的高分子合成材料、陶瓷材料、复合材料的性能及特点。
2. 了解非金属材料在现代工业生产中的某些特殊应用。

工程材料分为金属材料和非金属材料两大类。非金属材料一般包括高分子材料（塑料、橡胶、合成纤维、部分胶粘剂等）、陶瓷材料（陶器、瓷器、耐火材料、玻璃、水泥及近代无机非金属材料等）和各种复合材料等。本章主要介绍塑料、橡胶、陶瓷以及常用复合材料和新型材料。

4.1　非金属材料

4.1.1　塑料

1. 塑料的组成

塑料是高分子材料在一定温度范围内以玻璃态使用时的总称。塑料材料在一定温度下可变为胶态而加工成形。工程上所用的塑料，都是以有机合成树脂为主要成分，加入其他添加剂制成的，其大致组成如下：

（1）合成树脂　合成树脂是塑料的主要成分，含量占40%~100%，决定塑料的主要性能，并起粘结作用，故绝大多数塑料都以相应的树脂来命名。

（2）添加剂　为了改善塑料的某种性能（如强度、减摩性、耐热性等）而加入的。其主要作用是改善塑料的工艺性能和使用性能，如增塑剂、稳定剂、润滑剂和着色剂等。

2. 塑料的分类

（1）按热性能分类　塑料按热性能分为热塑性塑料和热固性塑料两大类。

热塑性塑料加热后软化或熔化，冷却后硬化成形，有可塑性和重复性，且这一过程可反复进行。常用的有聚乙烯、聚丙烯和ABS塑料等。

热固性塑料成形后，受热不变形软化，当加热至一定温度会分解，故只可一次成形或使用，如环氧树脂等材料。

（2）按使用性能分 塑料按使用性能分为工程塑料、通用塑料和特种塑料三类。

① 工程塑料是指可用作工程结构或机械零件的一类塑料，它们一般有较好的、稳定的力学性能，耐热、耐蚀性较好，且尺寸稳定性好，如 ABS、尼龙、聚甲醛等。

② 通用塑料是指主要用于日常生活用品的塑料，其产量大、成本低、用途广，占塑料总产量的 3/4 以上。

③ 特种塑料是指具有某些特殊的物理、化学性能的塑料，如耐高温、耐蚀、耐光化学反应等。其产量少、成本高，只用于特殊场合，如聚四氟乙烯（PTFE）具有润滑、耐腐蚀和电绝缘性。

3. 常用塑料

（1）聚乙烯（PE） 聚乙烯产品相对密度小（$0.91 \sim 0.97 \text{g/cm}^3$），按合成方法不同，分低压、中压、高压三种。低压聚乙烯质地坚硬，有良好的耐磨性、耐蚀性和电绝缘性；高压聚乙烯化学稳定性高，有良好的绝缘性、柔软性、耐冲击性和透明性，而且无毒。低压聚乙烯用于制造塑料管、塑料板、承载不高的齿轮等；高压聚乙烯用于制作塑料薄膜、食品袋以及电线、电缆包皮等。聚乙烯产品的缺点是：强度、刚度、硬度低，蠕变大，耐热性差，且容易老化。

（2）聚氯乙烯（PVC） 聚氯乙烯是最早使用的塑料产品之一，其应用十分广泛。分为硬质和软质两种。硬质聚氯乙烯强度较高，绝缘性、耐蚀性好，耐热性差；软质聚氯乙烯强度低于硬质的，但伸长率大，绝缘性较好，耐蚀性差。硬质聚氯乙烯用于耐化工腐蚀的结构材料，如输油管、离心泵和阀门管件等；软质聚氯乙烯用于制作电线、电缆的绝缘包皮、工业包装等。但因有毒，不能包装食品。

（3）聚丙烯（PP） 聚丙烯相对密度小（$0.9 \sim 0.92 \text{g/cm}^3$），是塑料中最轻的。其力学性能（如强度、刚度、硬度、弹性模量等）优于低压聚乙烯（PE），电绝缘性好，且不受湿度影响，耐蚀性好，无毒、无味，具有优良的耐热性，在无外力作用时加热至 150℃ 不变形，因此，它是常用塑料中惟一能经受高温消毒的产品；其主要缺点是：低温脆性大，不耐磨，易老化。聚丙烯常用来制造各种机械零件、绝缘件、生活用具、医疗器械、食品和药品包装等。

（4）聚苯乙烯（PS） 该类塑料的产量仅次于聚乙烯和聚氯乙烯。聚苯乙烯具有良好的加工性能，其薄膜有优良的电绝缘性，常用于电器零件；其发泡材料相对密度低，达 0.33g/cm^3，是良好的隔声、隔热和防振材料，广泛用于仪器包装和隔热材料。聚苯乙烯的缺点是脆性大，耐热性差，但常将聚苯乙烯与丁二烯、丙烯腈、异丁烯、氯乙烯等共聚使用，使材料的抗冲击性能、耐热耐蚀性能大大提高。可用于制作耐油的机械零件、仪表盘和开关按钮等。

（5）ABS 塑料 由丙烯腈（A）、丁二烯（B）、苯乙烯（S）三种组元共聚而成，三组元单体可以任意比例混合。由于 ABS 为三元共聚物，丙烯腈使材料耐蚀性和硬度提高。丁二烯提高其柔顺性，而苯乙烯则使其具有良好的热塑加工性。因此，ABS 是"坚韧、质硬且刚性"的塑料材料。ABS 由其低的成本和良好的综合力学性能，且易于加工成形和电镀防护，因此，在机械和电器等工业中有着广泛的应用。

（6）聚酰胺（PA） 聚酰胺的商品名称是尼龙，是目前机械工业中应用比较广泛的工程热塑性塑料。聚酰胺的强度、韧性、耐磨性、耐蚀性、吸振性、自润滑性良好，摩擦因数小，无毒、无味；但蠕变值较大，导热性较差（约为金属的 1%），吸水性大，导致性能和尺寸容易改变。

（7）聚甲基丙烯酸甲酯（PMMA） 聚甲基丙烯酸甲酯俗称有机玻璃，是目前最好的透明有机物。其绝缘性、着色性和透光性好，耐蚀性、强度、耐紫外线、抗大气老化性较好。用于制作航空、仪器、仪表、汽车和无线电工业中的透明件和装饰件，如飞机座窗、电视和雷达的屏幕，设备标牌等。缺点是脆性大，表面硬度不高，易擦伤。

（8）聚四氟乙烯（PTFE 或 F-4） 是含氟塑料的一种，具有很好的耐高、低温，耐腐蚀等性能。聚四氟乙烯几乎不受任何化学药品的腐蚀，化学稳定性超过了玻璃、陶瓷、不锈钢，甚至金、铂，俗称"塑料王"。由于聚四氟乙烯的化学稳定性好，介电性能良好，自润滑和防粘性好，所以，在国防、科研和工业中占有重要地位。其缺点是强度、硬度较低，加热后黏度较大，不能用一般的热塑成形方法，只能用冷压烧结方法成形，而且高温分解时会产生剧毒气体，价格也较昂贵。

（9）聚碳酸酯（PC） 聚碳酸酯是一种新型热塑性工程塑料，品种很多。工程上常用的是芳香族聚碳酸酯，其综合力学性能很好，产量仅次于尼龙。其化学性能稳定，透明度高，成形收缩率小，制件尺寸精度高，广泛应用于机械、航空和医疗器械等方面。

（10）酚醛塑料（PF） 由酚类和醛类经缩聚反应而制成的树脂称为酚醛树脂。根据不同的性能要求加入不同的填料，便能制成各种酚醛塑料。它属于热固性塑料，具有优异的耐热性、绝缘性、化学稳定性和尺寸稳定性，较高的强度、硬度和耐磨性，其抗蠕变性能优于许多热塑性塑料，因此，广泛应用于机械电子、航空和仪表方面。其缺点是质脆、耐光性差、色彩单调（只能制成棕黑色）。

（11）环氧塑料（EP） 是在环氧树脂中加入固化剂（胺类和酸酐类）后形成的热固性塑料，具有强度高、耐热性、耐腐蚀性及加工成形性好等优点，主要用于制作模具，电气、电子元件等。环氧树脂对各种工程材料都有突出的粘附力，是极其优良的粘结剂，有"万能胶"之称，广泛用于各种结构粘结剂和制造各种复合材料，如玻璃钢等。

4.1.2 橡胶

橡胶是一种具有极高弹性的高分子材料，其弹性变形量可达 100% ~ 1000%，而且回弹性好，回弹速度快。同时，橡胶还有一定的耐磨性，很好的绝缘性和不透气、不透水性，是常用的弹性材料、密封材料、减振防振材料和传动材料。

1. 橡胶的组成

橡胶是以生胶为主要原料，加入适量配合剂而制成的高分子材料。

（1）生胶（或纯橡胶） 生胶是指未加配合剂的天然胶或合成胶，它也是将配合剂和骨架材料粘成一体的粘结剂，是橡胶制品的主要成分，也是影响橡胶特性的主要因素。由于生胶性能随温度和环境变化很大，如高温发黏、低温变脆，而且极易被溶解剂溶解，因此，必须加入各种不同的橡胶配合剂，以改善橡胶制品的使用性能和工艺性能。

（2）橡胶配合剂 橡胶中常加入的配合剂有硫化剂、硫化促进剂、活性剂、软化剂、填充剂、防老剂和着色剂等。

（3）骨架材料 骨架材料可提高橡胶的承载能力、减少制品变形。常用的骨架材料有金属丝、纤维织物等。

2. 常用橡胶材料

橡胶按原料来源分为天然橡胶和合成橡胶，按用途分为通用橡胶和特种橡胶。

（1）天然橡胶 天然橡胶是橡胶树流出的胶乳，经凝固、干燥等工序制成的弹性固状物，其单体为异戊二烯高分子化合物。它具有很好的弹性，但强度、硬度不高。为提高强度并硬化，需进行硫化处理。天然橡胶是良好的绝缘体，但耐热老化和耐大气老化性较差，不耐臭氧、油和有机溶剂，且易燃。天然橡胶属通用橡胶，广泛应用于制造轮胎、胶带等。

（2）合成橡胶 由于天然橡胶数量、性能不能满足工业需要，于是发展了以石油、天然气、煤和农副产品为原料制成的合成橡胶。它的种类很多，有丁苯橡胶（SBR）、顺丁橡胶（BR）和氯丁橡胶（CR）等。

4.1.3 陶瓷

陶瓷是一种无机非金属材料，是最早使用的材料之一。陶瓷在传统意义上是指陶器和瓷器，但也包括玻璃、水泥、砖瓦、搪瓷、耐火材料及各种现代陶瓷。陶瓷是由金属和非金属元素组成的无机化合物。

1. 陶瓷的分类

陶瓷材料及产品种类繁多，而且还在不断扩大和增多。陶瓷材料按原料不同，分为普通陶瓷（传统陶瓷）和特种陶瓷（现代陶瓷）。按用途不同，陶瓷材料又分为工程陶瓷和功能陶瓷。

2. 陶瓷的组织结构

陶瓷是高温烧结后形成的致密固体物质，其结构组织比金属复杂得多。在室温下，陶瓷的典型组织由三相构成：晶体相、玻璃相、气相。各相的数量、形状、分布不同，陶瓷的性能不同。

（1）晶体相 这是陶瓷的主要组成相，决定陶瓷的主要性能。组成陶瓷晶体相的晶体通常有硅酸盐、氧化物和氮化物等，它们的结合键为离子键或共价键。键的强度决定了陶瓷的各种性能。另外，陶瓷一般是多晶体，改善其性能的有效方法也是细化晶粒。

（2）玻璃相 这是陶瓷烧结时各组分通过物理化学作用而形成的非晶态物质，熔点较低。它的主要作用是粘结分散的晶体相，抑制晶粒长大并填充气孔。但是由于玻璃相的结构疏松，会降低陶瓷的耐热性和电绝缘性，因此，通常将其含量控制在 20%~40% 内。

（3）气相 是由于材料和工艺等方面的原因，陶瓷结构中存在的气孔约占陶瓷体积的 5%~10%，分布在玻璃相、晶界、晶内，使组织致密性下降，强度和抗电击穿能力下降，材料脆性增加。因此，应力求降低气孔的大小和数量，使气孔均匀分布。

3. 陶瓷的性能

（1）力学性能 与金属相比，陶瓷的弹性模量高，抗压强度高，硬度高，一般硬度大于 1500HV，而淬火钢的硬度只有 500~800HV，高分子材料硬度小于 20HV；但脆性大，抗拉强度低。原因是离子键的断裂和大量气孔的存在。应力求减少气孔。

（2）热性能 陶瓷是耐高温材料，它的熔点高（2000℃以上），抗蠕变能力强，热膨胀系数和导热系数小，1000℃以上仍能保持室温性能。

（3）电性能 室温下的大多数陶瓷都是良好的电绝缘体。一些特种陶瓷具有导电性和导磁性，是作为功能材料而开发的新型陶瓷。

（4）化学性能　陶瓷的化学性能非常稳定，耐酸、碱、盐和熔融的有色金属等的腐蚀，不老化，不氧化。

4. 常用特种陶瓷材料

特种陶瓷是以人工化合物为原料制成的，如氧化物、氮化物、碳化物、硅化物、硼化物和氟化物陶瓷以及石英质、刚玉质、碳化硅质过滤陶瓷等。

（1）氧化铝陶瓷　是以 Al_2O_3 为主要成分的陶瓷。Al_2O_3 的含量一般大于 46%，还含有少量的 SiO_2，也称为高铝陶瓷。氧化铝陶瓷是一种极有应用前途的高温结构材料。它的熔点很高，可作为高级耐火材料，如在坩埚、高温炉管等中的应用。利用氧化铝硬度大的优点，可以制造在实验室中使用的刚玉磨球机，用来研磨比它硬度小的材料。用高纯度的原料和先进工艺，还可以使氧化铝陶瓷变得透明，可制作高压钠灯的灯管。

（2）氮化硅陶瓷　氮化硅陶瓷是一种烧结时不收缩的无机材料。氮化硅的强度很高，尤其是热压氮化硅，是世界上最坚硬的物质之一。它极耐高温，并有惊人的耐化学腐蚀性能，也能耐很多有机酸的腐蚀；同时又是一种高性能电绝缘材料。氮化硅陶瓷可做燃气轮机的燃烧室、输送铝液的电磁泵的管道及阀门、钢水分离环等。

（3）碳化硅陶瓷　碳化硅，俗称金刚砂，是无色的晶体（含有杂质时为钢灰色）。碳化硅具有高硬度、高熔点、高稳定性和半导体性质。碳化硅作为一种耐热材料，被广泛用于冶炼炉窑和锅炉燃烧系统的衬板、炉拱等高温区域，利用它的高硬度和耐磨性可用来制造砂轮、磨料等。

（4）氮化硼陶瓷　氮化硼陶瓷按晶体结构不同分为六方结构和立方结构两种。六方氮化硼结构与石墨相似，性能也比较接近，故又称为"白石墨"，具有良好的耐热性、导热性和高温介电强度，是理想的散热材料和高温绝缘材料。另外，六方氮化硼化学稳定性好，具有良好的自润滑性，同时，由于硬度较低，可进行机械加工，能制成各种结构的零件。立方氮化硼为立方结构，结构紧密，其硬度与金刚石接近，是优良的耐磨材料，常用于制作刀具。

4.2　新型材料

随着材料科学理论和材料制作工艺的不断发展，一些性能各异的新型材料也在不断开发和生产中。如在不同的材料之间（金属之间、非金属之间、金属与非金属之间）进行复合，可以生产出具有组合新功能的复合材料等。

4.2.1　复合材料

复合材料是两种或两种以上的化学本质不同的组成成分经人工合成的材料。其结构为多相，一类组成（或相）为基体，起粘结作用，另一类则为增强相。目前常用的复合材料是以聚合物、金属、陶瓷为基体，加入各种增强纤维或增强颗粒而形成的。

1. 复合材料的分类

复合材料常见的分类方法有以下三种。

（1）按材料的用途分　可将其分为结构复合材料和功能复合材料两大类。结构复合材料多用于工程结构，以承受各种不同载荷的材料，主要是利用材料良好的力学性能；功能复合材料是具有各种独特物理化学性质的材料，具有优异的功能特性，如吸波、电磁、超导、屏蔽、光学和摩擦润滑等。

（2）**按基体材料类型分** 按复合材料基体的不同可分为金属基和非金属基两类。目前大量研究和使用的多为以高聚物为基体的复合材料。

（3）**按增强体特性分** 按复合材料中增强体的种类和形态不同，可将其分为纤维增强复合材料、颗粒增强复合材料、层状复合材料和填充骨架形复合材料。

2. 复合材料的性能特点

复合材料比强度和比模量都比较大，耐疲劳性能强；减震性能好；耐高温性能好；许多复合材料还有良好的化学稳定性、隔热性、耐蚀性、耐磨性和自润滑性，以及特殊的光、电、磁等性能。

3. 常用复合材料

（1）**纤维增强树脂基复合材料** 一般来说，其力学性能主要由纤维的特性决定，而化学性能、耐热性等则由树脂和纤维的特性共同决定。按增强纤维的不同，主要有以下几类：

1）玻璃纤维树脂复合材料，又称为玻璃钢。

2）碳纤维-树脂复合材料。

3）硼纤维-树脂复合材料。

4）碳化硅纤维-树脂复合材料。

5）有机纤维-树脂复合材料。

6）纤维增强陶瓷基复合材料。

最常用的是 Kevlar 纤维与环氧树脂组成的复合材料。

（2）**颗粒增强复合材料** 是由一种或多种颗粒均匀地分布在基体中所组成的材料。一般颗粒的尺寸越小，增强效果越明显。颗粒直径小于 $0.01 \sim 0.1 \mu m$ 的称为弥散强化材料。常见的颗粒复合材料有两类：

1）金属颗粒与塑料复合。金属颗粒加入塑料中，可改善其导热、导电性能，降低线膨胀系数。如将铅粉加入氟塑料中，可做轴承材料。含铅粉多的材料还可以做 γ 射线的罩屏等。

2）陶瓷颗粒与金属复合。陶瓷颗粒与金属复合即金属陶瓷。氧化物金属陶瓷，如 Al_2O_3 金属陶瓷，可用作高温耐磨材料，也可用于制造高速切削刀具；钛基碳化钨可制造切削刀具；镍基碳化钛可制造航天器的高温零件。

（3）**叠层或夹层复合材料** 叠层或夹层复合材料是由两层或两层以上的不同材料经热压胶合而成，其目的是充分利用各组成部分的最佳性能。这样不但可以减轻结构的重量，提高其刚度和强度，还可以获得各种各样的特殊性能，如耐磨性、耐蚀性和绝热隔声等。

4.2.2 其他新型材料

材料被称为人类社会进步的里程碑，随着各项新技术的不断发展，非晶态、准晶态、纳米材料等新型材料也正在日新月异的发展。由于新型材料种类繁多，很难像传统材料那样系统分类，在此仅选取几种有代表性的新型材料作简单介绍。

1. 木塑复合材料

木塑复合材料是近年来发展起来的一种新型材料，它将两种不同材料的优点有机地结合在一起，既可以像木材一样表面胶合、油漆，也可以进行钉、钻、刨等，又可像热塑性塑料一样成形加工，发挥了木材的易加工性和塑料的加工方法多样性、灵活性，应用领域十分广泛。

2. 贮氢合金

某些金属具有很强的捕捉氢的能力，在一定的温度和压力条件下，这些金属能够大量"吸收"氢气，反应生成金属氢化物，同时放出热量。其后，将这些金属氢化物加热，它们又会分解，将贮存在其中的氢释放出来。这些会"吸收"氢气的金属，称为贮氢合金。

3. 形状记忆合金

早在 1951 年美国人在一次试验中，偶然发现了金-镉合金具有形状记忆特性，当时并未引起重视。1953 年又在铟-铊合金中发现这种效应；随后在 1962 年，美国海军军械实验室在 Ni-Ti 合金中发现了"形状记忆效应"，用这种合金丝制成弹簧，加热到 150℃ 再冷却，随后拉直，把被拉直的合金丝再加热到 95℃ 时，它又准确恢复了预设的弹簧形状，因此，称为"形状记忆合金"。目前，这种合金有 50 多种。

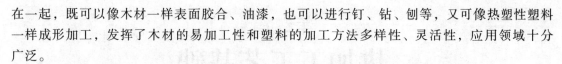

本 章 小 结

本章主要介绍了常用非金属材料以及复合材料，对某些新型材料的特殊应用也作了简单介绍。非金属材料一般包括高分子材料、陶瓷材料和各种复合材料等。在本章的学习中，应重点了解塑料、橡胶、陶瓷等非金属材料的一些特殊性能。

思考题与习题

4-1　什么是工程塑料？它有哪些性能特点？

4-2　天然橡胶和合成橡胶各有何特点？在应用上有什么区别？

4-3　举例说明特种陶瓷的应用。

4-4　什么是复合材料？常用的纤维增强树脂基复合材料有哪些？

4-5　复合材料有哪些性能特点？

4-6　何谓玻璃钢？玻璃钢与金属材料相比，在性能和应用上有哪些差别？

第二篇
热加工工艺基础

第 5 章 铸 造

学习重点

铸造的特点、分类及应用；砂型铸造工艺与铸件的结构工艺性分析。

学习难点

砂型铸造工艺；金属铸造性能对铸造质量的影响。

学习目标

1. 熟悉铸造生产的特点、分类及应用。
2. 熟悉砂型铸造及各种手工造型方法的特点，铸造工艺图和绘制方法。
3. 一般熟悉铸件的结构工艺性；了解金属的铸造性能和特种铸造工艺。

把熔化的金属液浇注到具有和零件形状相适应的铸型空腔中，待其凝固、冷却后获得毛坯（或零件）的方法称为铸造。所得到的金属零件或零件毛坯，称为铸件。

5.1 铸造工艺基础

铸造工艺可分为三个基本部分，即铸造金属准备、铸型准备和铸件处理。铸造金属是指铸造生产中用于浇注铸件的金属材料，它是以一种金属元素为主要成分，并加入其他金属或非金属元素而组成的合金，习惯上称为铸造合金，主要有铸铁、铸钢和铸造非铁合金。

5.1.1 铸造生产的特点

铸造的成形是金属材料由液态凝结成固态的过程，是制造机械零件毛坯或零件的一种重要工艺方法，具有以下优点：

1）能制造各种尺寸和形状复杂的铸件，特别是内腔复杂的铸件。如各种箱体、床身、机座等零件的毛坯。铸件的轮廓尺寸可小至几毫米，大至几十米；质量从几克至数百吨。可以说，铸造不受零件大小、形状和结构复杂程度的限制。

2）常用的金属材料均可用铸造方法制成铸件，有些材料（如铸铁、青铜）只能用铸造方法来加工零件。

3）铸造所用的原材料来源广泛，价格低廉，并可回收利用，铸造生产所用设备费用低，因此，铸件生产成本低。

4）铸件与零件的形状、尺寸很接近，因而铸件的加工余量小，可以节约金属材料，减少切削加工费用。

5）铸造既可用于单件生产，也可用于批量生产，适应性广。

铸造生产的主要缺点有：铸造生产过程复杂，工序较多，常因铸型材料、模具、铸造合金、合金的熔炼与浇注等工艺过程难以综合控制，会出现缩孔、缩松、砂眼、冷隔、裂纹等铸造缺陷；因此，铸件质量不够稳定，废品率较高；铸件内部组织粗大、不均匀，使其力学性能不及同类材料的锻件高；所以，铸件多用于受力不大的零件。此外，目前铸造生产还存在劳动强度大、劳动条件差等问题。

5.1.2 铸造的分类

铸造一般按造型方法来分类，习惯上分为砂型铸造和特种铸造。砂型铸造包括湿砂型、干砂型和化学硬化砂型三类。特种铸造按造型材料的不同，又可分为两大类：一类以天然矿产砂石作为主要造型材料，如熔模铸造、负压铸造和陶瓷型铸造等；一类以金属作为主要铸型材料，如金属型铸造、离心铸造和压力铸造等。

5.2 砂型铸造

当直接形成铸型的原材料主要为砂子，液态金属完全靠重力充满整个铸型型腔，且在砂型中生产铸件的铸造方法，称为砂型铸造。

砂型铸造原料来源丰富，生产批量和铸件尺寸不受限制，成本低廉，是最常用的铸造方法。砂型铸件目前约占铸件总产量的90%。

5.2.1 砂型铸造的工艺过程

砂型铸造的工艺过程如图5-1所示。图5-2为砂型铸造生产套筒铸件的工艺流程示意图。

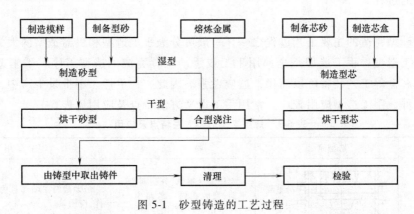

图 5-1　砂型铸造的工艺过程

5.2.2 模样和芯盒

模样是用来形成铸型型腔的工艺装备，按组合形式，可分为整体模和分开模。芯盒是制造砂芯或其他种类耐火材料型芯所用的装备。

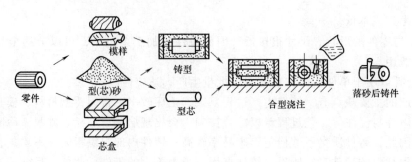

图 5-2 套筒的砂型铸造工艺流程示意图

模样和芯盒由木材、金属或其他材料制成。木模样具有质轻、价廉和易于加工等优点，但强度和硬度较低，易变形和损坏，常用于单件小批量生产。金属模样强度高，尺寸精确，表面光洁，寿命长，但制造较困难，生产周期长，成本高，常用于机器造型和大批量生产。

5.2.3 造型材料

制造铸型或型芯用的材料，称为造型材料。一般砂型铸造用的材料，包括砂、有机粘结剂或无机粘结剂、水和其他附加物。型砂由原砂、粘结剂、附加物、旧砂和水混合搅拌而成。合理选用和配制造型材料，对提高铸件质量、降低成本具有重要的意义。

造型材料应具有良好的流动性，以便于造出轮廓完整、清晰而准确的砂型（芯）；足够的强度，可保证铸型在制造、搬运及浇注时不致变形或毁坏；良好的透气性，可保证气体及时排出，避免铸件产生气孔；好的耐火性，可保证型砂在高温液态金属作用下不熔化、不软化，避免铸件产生粘砂。

5.2.4 造型和制芯

造型是指用型砂、模样、砂箱等工艺装备制造砂型的过程。制芯是将芯砂制成符合芯盒形状的砂芯的过程。

1. 造型

造型是砂型铸造的主要工艺过程之一，一般可分为手工造型和机器造型两大类。

（1）手工造型　手工造型是全部用手工或手动工具完成的造型工序。手工造型操作灵活，模样、芯盒等工艺装备可以简化，适应性强。因此，在单件、小批量生产中，特别是大型的复杂铸件，手工造型应用较广。常用手工造型方法特点及应用见表 5-1。

表 5-1　常用手工造型方法特点及应用

造型方法		造型简图	特　点	应　用
按模样特征分	整体模造型	上型 分型面 下型	模样为一整体，分型面为一平面，型腔在同一砂箱中，不会产生错型缺陷，操作简单	最大截面在端部且为一平面的铸件，应用较广
	分开模造型		模样在最大截面处分开，型腔位于上、下型中间，操作较简单	最大截面在中部的铸件，常用于回转体类等铸件

（续）

造型方法		造型简图	特 点	应 用
按模样特征分	挖砂造型	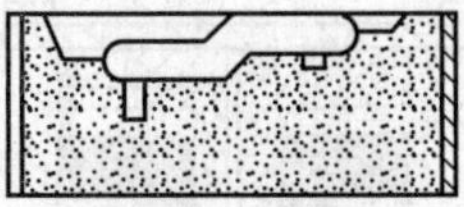	整体模样,分型面为一曲面,需挖去阻碍起模的型砂才能取出模样,对工人的操作技能要求高,生产率低	适宜中小型、分型面不平的铸件,单件、小批生产
	假箱造型	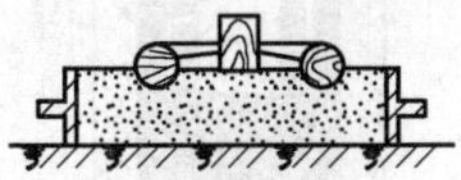	将模型置于预先做好的假箱或成型底板上,可直接造出曲面分型面,代替挖砂造型,操作较简单	用于小批或成批生产,分型面不平的铸件
	活块造型	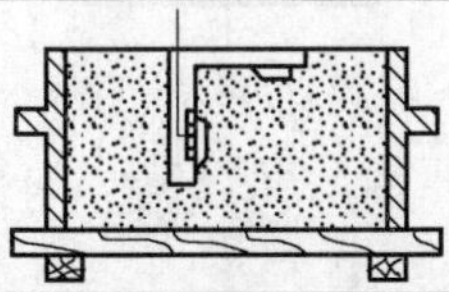	将模样上阻碍起模的部分做成活动的,取出模样主体部分后,小心将活块取出	造型较复杂,用于单件小批生产,带有凸台、难以起模的铸件
	刮板造型	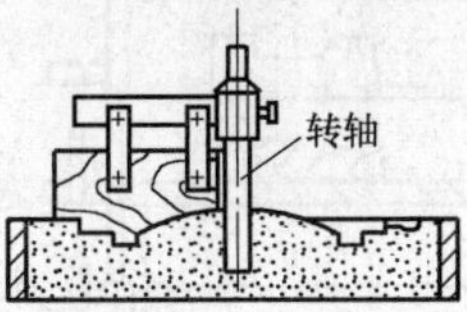 转轴	刮板形状和铸件截面相适应,代替实体模样,可省去制模的工序	单件小批生产,大、中型轮类、管类铸件
按砂箱特征分	两箱造型	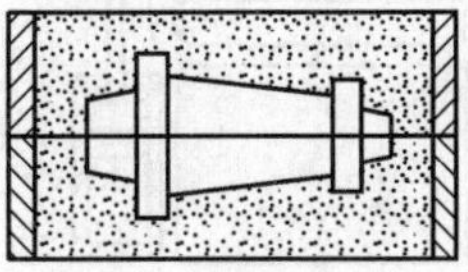	采用两个砂箱,只有一个分型面,操作简单	是最广泛应用的造型方法
	三箱造型	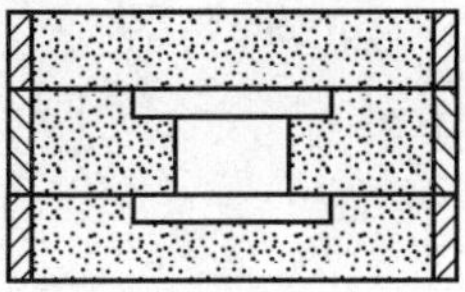	采用上、中、下三个砂箱,有两个分型面,铸件的中间截面小,用两个砂箱时取不出模样,必须分模,操作复杂	单件小批生产,适合于中间截面小,两端截面大的铸件
	脱箱造型	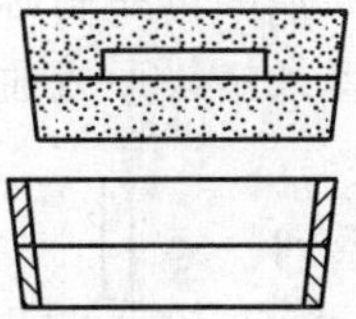	它是采用带有锥度的砂箱来造型,在铸型合型后将砂箱脱出,重新用于造型。所以一个砂箱可制出许多铸型	可用手工造型,也可用机器造型。用于大量、成批或单件生产的小铸件
	地坑造型	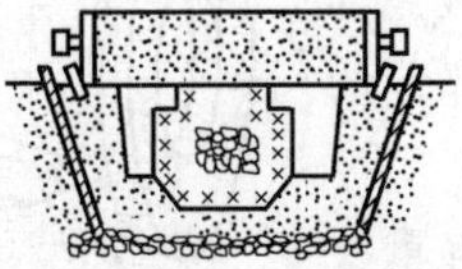	节省下砂箱,但造型费工	单件生产,大、中型铸件

（2）机器造型　机器造型是用机器全部完成或至少完成紧砂操作的造型工序。机器造型生产率高，质量稳定，工人劳动强度低，在大批量生产中已代替大部分手工造型。但设备和工艺装备费用高，生产准备周期长。适用于大量和成批生产的铸件。机器造型有震实造型、震压造型和抛砂造型等。以震压造型最常用，如图5-3所示。

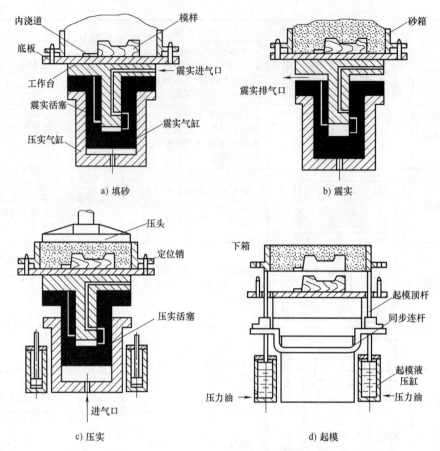

图 5-3 震压式造型机工作示意图

2. 制芯

型芯的主要作用是形成铸件的内腔或局部外形。单件小批生产时采用手工制芯,大批生产时采用机器制芯。手工制芯常采用芯盒制芯。为提高芯的强度可在制芯时放入铁丝或铸铁作为芯骨;为提高型芯的透气能力,可用针扎出通气孔或埋入蜡线形成通气孔。

3. 浇注系统

浇注系统是为填充型腔和冒口而开设于铸型中的一系列通道。通常由浇口杯、直浇道、横浇道、内浇道和冒口组成,如图 5-4 所示。其作用是承接和导入金属液,控制金属液流动方向和速度,使金属液平稳地充满型腔;调节铸件各部分的温度分布;阻挡夹杂物进入型腔。

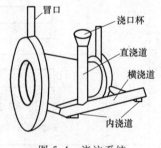

图 5-4 浇注系统

合理的浇注系统对保证铸件质量,降低金属消耗有重要的作用。若浇注系统设置不合理,易产生冲砂、砂眼、浇不到、气孔和缩孔等缺陷。

浇注系统按熔融金属导入铸型的位置分为以下三种:

(1)顶注式浇注系统 是从铸型顶部导入熔融金属,其特点是补缩作用好、金属液消耗少,但金属液对铸型的冲击大,易产生砂眼、冷豆等缺陷。适用于形状简单、高度小的铸件的铸造。

（2）底注式浇注系统　是从铸型底部导入熔融金属，其特点是金属液对铸型的冲击小，有利于排气、排渣，但不利于补缩，易产生浇不到的缺陷。适用于大、中型尺寸、壁部较厚、高度较大、形状复杂的铸件的铸造。

（3）阶梯式浇注系统　是在铸型的高度方向上，从底部开始，逐层在不同高度上导入熔融金属，具有顶注式和底注式的优点，主要用于尺寸大和形状较复杂的薄壁铸件的铸造。

浇注系统按各浇道横截面积的关系，分为封闭式和开放式两种。

封闭式浇注系统的直浇道出口横截面积大于横浇道出口截面积，横浇道出口横截面积又大于内浇道截面积，其特点是金属液易于充满各通道，挡渣作用好，但对铸型的冲击力大。一般适用于灰铸铁铸件的铸造。

开放式浇注系统正好相反，金属液能较快地充满铸型，冲击小，但挡渣效果差。一般用于薄壁铸件和尺寸较大铸件的铸造。

4. 冒口和铸型结构

尺寸较大的铸件或体收缩率较大的金属浇注时还要加设冒口，它的作用是用于补充铸件中液态金属凝固收缩所需的金属液。为便于补缩，冒口一般设在铸件的厚部或上部。另外，冒口还兼有排除型腔中的气体和集渣的作用。

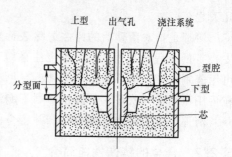

图 5-5　铸型的结构

将铸型的各组元（上型、下型、芯、浇口杯等）组合成一个完整铸型的过程称为合型。图 5-5 所示是两箱造型合型后的铸型结构。合型时应检查铸型内腔是否清洁，芯是否完好无损；芯的安放要准确、牢固，防止偏芯；砂箱的定位应当准确，以防错型。

5.2.5　铸铁的熔炼和浇注

1. 铸铁的熔炼

铸铁熔炼不仅仅是单纯的熔化，还包括冶炼过程，使浇入铸型的铁液，在温度、化学成分和纯净度方面都符合预期要求。为此，在熔炼过程中要进行以控制质量为目的的各种检查测试，铁液在达到各项规定指标后方能允许浇注。有时，为了达到更高的要求，铁液在出炉后还要经炉外处理，如脱硫、真空脱气、炉外精炼、孕育或变质处理等。熔炼铸铁常用的设备有冲天炉、电弧炉、感应炉、电阻炉和反射炉等。

冲天炉是目前常用且经济的熔炼方法。冲天炉炉料主要有金属料、燃料和熔剂三部分。金属料一般采用高炉生铁、回炉料、废钢和铁合金；燃料采用焦炭；熔剂采用石灰石和氟石，其主要作用是造渣。

电炉熔炼能准确调整铸铁液成分、温度，能保证铸件的质量，适合于过热和精炼，但耗电量大。冲天炉-感应电炉双联熔炼是采用冲天炉熔化铸铁，利用电炉进行过热、保温、贮存、精炼，以确保铸铁液的质量。

2. 浇注

浇注是指将熔融金属从浇包中浇入铸型的操作。为保证铸件质量，应对浇注温度和速度加以控制。

铸铁的浇注温度为液相线以上 200℃ （一般为 1250~1470℃）。若浇注温度过高，则金属液吸气多、体积收缩大，铸件容易产生气孔、缩孔和粘砂等缺陷；若浇注温度过低，则金属液流动性差，铸件易产生浇不到、冷隔等缺陷。

浇注速度过快会使铸型中的气体来不及排出而产生气孔，并容易造成冲砂；浇注速度过慢，使型腔表面烘烤时间长，导致砂层翘起脱落，易产生夹砂结疤、夹砂等缺陷。

5.2.6 落砂、清理与检验

落砂是指用手工或机械方法使铸件与型（芯）砂分离的操作。落砂应在铸件充分冷却后进行，若落砂过早，铸件的冷速过快，会使灰铸铁表层出现白口组织，产生不易切削的硬皮；若落砂过晚，由于收缩应力大，会使铸件产生裂纹，且影响生产率；因此，浇注后应及时进行落砂。一般 10kg 左右的铸件需冷却 1~2h 才能开箱，上百吨的大型铸件则需冷却十几天之久。

清理是指对落砂后的铸件清除表面粘砂、型砂、多余金属（包括浇冒口、飞翅和氧化皮）等的过程。灰铸铁件上的浇注系统、冒口可用铁锤打掉；钢铸件上的浇注系统、冒口可用气割切掉，但不能损伤铸件；有色金属铸件的浇冒口可用锯锯去。粘附在铸件表面的砂粒可用压缩空气吹掉，如属粘砂则不能清除，需用砂轮打磨。

清理后应对铸件进行检验，并将合格铸件进行去应力退火。

5.2.7 合金的铸造性能简介

铸造生产中很少采用纯金属，而是使用各种合金。铸造合金除应符合要求的机械性能和物理、化学性能外，还必须考虑其铸造性能。合金的铸造性能是指铸造成型过程中获得外形准确、内部轮廓清晰铸件的能力，主要有流动性、收缩性、偏析性、吸气性和氧化性等。其中流动性和收缩性对合金的铸造性能影响最大。

1. 流动性

（1）流动性对铸件质量的影响　合金的流动性是指液态金属本身的流动能力，直接影响到金属液的充型能力。流动性好的金属，充型能力强，能铸出形状复杂、轮廓清晰、尺寸精确、壁薄的铸件，避免出现冷隔、浇不到等缺陷；有利于金属液中夹杂物和气体的上浮与排除，减少气孔、夹渣等缺陷；有利于发挥冒口的补缩作用，防止铸件产生缩孔、缩松缺陷。

（2）影响流动性的因素

1）共晶成分的合金流动性好，合金的成分越远离共晶点，结晶温度范围越宽，其流动性越差。在常用铸造合金中，灰铸铁的流动性最好，铝合金次之，铸钢最差。

2）提高浇注温度可改善金属的流动性。但浇注温度过高，会使收缩量增大、铸件易产生粘砂等缺陷；提高浇注压力，可适当提高金属液的流速，流动性好，充型能力强。

3）铸型材料的导热性对金属液充型能力影响较大，导热性越好，充型能力越差；铸型内腔的形状和尺寸对充型能力也有影响，形状越复杂、壁越薄，金属液充型能力越差。

2. 收缩性

收缩是铸造合金从液态凝固和冷却至室温过程中产生的体积和尺寸的缩小，包括液态收缩、凝固收缩和固态收缩三个阶段。液态收缩是从浇注到开始凝固期间的收缩；凝固收缩是从开始凝固到完全凝固期间的收缩；固态收缩是从完全凝固到室温期间的收缩。

（1）收缩对铸件质量的影响 液态收缩和凝固收缩表现为合金的体积缩小，用体积收缩率来表示，它是铸件产生缩孔和缩松的主要原因；固态收缩表现为铸件尺寸的缩小，是铸件变形、产生内应力和开裂的主要原因。

（2）影响合金收缩的因素 影响收缩的因素有合金的化学成分、浇注温度、铸件结构和铸型条件等。

1）铁碳合金中灰铸铁的收缩率小，铸钢的收缩率大。因为灰铸铁在结晶过程中析出比体积（单位质量物质的体积）大的石墨，产生的体积膨胀抵消了部分收缩。在灰铸铁中，提高 C、Si 含量和减少 S 含量均可减小收缩。

2）浇注温度越高，液态收缩越大；为减少收缩，浇注温度不宜过高。

3）型腔形状越复杂，型芯的数量越多，铸型材料的退让性越差，对铸件固态收缩的阻碍越大，产生的铸造收缩应力越大，容易产生裂纹。

5.2.8 砂型铸造工艺设计简介

铸造工艺设计是根据铸件结构特点、技术要求、生产批量和生产条件等，确定铸造方案和工艺参数，绘制图样和标注符号，编制工艺和工艺规程等。铸造工艺设计是进行生产、管理、铸件验收和经济核算的依据，其主要内容是绘制铸造工艺图和铸件图。

1. 铸造工艺图

铸造工艺图是直接在零件图上用规定的红蓝色工艺符号表示出铸件的浇注位置，分型面，型芯的形状、数量和芯头大小，机械加工余量，起模斜度和收缩率，浇注系统，以及冒口、冷铁等的工程图样，是制造模样、模板、铸型、生产准备和验收最基本的工艺文件。

（1）浇注位置的确定 浇注位置是浇注时铸件在铸型中所处的位置。浇注位置对铸件的质量影响很大，选择时应考虑表 5-2 所示的原则。

表 5-2 浇注位置确定原则及图例

浇注位置确定原则	图 例	说 明
主要工作面和重要面应朝下或置于侧壁	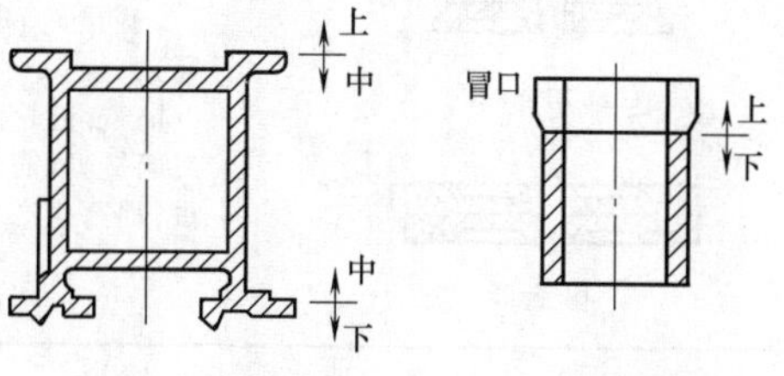 a）机床床身　　b）气缸套	a）床身的导轨面要求组织致密、耐磨，所以导轨面朝下是合理的 b）气缸套要求质量均匀一致，浇注时应使其圆周表面处于侧壁
宽大平面朝下		大平面长时间受到金属液的烘烤容易掉砂，在平面上易产生夹砂、砂眼、气孔等缺陷，故铸件的大平面应尽量朝下。如图示划线平板的平面应朝下

（续）

浇注位置确定原则	图　例	说　明
薄壁面朝下	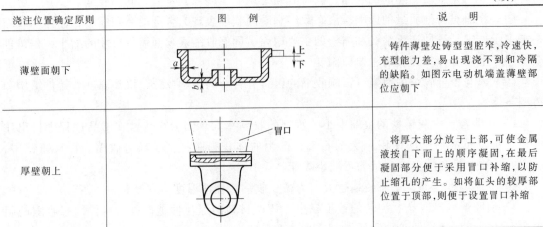	铸件薄壁处铸型型腔窄，冷速快，充型能力差，易出现浇不到和冷隔的缺陷。如图示电动机端盖薄壁部位应朝下
厚壁朝上		将厚大部分放于上部，可使金属液按自下而上的顺序凝固，在最后凝固部分便于采用冒口补缩，以防止缩孔的产生。如将缸头的较厚部位置于顶部，则便于设置冒口补缩

（2）分型面的确定　分型面是铸型组元间的接合面，它对铸件质量、制模、制芯、合型等工序的复杂程度以及切削加工等均有很大的影响。确定分型面时应在保证铸件质量的前提下，尽量简化造型工艺，便于起模。表5-3所示为确定分型面的基本原则、图例及说明。

表 5-3　分型面确定原则及图例

分型面确定原则	图　例	说　明
尽可能使铸件全部或主要部分置于同一砂箱中，以避免错型而造成尺寸偏差	a) 不合理　　b) 合理	a）不合理，铸件分别处于两个砂箱中 b）合理，铸件处于同一砂箱中，既便于合型，又可避免错型
尽可能使分型面为一平面	a) 不合理 b) 合理	a）若采用俯视图弯曲对称面作为分型面，则需要采用挖砂或假箱造型，使铸造工艺复杂化 b）起重臂按图中所示分型面为一平面可用分模造型、起模方便
尽量减少分型面	a) 不合理 b) 合理	a）槽轮部分用三箱手工造型，操作复杂 b）若槽轮部分用环形芯来形成，可用二箱造型，简化造型过程，又保证铸件质量，提高生产率

上述原则，具体情况往往彼此矛盾。对质量要求高的铸件来说，浇注位置的选择是主要的，分型面的选择处于次要地位；而对质量要求不高的铸件，则应主要从简化造型工艺出发，合理选择分型面，浇注位置的选择则退居次要地位。

（3）工艺参数的确定

1）加工余量是铸件加工面上，在铸造工艺设计时预先增加的，在机械加工时需切除的金属层厚度。尺寸公差是指铸件基本尺寸允许的最大极限尺寸和最小极限尺寸之差值。

根据《铸件　尺寸公差与机械加工余量》（GB/T 6414—1999）的规定，确定尺寸公差和加工余量前，必须先确定"铸件的尺寸公差等级"和"加工余量等级"。

铸件公差有 16 级，代号为 CT1 至 CT16。铸件要求的机械加工余量等级有 10 级，其等级由精到粗分为 A、B、C、D、E、F、G、H、J 和 K 级。铸件的公差等级和加工余量等级是根据生产批量、铸造合金种类、铸件大小和铸造方法等确定的。表 5-4 为小批量生产或单件生产的毛坯铸件的公差等级。

表 5-4　小批量生产或单件生产的毛坯铸件的公差等级（摘自 GB/T 6414—1999）

方法	造型材料	公差等级 CT							
		铸件材料							
		钢	灰铸铁	球墨铸铁	可锻铸铁	铜合金	轻金属合金	镍基合金	钴基合金
砂型铸造手工造型	黏土砂	13～15	13～15	13～15	13～15	13～15	11～13	13～15	13～15
	化学粘结剂砂	12～14	11～13	11～13	11～13	11～13	10～12	12～14	12～14

注：1. 表中所列出的公差等级是小批量的或单件生产的砂型铸件通常能够达到的公差等级。
　　2. 本表中的数值一般适用于大于 25mm 的基本尺寸。对于较小的尺寸，通常能经济实用地保证下列较细的公差：
　　　　a）基本尺寸≤10mm：精三级。
　　　　b）10mm<基本尺寸≤16mm：精二级。
　　　　c）16mm 基本尺寸≤25mm：精一级。
　　3. 本标准还适用于本表未列出的由铸造厂和采购方之间协议商定的工艺和材料。

① 加工余量的大小取决于铸件材料、铸造方法、铸件尺寸与形状复杂程度、生产批量、加工面在铸型中的位置及加工面的质量要求。一般灰铸铁件的加工余量小于铸钢件，有色金属件小于灰铸铁件；手工造型、单件小批、形状复杂、大尺寸、位于铸型上部的面及质量要求高的面，加工余量大些；机器造型、大批量生产加工余量可小些。机械加工余量等级可根据表 5-5 毛坯铸件典型的机械加工余量等级选取。

表 5-5　毛坯铸件典型的机械加工余量等级（摘自 GB/T 6414—1999）

方法	要求的机械加工等级								
	铸件材料								
	钢	灰铸铁	球墨铸铁	可锻铸铁	铜合金	锌合金	轻金属合金	镍基合金	钴基合金
砂型铸造手工造型	G～K	F～H	F～H	F～H	F～H	F～H	F～H	G～K	G～K
砂型铸造机器造型和型壳	F～H	E～G	E～G	E～G	E～G	E～G	E～G	F～H	F～H
金属型（重力铸造和低压铸造）	—	D～F	D～F	D～F	D～F	D～F	D～F	—	—
压力铸造	—	—	—	—	B～D	B～D	B～D	—	—
熔模铸造	E	E	E	E	E	—	E	E	E

注：本标准还适用于本表未列出的由铸造厂和采购方之间协议商定的工艺和材料。

② 小批量生产或单件生产的毛坯铸件的公差等级按《铸件　尺寸公差与机械加工余量》

（GB/T 6414—1999）确定。铸件尺寸公差在图样上的标注方法有两种：其一是采用公差等级代号标注，如"GB/T 6414—1999 CT10"；其二是将公差直接在铸件基本尺寸后面标注，如"95±3.2"。

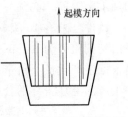

图 5-6　起模斜度示意图

2）为使模样从铸型中取出或型芯从芯盒中脱出，平行于起模方向、在模样（或芯盒）壁上所增加的斜度称为起模斜度，如图 5-6 所示。

模样的起模斜度有三种取法，如图 5-7 所示。壁厚小于 8mm 的铸件可采用增厚法；壁厚为 8~12mm 的铸件可采用加减壁厚法；壁厚大于 12mm 的铸件可采用减厚法。对于需要机械加工的壁必须采用增加壁厚法。起模斜度需要增减的数值可按表 5-6 确定。当铸件上的孔的高度与直径之比<1（$H/D<1$）时，可用自带型芯的方法铸孔，用自带型芯的起模斜度一般应大于外壁斜度。

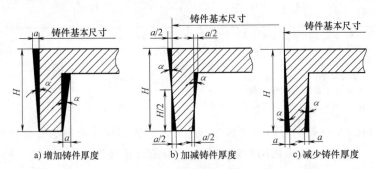

图 5-7　起模斜度的取法

a) 增加铸件厚度　　b) 加减铸件厚度　　c) 减少铸件厚度

表 5-6　黏土砂造型时模样外表面的起模斜度（JB/T 5105—1991）

测量高度 H/mm	起模斜度≤			
	金属模样、塑料模样		木 模 样	
	α	a/mm	α	a/mm
≤10	2°20′	0.4	2°55′	0.6
>10~40	1°10′	0.8	1°25′	1.0
>40~100	0°30′	1.0	0°40′	1.2
>100~160	0°25′	1.2	0°30′	1.4
>160~250	0°20′	1.6	0°25′	1.8
>250~400	0°20′	2.4	0°25′	3.0

3）为补偿铸件在冷却过程中产生的收缩，模样比铸件图样尺寸增大的数值，主要与合金种类有关，也与型砂的退让性等因素有关。通常，中小型灰铸铁件线收缩率约取 1%；有色金属约取 1.5%；铸钢件约取 2%。

4）当铸件上的孔和槽尺寸过小、而铸件壁厚较大时孔可不铸出，待机械加工时切出，这样可简化铸造工艺。一般铸铁件，$\phi<30mm$（单件小批）、$\phi<15mm$（成批）、$\phi<12mm$（大量）；铸钢件，$\phi<50mm$（单件小批）、$\phi<30mm$（成批）的孔可不铸出。

5）芯头是砂芯的外伸部分，它不形成铸件的轮廓，只是落入芯座内，对砂芯进行定位和支承，芯头有垂直芯头和水平芯头两种，如图 5-8 所示。芯头设计的原则是使型芯定位准确，安放牢固，排气通畅，合箱与清砂方便。

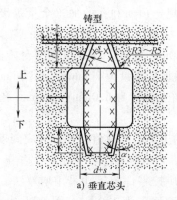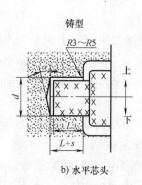

图 5-8 芯头

6）在设计铸件结构和制造模样时，对相交壁的交角处要做成圆弧过渡，这种圆弧称为铸造圆角。其目的是防止铸件交角处产生缩孔和裂纹，也可防止交角处形成粘砂、浇不足等缺陷。但分型面的转角处不能有圆角。一般内圆角半径可按相邻两壁平均厚度的 1/3～1/5 选取；外圆角半径可取内圆角半径的一半。

（4）铸造工艺图绘制举例　在确定了铸件浇注位置、分型面、型芯结构、浇注系统及有关参数等内容后，即可绘制铸造工艺图。铸造工艺符号及表示方法参阅 JB 2435—2013。

铸造工艺图有两种绘制方法。单件小批生产时，可直接在零件图上绘制，供制造模样、造型和检验使用；在大批量生产时，可另绘铸造工艺图。

下面主要介绍在零件图上绘制铸造工艺图的方法。

例　图 5-9a 所示为连接盘零件图，材料为 HT200，采用砂型铸造，年生产量为 200 件，试绘出铸造工艺图。

1）该零件属小批量生产，零件上 $\phi60$mm 的孔要铸出，因此需采用一个型芯。而 4 个 $\phi12$mm 的小孔可不铸出，铸后采用机械加工的方法加工出该孔，铸造工艺图上的不铸出孔可用红线打叉，见图 5-9b。

2）因铸件各面全要机械加工，为使造型工艺简单、方便，选 $\phi200$mm 端面为分型面，采用两箱整体模造型。分型面用红线按图 5-9b 方法表示，并写出"上、下"。

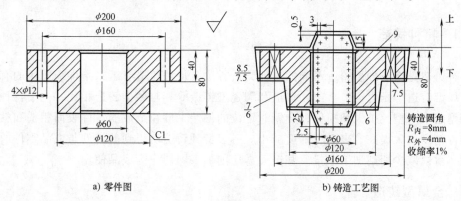

图 5-9　连接盘的零件图和铸造工艺图

3）该件为小批量生产、砂型铸造、材料为灰铸铁，查表 5-4，毛坯铸件的公差等级取 14 级。机械加工余量等级查表 5-5 为 F～H，按规定顶面和孔的加工余量等级应降一级，取 J 级。

$\phi200mm$ 顶面的单侧加工余量为 9mm；$\phi200mm$ 与 $\phi120mm$ 相邻的台阶面可视为底面，得单侧加工余量为 7.5mm；$\phi200mm$ 外圆单侧的加工余量为 7.5mm；$\phi120mm$ 外圆的单侧加工余量为 6.0mm；$\phi120mm$ 端面是底面，单侧加工余量为 6.0mm；$\phi60mm$ 孔的单侧加工余量为 6.0mm。

加工余量可用红色线在加工符号附近注明加工余量的数值，凡带起模斜度的加工余量应注明斜度，如图 5-9b 所示。

4）如铸件各面都要机械加工的，起模斜度应按零件图尺寸采用增厚法。两处平行于起模方向的侧壁高度均为 40mm，查表 5-6 得起模斜度 a 为 1.0mm。图 5-9b 中 "8.5/7.5" 和 "7/6" 表示考虑了加工余量和起模斜度后，上端分别加 8.5mm 和 7mm，下端分别加 7.5mm 和 6.0mm。

5）由于是小批生产，铸件各尺寸方向的铸造收缩率可取相同的数值，为 1%。

6）该芯头为垂直芯头。查有关手册得芯头尺寸，如图 5-9b 所示。

7）铸造圆角按（1/5～1/3）壁厚的方法，取 $R_内$ 为 8mm；$R_外$ 为 4mm。

8）绘出铸造工艺图，如图 5-9b 所示。

2. 铸件图

铸件图是反映铸件实际尺寸、形状和技术要求的图样，是铸造生产、铸件检验与验收的主要依据，也是机械加工工艺装备设计的依据。铸件图应在完成了铸造工艺图的基础上画出，用图形、工艺符号和文字标注。内容包括：切削加工余量、零件实际尺寸、不铸出的孔槽、铸件尺寸公差、硬度、不允许出现的铸

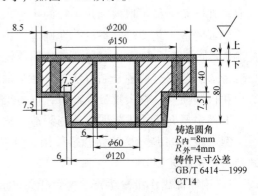

图 5-10　连接盘铸件图

造缺陷、检验方法及相关的铸造工艺符号等，图 5-10 是根据图 5-9b 的铸造工艺图绘制而成的铸件图。

5.3　特种铸造

特种铸造是指与砂型铸造不同的其他铸造方法。特种铸造有近二十种，常用的有熔模铸造、金属型铸造、压力铸造、离心铸造和陶瓷型铸造等。与砂型铸造相比，由于特种铸造能避免砂型起模时型腔扩大和损伤，合箱时定位的偏差，砂粒造成的铸件表面粗糙和粘砂，从而使铸件精度大大提高，表面粗糙度减小。一般特种铸造所得到的铸件与成品零件的尺寸十分接近，可以减少切削加工余量，甚至无需切削加工即能作为成品使用。

5.3.1　金属型铸造

将液体金属注入金属（铸铁或钢）制成的铸型以获得铸件的过程，称为金属型铸造。

金属型可经过几百次至几万次浇注而不致损坏，既节省造型时间和材料，提高生产率，又能改善劳动条件。而且，所得到的铸件尺寸精确，表面光洁，机械加工余量小，结晶颗粒细，力学性能较高。

根据分型面位置不同，金属型分为整体式、垂直分型式、水平分型式和复合分型式。垂直分型式如图 5-11 所示，便于开设内浇道和取出铸件，易于实现机械化，应用较普遍。金属型由底座、定型、动型等组成，浇注系统在垂直的分型面上。为预防铸造缺陷、延长金属型寿命，浇注前应将金属型预热，并在内腔喷刷一层厚 0.3 ~ 0.4mm 的涂料。浇注后待铸件凝固应适时开型取出铸件，以防铸件开裂或取出困难。浇注温度比砂型铸造时高 20 ~ 30℃，以改善金属液的流动性。

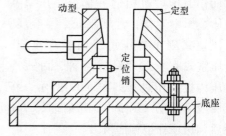

图 5-11　垂直分型式金属型

金属型铸造与砂型铸造比较，在技术上与经济上有许多优点：

1）金属型导热快，铸件冷却迅速，晶粒细小，其力学性能比砂型铸件高。同样合金，其抗拉强度平均可提高约 25%，屈服强度平均提高约 20%，其抗蚀性能和硬度亦显著提高。

2）铸件的精度和表面质量比砂型铸件高，而且质量和尺寸稳定。金属铸件的尺寸精度为 CT6，表面粗糙度值 Ra 值为 12.5 ~ 6.3μm，加工余量小。

3）铸件的工艺收缩率高，液体金属耗量减少，一般可节约 15% ~ 30%。

4）不用砂或者少用砂，一般可节约造型材料 80% ~ 100%。

此外，金属型铸造的生产效率高；使铸件产生缺陷的原因减少；工序简单，易实现机械化和自动化。金属型铸造虽有很多优点，但也有不足之处：

1）金属型制造成本高、生产周期长。

2）金属型不透气，而且无退让性，易造成铸件浇不到、开裂或铸铁件产生白口等缺陷。

3）金属型铸造时，铸型的工作温度、合金的浇注温度和浇注速度，铸件在铸型中停留的时间，以及所用的涂料等，对铸件质量的影响甚为敏感，需要严格控制。

金属型铸造主要用于大批生产形状简单的非铁合金（铝合金、铜合金或镁合金）铸件。如汽车、拖拉机的铝合金活塞、铜合金轴瓦等；也可用于铸铁件生产，如碾压用的各种铸铁轧辊，其工作表面采用金属型铸造，可以得到坚硬耐磨的白口铸铁层，称冷硬铸造。金属型铸造较少用于铸钢件的生产，一般仅作为钢锭模使用。

5.3.2 压力铸造

在一定压力的作用下，以很快的速度将液态金属或半液态金属压入金属型中，并在压力下凝固而获得铸件的方法，称为压力铸造。常用压射比压为 5 ~ 100m/s，冲型时间为 0.01 ~ 0.2s。压铸工艺过程是：向型腔喷射涂料→闭合压型→压射金属→打开压型顶出铸件。

压铸型是压铸工艺过程的关键装备，是由定型、动型及金属芯组成的压铸用金属型，其性能、精度、表面质量要求很高，必须用热作模具钢制造，并进行严格的热处理。压铸型的内腔需喷刷涂料，以延长使用寿命，防止型腔与铸件粘结。

压铸机是压铸生产专用机器，主要由开合型、压射、抽芯和顶出铸件等机构组成。分为热压室式和冷压室式两类。热压室式以贮存金属液体的坩埚作为压射机构的一部分，压室在液体金属中工作，常压制低熔点金属。冷压室式则不在压铸机内贮存金属。冷压室式有立式和卧式两种，卧式冷室压铸机工作过程如图 5-12 所示，将

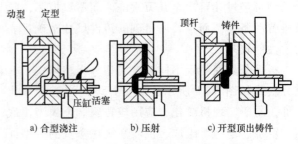

图 5-12　卧式冷室压铸机工作过程

金属液定量浇入压室中，压射冲头（活塞）以 40～100MPa 的压力将其压入型腔。保压、冷凝后，用顶杆把铸件顶出。

压力铸造保留了金属型铸造的一些特点。金属型是依靠金属液体的重力充填铸型的，因此浇注薄壁件较为困难。为了保护型壁，需涂上较厚的涂料，会影响铸件精度。而压铸法则是以高压、高速金属液体注入铸型的，故可以得到形状复杂的薄壁件。高的压力保证了液体金属的流动性，因而可以适当降低浇注温度，不必使用涂料（或涂得很薄），即可提高零件的精度。各种孔眼、螺纹、精细的花纹图案，都可用压力铸造直接得到。

压力铸造具有如下特点：

1）压力铸造的生产率比其他铸造方法都高，并易于实现半自动化、自动化。

2）压铸件尺寸精度高，表面质量好。大多数压铸件不需要切削加工即可直接进行装配，可实现少、无切削加工，省料、省工、成本低。

3）可铸出结构复杂、轮廓清晰的薄壁、深腔、精密铸件。

4）压铸件组织细密，强度、硬度比砂型铸件提高 25%～40%。

5）设备和压铸型费用高，压铸型制造周期长，所以只适应大批量生产。

6）因金属液在高压高速下充型，在压力下凝固成形，铸件内常有小气孔存在于表皮下面，故压铸件的切削加工余量不能过大，以防气孔露出表面。压铸件不能进行热处理，因加热时气体膨胀会造成表面鼓泡或变形。

压力铸造主要用于大批量生产有色金属铸件，如汽车、拖拉机、摩托车、仪表中的化油器、离合器、喇叭、各类薄型壳体等。另外，压力铸造已扩大到铸铁、碳钢和合金钢等铸件的生产，压铸件重量从几克到数十千克，是实现少切削和无切削加工的有效途径之一。

5.3.3　熔模铸造

熔模铸造又称"失蜡铸造"，是指用易熔材料，如蜡料制成与铸件形状相同的蜡模，在蜡模表面涂挂几层耐火材料和硅砂，经硬化、干燥后，将蜡模熔出，得到一个中空的型壳，再经干燥和高温焙烧，浇注铸造合金，获得铸件的工艺方法。

1. 熔模铸造的工艺过程（如图 5-13 所示）

（1）制造母模　母模是用钢或铜合金制成的标准件，用其制造压型。

（2）制造压型　压型是用于压制模样的型。为保证蜡模质量，压型的尺寸精度和表面质量要求很高。当铸件精度高或大批量生产时，压型用钢、铝合金或锡青铜制成；铸件精度不

高或生产批量不大时，可用易熔合金（锡、铅等）直接浇注出来；单件小批生产时，也可用环氧树脂、石膏等制成。

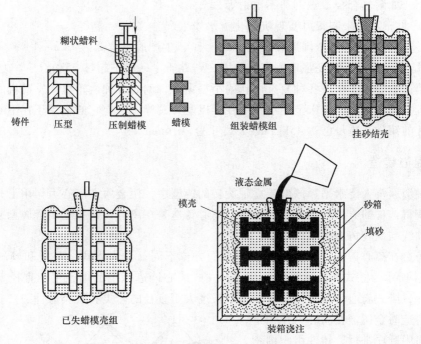

图 5-13　熔模铸造工艺过程

（3）制造熔模　熔模是指可以在热水或蒸汽中熔化的模样。其制作过程是：将熔融（糊状）蜡料（常用50%石蜡和50%硬脂酸组成）压入压型，冷凝后取出，用水冷却，经修整检验后得到单个蜡模。为提高生产率，可将一些单个蜡模熔焊在预制好的蜡质公用浇注系统上，构成蜡模组。一个蜡模组上可熔焊2~100个蜡模。

（4）制造型壳　在蜡模表面涂挂耐火涂料层，以制成坚硬的壳层。其过程是：在蜡模表面均匀挂上一层涂料后，在其表面撒一层石英砂，然后硬化，使砂粒粘牢。如此重复进行4~5次，直到制成5~10mm厚度的型壳。

（5）脱蜡　将型壳放入85~95℃热水中或高压蒸汽中，蜡模熔化后从浇注系统中流出，收取蜡料可重复使用。蜡模熔出后的型壳即为具有空腔的铸型。

（6）造型和焙烧　为提高型壳强度，防止浇注时变形或破裂，可将型壳竖放在耐热箱中，周围填满干石英砂并紧实，此过程称为造型。为去除型壳内的残留蜡料和水分，提高型壳质量，需将装好型壳的耐热箱在900~950℃下焙烧。

（7）浇注、落砂和清理　为提高金属液充型能力，防止产生浇不到、冷隔，焙烧后趁热（型壳温度为600~700℃）进行浇注。

铸件冷凝后毁掉铸型，切去浇注系统，放入150℃、浓度为45%的苛性钠水溶液中进行化学处理，以彻底清洗铸件。化学处理后用水洗净并烘干，对其进行热处理和成品检验。

2. 熔模铸造特点和应用范围

1）可生产形状复杂、轮廓清晰、薄壁（0.2~0.7mm），且无分型面的铸件。

2）熔模铸造的尺寸精度高（IT10~IT14），表面粗糙度值低（$Ra12.5$~$1.6\mu m$），可实现少（无）切削加工。

3）能铸造各种合金铸件，尤其适于铸造高熔点、难切削加工和利用其他加工方法难以成形的合金，如耐热合金、磁钢和不锈钢等。

4）生产批量不受限制，可实现机械化流水线生产。

5）工艺过程复杂、生产周期较长（4~15天），生产成本较高。

6）因蜡模易变形，型壳强度不高等原因，铸件质量一般不超过25kg。

熔模铸造主要用于生产各种复杂形状的小型零件，例如各种汽轮机、发动机的叶片，汽车、拖拉机、风动工具、机床上的小型零件，以及刀具等。目前它的应用还在不断扩大，例如，实验性的铸件，质量已达45kg，最大尺寸为1016mm。

5.3.4 离心铸造

将熔融金属浇入绕水平、倾斜或立轴旋转的铸型中，使金属在离心力作用下充填铸型并结晶凝固获得铸件的方法，称为离心铸造。离心铸造是在离心铸造机上用金属型或砂型进行的。铸件轴线与旋转铸型的轴线重合。

离心铸造在离心铸造机上进行，按转轴的方位不同，分为立式、卧式和倾斜式三种类型。图5-14所示为立式和卧式离心铸造法。立式离心铸造机主要用于生产直径大于高度的圆环类铸件，卧式离心铸造机主要用于生产长度大于直径的套类和管类铸件。

离心铸造时金属液在离心力作用下，结晶从外向内顺序进行，铸件组织细密，无缩孔、缩松、气孔、夹渣，力学性能好；铸造圆形中空铸件不用型芯；不用浇注系统，减少了金属的消耗，生产率高，成本低；可铸造双金属铸件，如钢套内镶铜，其结合面牢固、耐磨，可节约贵重金属材料，铸件表面 Ra 值为 $12.5 \sim 6.3 \mu m$。其缺点是铸件的比重偏析大，金属液中的气体、熔渣等密度小

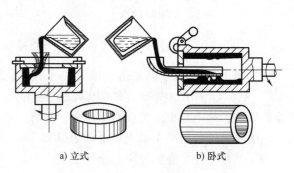

a）立式　　　　　　b）卧式

图 5-14　离心铸造法

的夹杂物，集中在铸件内表面；铸件的内表面粗糙、尺寸误差大，所以，易产生偏析的合金（如铅青铜）不宜采用离心铸造方法生产。

离心铸造适用于制造空心旋转体铸件，如各种管道、汽车和拖拉机缸套等，还可以进行双层金属离心铸造，如用于机床主轴的封闭式钢套离心挂铜结构轴承等。

5.4 铸件结构工艺性

进行铸件的结构设计时，不仅要保证其工作性能和机械性能的要求，还必须认真考虑所选铸造合金的铸造性能、铸造工艺和具体的铸造方法对铸件结构的要求，使铸件的结构与这些要求相适应。铸件的结构是否合理对铸件的质量、生产率、成本有很大的影响。砂型铸造工艺对铸件结构设计的要求对于各种特种铸造方法具有普遍的意义，然而由于各种特种铸造的工艺特点和适用范围不同，还必须考虑这些方法对铸件结构的特殊要求。下面以砂型铸造

为主线，结合其他铸造方法介绍铸造工艺对铸件结构设计的要求。

铸件的结构工艺性是指所设计的铸件结构不仅应满足使用的要求，还应符合铸造工艺的要求和经济性。合理地设计铸件结构，可达到工艺简单、经济、快速生产出合格铸件的目的。

铸件结构在满足使用要求的前提下，应尽可能使制模、造型、制芯、合箱和清理等过程简化，以减少人力、物力的耗费，防止不合格品出现，并为实现机械化生产创造条件。因此，铸件结构设计应注意以下几个方面问题：

1. 铸件的外形

（1）外形力求简单平直　尽量采用规则的易加工平面、圆柱面等，避免不必要的曲面、内凹等，以便于制模和造型，简化铸造生产的各个工序。

（2）避免或减少活块　合理设计零件上的凸台、肋板，厚度应适当、分布应合理，以方便起模。图 5-15a 所示的凸台一般要用活块才能取出模样；若采用图 5-15b 所示的结构，将凸台延伸，则可采用简单的两箱造型，避免了活块的影响。

（3）尽量减少分型面的数量　分型面少且为平面可避免多箱造型和不必要的型芯，不仅可以简化造型工艺，还能减少错型和偏芯，提高铸件精度。图 5-16 所示为底座铸件，若采用图 5-16a 的结构，则需采用三箱造型或外芯辅助造型，工艺复杂；若将其外形改进为 5-16b 的结构，则可采用简单的两箱造型方法。

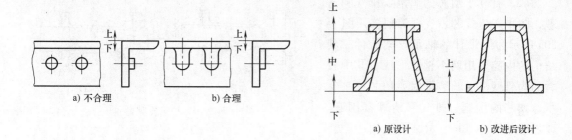

a) 不合理　　　　　b) 合理	a) 原设计　　　　　b) 改进后设计
图 5-15　避免活块示例	图 5-16　底座铸件减少分型面设计

（4）应设计结构斜度　在垂直于分型面的非加工面应设计适当的结构斜度，以便于起模，同时避免在起模时损坏型腔，提高铸件精度。一般手工造型木模的结构斜度为 1°～3°。铸件垂直壁的高度增加，结构斜度减小；内壁的斜度大于外壁的斜度；木模或手工造型的斜度大于金属模或机器造型的斜度，有结构斜度的内腔，有时可采用吊砂或自带芯子的方法。如图 5-17 所示为结构斜度示例。

（5）避免收缩受阻　铸件的结构应利于自由收缩，以免产生较大的铸造内应力，防止铸件开裂。图 5-18 所示为轮辐设计方案。图 5-18a 的方案采用偶数直轮辐，虽然制模方便，但铸件收缩受阻，易在轮辐处产生裂纹；若改为图 5-18b 或图 5-18c 的方案，则收缩时可借助弯曲轮辐或奇数轮辐轮缘的微量变形减少铸造内应力，防止开裂。

（6）避免过大水平面　过大的水平面不利于金属液的填充，易产生浇不到和冷隔现象；不利于排除气体和夹杂物；在大的水平面上方，铸型受金属液的烘烤易开裂，使铸件产生夹砂缺陷。将大的水平面改为倾斜面，可防止产生上述缺陷。

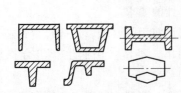

图 5-17 结构斜度示例

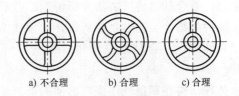

a) 不合理　　b) 合理　　c) 合理

图 5-18 轮辐设计方案

2. 铸件的孔和内腔

（1）尽量少用或不用型芯　铸件上的孔和内腔是用型芯来形成的，其数量的增加会使生产周期延长，成本增高，并使合型装配困难，降低铸件的精度，容易引起各种铸造缺陷。图 5-19 所示为悬臂支架的设计。图 5-19a 所示铸件为中空结构件，需要用一型芯来铸出，改进后图 5-19b 所示铸件为开式结构件，可不用型芯，这样就简化了铸造工艺。

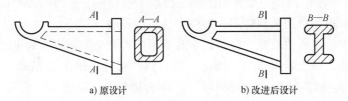

a) 原设计　　　　　　　　　　　b) 改进后设计

图 5-19 悬臂支架

（2）有利于型芯的固定、排气和清理，防止产生偏芯、气孔等缺陷　图 5-20a 所示为原设计的轴承支架铸件，其结构的内腔要用两个型芯形成，其中较大的为悬臂型芯，装配时要用芯撑来支承，型芯的固定、排气和清理都困难。改进后的图 5-20b 所示结构只用一个整体型芯，下芯方便，且排气和清理容易。

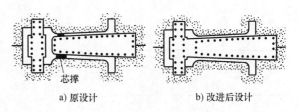

a) 原设计　　　　　　　　b) 改进后设计

图 5-20 轴承支架铸件

3. 铸件的壁厚及壁间连接

（1）铸件的壁厚应合理　铸件的壁厚应保证力学性能，便于铸造生产。铸件的壁不能太薄，否则会受金属流动性的影响，产生浇不到、冷隔等缺陷。

在一定的铸造条件下，铸造合金能充满铸型型腔的最小厚度称为该合金最小壁厚。铸件的厚度不能小于该尺寸。表 5-7 为常用铸造金属的最小壁厚。

表 5-7 砂型铸造条件下各类铸件的最小允许壁厚　　　　　　　　（单位：mm）

铸件最大轮廓尺寸	灰铸铁	球墨铸铁	可锻铸铁	铸造碳钢	铸铝合金	铸钢合金
<200	3~4	3~4	2.5~4.5	8	3~5	3~6
200~400	4~5	4~8	4~5	9	5~6	6~8
400~800	5~6	8~10	5~7	11	6~8	—

铸件的壁厚也不宜过大，否则会在壁的中心处形成晶粒粗大，产生缩孔、缩松等缺陷。每一种合金都有一个临界壁厚，当铸件的壁厚超过这个尺寸后，铸件的承载能力并不是按比

例随之增加。铸造合金的临界壁厚可按其最小壁厚的 3 倍来考虑。为保证铸件强度和刚度，可在铸件的脆弱处增设加强筋。

（2）铸件的壁厚应均匀　铸件各部分壁厚相差过大，不仅容易在较厚处产生缩孔、缩松缺陷，还会使各部位冷速不均，铸造内应力增大，造成铸件开裂。图 5-21 所示是使铸件壁厚均匀的设计例子。

（3）铸件的壁间连接应合理　如图 5-22a 所示，铸件直角转角处金属积聚，易产生缩孔，内侧转角处应力集中严重，易产生裂纹。图 5-22b 则采用了结构圆角过渡，可避免上述缺陷。

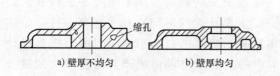

图 5-21　铸件壁厚的均匀设计示例

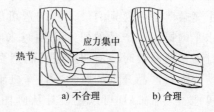

图 5-22　铸件的结构圆角

铸件壁的交叉处热量蓄积较多，易形成缩孔和缩松，因此，要避免交叉。对于中小型铸件可采用交错接头，大型铸件可用环状接头。铸件壁间连接如出现小于 90°的锐角，可采用过渡形式。图 5-23a 所示结构比图 5-23b 的结构合理。

有时铸件的壁厚不可能完全一致，厚壁与薄壁的连接应采用逐渐过渡方式，以避免因壁厚突变而引起应力集中。图 5-24 所示为薄、厚壁的逐渐过渡形式。

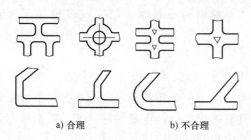

图 5-23　避免交叉和锐角连接

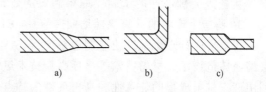

图 5-24　铸件薄、厚壁的逐渐过渡形式

5.5　铸造技术的发展趋势

5.5.1　计算机技术的应用

1. 铸造生产中的计算机辅助设计（CAD）

铸造机械设计的工艺性强，设备种类多，计算和绘图量大，利用 CAD 技术可提高效率并优化设计。国外的铸造设备厂家如德国的 BMD 已采用了 CAD 技术；国内也开发了一些铸造机械设计软件，如清华大学的抛丸机 CAD 系统（SBMCAD）、气冲造型线平面布置系统（MLCAD），机械工业铸机科技信息网 CAD 开发部的铸造及机械化设计软件系统（ZJCAD），

江苏理工大学的 S568 水玻璃砂再生系统（FSCAD）等。

这些系统大多以微机为硬件环境，以 AutoCAD 为支撑软件，但所用的开发工具不尽相同。系统都采用结构化方法进行分析、设计和编程；将系统分为不同模块，模块的设计遵循通用原则，每一模块能实现某种功能的数据交换和图形输出，便于系统升级和扩展。

2. 铸造生产中的计算机辅助工程（CAE）

铸造是用可溶（熔）性一次模样使铸件成形的方法。铸造的最大优点是表面光洁，尺寸精确，而缺点是工艺过程复杂，生产周期长，影响铸件质量的因素多，生产中对材料和工艺要求很严。在生产过程中，模具设计和制造所用时间占生产周期的比例很大，如一个复杂薄壁件模具的设计和制造可能需一年或更长的时间。随着工业的进行和人们生活水平的提高，产品的研发周期越来越短，要求设计响应时间也越来越短。特别是结构设计需做些修改时，前期的模具制造费用和制造工期都白白地浪费了。因而模具设计和制造成为新产品开发的瓶颈。计算机辅助工程的发展，使得传统产业与新技术的融合成为可能。三维 CAD 可以把设计从画图板中解放出来，大大简化了设计者的设计过程，减少出错的概率。并且随着快速成型（RP）技术，特别是激光选区烧结工艺（SLS）的发展，三维模型可以通过 RP 设备，快速转变成精密铸造所需的原型，打破了模具设计的瓶颈。另外在传统铸造中，开发一个新的铸件，工艺定型需通过多次试验，反复摸索，最后根据多种试验方案的浇注结果，选择出能够满足设计要求的铸造工艺方案。多次的试铸要花费很多的人力、物力和财力。采用凝固过程数值模拟，可以指导浇注工艺参数优化，预测缺陷数量及位置，有效地提高铸件成品率。CA 精密铸造技术就是将计算机辅助工程应用到精密铸造过程中，并结合其他先进的铸造技术，以高质量、低成本、短周期来完成复杂产品的研究和试制。目前，利用 CA 精密铸造技术，已完成多种航天、航空、兵器等关键部件的试制，取得满意的效果。

3. 铸造生产中的计算机辅助制造（CADM）

铸造模样计算机辅助快速制造系统（CAM）是由 CAD 技术、快速成型技术、涂层转移法精密铸造技术、材料技术等多项高新技术组合而成的一项独特的先进制造系统。系统充分利用液态材料成形的任意性和高再现性的特点，具有适应性强、重复性好、加工周期短、制造成本低的优点。该系统技术已经在铸造模样制造中得到实际应用，效果显著。

5.5.2　先进制造技术的应用

1. 精密铸造技术

精密铸造中常用的是熔模铸造，也称失蜡铸造，同其他铸造方法和零件成形方法相比熔模铸造有以下特点：

1）铸件尺寸精度高，表面粗糙度值低。铸件的尺寸公差等级可达到 CT4~CT6，表面粗糙度值 Ra 可达 $0.4~3.2\mu m$，可大大减少铸件的加工余量，并可实现无余量制造，降低生产成本。

2）可铸造形状复杂，并难于用其他方法加工的铸件。铸件轮廓尺寸小到几毫米大到上千毫米，壁厚最薄为 0.5mm，最小孔径为 1.0mm 以下。

3）合金材料不受限制。如碳钢、不锈钢、合金钢、铜合金、铝合金以及高温合金、钛合金和贵金属等材料都可用精密铸造生产；对于难以锻造、焊接和切削的合金材料，更是特别适用精密铸造方法生产。

4）生产灵活性高，适应性强。既可用于大批量生产，也适用于小批量甚至单件生产。

综上所述，精密铸造具有投资规模小、生产能力大、生产成本低、复杂产品工艺简单化、投资见效快的优点，从而在与其他工艺和生产方式的竞争中处于有利的地位，市场占有率较高。

2. 快速成形技术

传统的铸造生产一般要先做出模样，再做出铸型，最后浇注出铸件。快速成形技术的出现使得铸型生产可以由 CAD 模样直接获得，加快了模样制造速度，甚至铸型也可以通过快速成形技术得到，为快速获得铸件提高了可能性。

美国和欧洲均推出了激光烧结覆膜砂的直接壳型快速成形工艺，并成功地应用于发动机曲轴、活塞等铸件的生产。北京隆源实业股份有限公司与美国工业集团合资的北京隆源自动成型系统有限公司开发研制的"AFS 激光快速自动成形系统"，采用 SLS 技术逐层激光扫描覆膜砂，成功地制造出覆膜砂壳型和壳芯，直接用于浇注铸件。

美国 Soligen 公司已生产出能快速制造熔模铸造用陶瓷型壳和型芯的 DSPC 机器。目前，该公司的 DSPC 机可以 $10in^2/h$ 的速度生产 $8in \times 12in \times 8in$ 的型壳。该技术已用于喷气发动机部件等小批量熔模铸件生产中。

清华大学开发出直接铸型/砂芯制造的 PCM 无木模成形设备和工艺，采用呋喃树脂砂为原料，由 CAD 直接驱动并粘结成型，浇冒口、砂型和砂芯可以在 CAD 建模过程中一体设计。

快速成型技术与传统铸造工艺的结合，促使快速铸造技术的出现，开创了制造金属零件的新阶段。该技术在加速新产品的开发、降低新产品投产时工装模具的费用等方面有着积极的意义。通过对传统铸造工业的高技术改造，可增强铸造行业的竞争能力。

3. 半固体铸造技术

自 1971 年美国麻省理工学院的 D. B. Spencer 和 M. C. Flemings 发明了一种搅动铸造（Stir Cast）新工艺，即用旋转双桶机械搅拌法制备出 Sr-15% Pb 流变浆料以来，半固态金属（SSM）铸造工艺技术经历了数十年的研究与发展。搅动铸造制备的合金一般称为非枝晶组织合金或称部分凝固铸造合金（Partially Solidified Casting Alloys）。由于采用该技术的产品具有高质量、高性能和高合金化的特点，因此具有强大的生命力。除军事装备上的应用外，开始主要集中用于自动车的关键部件上，如用于汽车轮毂，可提高性能、减轻重量、降低废品率。此后，逐渐在其他领域获得应用，生产高性能和近净成形的部件。半固态金属铸造工艺的成形机械也相继推出。目前已研制生产出 600~2000t 的半固态铸造用压铸机，成形件重量可达 7kg 以上。当前，在美国和欧洲，该项工艺技术的应用较为广泛。半固态金属铸造工艺被认为是 21 世纪最具发展前途的近净成形和新材料制备技术之一。

本章小结

本章主要介绍了铸造生产的方法与应用、合金铸造性能，简介了铸造工艺设计和铸件的结构工艺性。各部分之间的关系用框图示意如下：

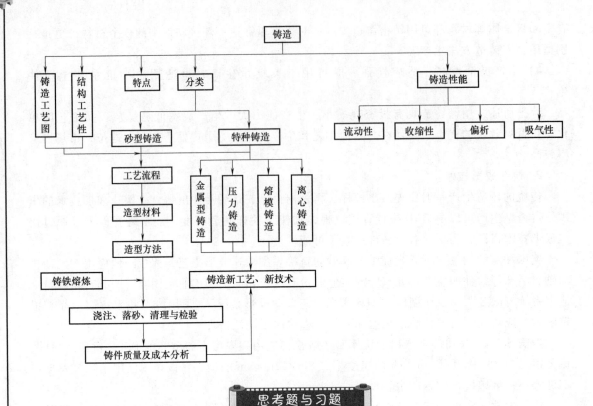

思考题与习题

5-1 何谓铸造？铸造生产的特点及其存在的主要问题是什么？试用框图表示砂型铸造的工艺过程。

5-2 比较下列名词：①模样与铸型；②铸件与零件；③浇注位置与浇道位置；④分型面与分模面。

5-3 造型材料的性能要求主要有哪些？说出与型砂的性能有关的四种以上的铸造缺陷。

5-4 金属的铸造性能主要用什么衡量？它们对铸件质量有何影响？

5-5 浇注系统的作用是什么？由哪几部分组成？

5-6 在设计铸件外形结构时应考虑哪些问题？为什么？

5-7 结构斜度与起模斜度有何异同点？

5-8 在设计铸件内腔时应考虑哪些问题？为什么？

5-9 在铸件壁的设计中应注意哪些问题？

5-10 缩孔与缩松是怎样形成的？防止的措施有哪些？

5-11 如图 5-25 所示为支承台零件，采用 HT150、生产 50 件，试确定铸造工艺，并绘出铸造工艺图和铸件图。

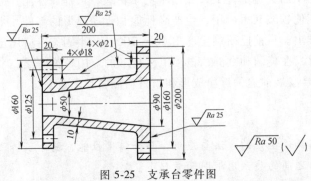

图 5-25 支承台零件图

5-12 如图 5-26 所示铸件在单件生产条件下应采用什么造型方法？试确定其浇注位置与分型面的最佳方案，并绘制铸造工艺图。

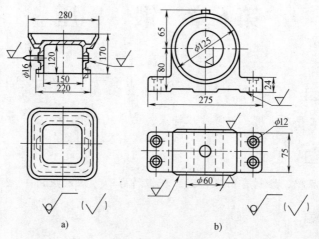

图 5-26 5-12 题图

第6章 锻 压

学习重点

自由锻特点、工序及应用；板料冲压特点、工序及应用。

学习难点

金属塑性成形原理，绘制自由锻件图；模锻特点、方法及应用。

学习目标

1. 掌握锻压生产的特点、分类及应用。
2. 熟悉金属塑性成形原理；了解金属锻造的加热和冷却。
3. 掌握自由锻的特点、基本工序及应用。
4. 掌握自由锻件的结构工艺性，了解模锻及胎模锻。
5. 掌握板料冲压的特点、基本工序及应用。

锻压是通过对金属坯料施加外力，使其产生塑性变形，改变尺寸、形状及性能的成形加工方法。锻压是锻造和冲压的总称，是金属压力加工工艺的重要组成部分，主要用来制造机械零件或零件毛坯。

锻压能细化金属晶粒、致密组织，使锻件形成一定的锻造流线，从而改善金属的力学性能。锻压还具有生产率高、节省材料的优点。因此，锻压工艺在金属热加工中占有重要的地位。

6.1 锻压工艺基础

1. 金属塑性加工方法

常见的金属塑性加工方法如图 6-1 所示。

（1）轧制 轧制是使金属坯料在相对回转轧辊的压力作用下，连续产生塑性变形，从而改变其力学性能，获得所要求截面形状的金属制品的加工方法。轧制主要应用于钢材的生产，如型材、板材和管材等。

（2）挤压 挤压是将金属坯料置于挤压筒中加压，使其从挤压模的模孔中挤出，从而使坯料横截面积减小，获得所需制品的加工方法。它主要适用于有色金属的型材和管材的加工。

（3）拉拔 拉拔是坯料在牵引力作用下通过拉拔模的模孔，使坯料产生塑性变形，得到截面减小、长度增加的制品的加工方法。拉拔一般是在冷态下进行，主要产品是直径细小的线材（如各种导线），直径小于 $\phi6mm$ 的钢丝；也可以是各种截面形状的型材和管材。

（4）自由锻 自由锻是将加热好的金属坯料，放在锻造设备的上、下砧铁之间，施加冲击

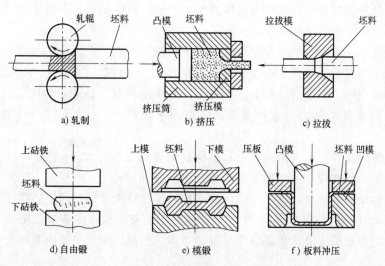

图 6-1 常见金属塑性加工方法

力或压力，使之产生塑性变形，从而获得所需锻件的一种加工方法。坯料在锻造过程中，除与上、下砧铁或其他辅助工具接触的部分表面外，都是自由表面，变形不受限制，故称自由锻。

（5）模锻　模锻是利用模具使金属坯料在模膛内受冲击力或压力作用，产生塑性变形而获得锻件的加工方法。

（6）板料冲压　板料冲压是利用装在压力机上的冲模对金属板料加压，使之产生变形或分离，从而获得零件或毛坯的加工方法。板料冲压的坯料通常都是较薄的金属板料，而且，冲压时不需加热，故又称为薄板冲压或冷冲压，简称冷冲或冲压。板料冲压的基本工序有冲裁、弯曲、拉深和成形等。

在上述的六种金属塑性加工方法中，轧制、挤压和拉拔主要用于生产型材；自由锻、模锻和板料冲压总称锻压，主要用于生产毛坯或零件。

2. 锻压加工特点

（1）改善金属组织，提高金属的力学性能　金属经过锻压可使其晶粒细化，使铸件中的气孔、微裂纹、缩松压合，提高组织的致密度；锻压还可形成金属的纤维方向，使其合理分布，提高零件的力学性能。

（2）适用范围广，生产效率高　锻压产品适用范围广泛，模锻和冲压加工工艺有较高的生产率。

（3）节省材料，减少切削加工工时　锻压件的力学性能比铸件高，可相对减少零件的截面尺寸，减轻零件的重量。此外，一些锻压加工的新工艺（如精密模锻）可以生产出尺寸精度和表面粗糙度接近或达到成品要求的零件，可做到少切削或无切削。

锻压的缺点是难以获得形状复杂的零件。

6.2　金属的塑性变形

1. 金属塑性变形的实质

当作用在金属上的外力超过屈服强度后金属产生变形，外力撤去后，金属变形不能完全恢复,保留一部分永久变形,则称为金属的塑性变形。塑性变形的产生是由于组成金属的晶粒本身及晶粒之间产生了滑移或双晶的结果。

图6-2所示为一单晶体受外力作用后,由于切应力的存在,使晶粒的个别部分之间在某些晶面上产生相对移动,这种移动称为滑移变形。在某些情况下,切应力的作用会使晶粒的部分晶格产生相对转动,这种变形称为双晶(又称孪晶)变形。

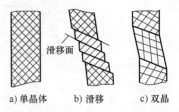

a) 单晶体　b) 滑移　c) 双晶

图6-2　单晶体变形示意图

对于多晶体的塑性变形,滑移首先从晶格位向有利于滑移的晶粒内开始,随切应力的增加,再延伸到其他位向的晶粒。由于多晶体晶粒的形状、大小、位向各不相同,在塑性变形过程中还存在晶粒与晶粒之间的滑动和转动(称为晶间变形),所以多晶体的塑性变形是许多单个晶粒产生的塑性变形和晶间变形的综合效果,要比单晶体变形复杂得多。多晶体变形中晶内变形是主要的,晶间变形很小。

2. 塑性变形对金属组织和性能的影响

金属塑性变形依据变形温度分为冷变形和热变形两种。

(1)冷变形对金属组织和性能的影响

1)金属在常温下塑性变形时,晶粒的形状会沿变形方向被拉长或压扁,晶粒内部及晶间会产生碎晶粒。随着变形量逐渐增加,各晶粒将会被拉成细条状,晶界变得模糊不清。金属中的塑性夹杂物也会沿着变形方向被拉长,形成纤维组织。这种组织使金属在不同方向上表现出不同的性能。

2)冷变形时,随着变形程度的增加,金属材料的强度和硬度都有提高,但塑性有所下降,这种现象称为冷变形强化或加工硬化。图6-3所示是常温下塑性变形对低碳钢力学性能的影响,可见金属的变形量越大,强化效果越显著。

冷变形强化在生产中具有很强的实用价值,对那些不能热处理强化的金属材料(如纯金属、奥氏体不锈钢、防锈铝合金等)是一种重要的强化手段。但冷变形强化给金属的进一步变形带来困难,必须通过退火消除冷变形强化,恢复金属的塑性。退火温度应高于再结晶温度 $100\sim200℃$。

3)由于金属的塑性变形是不均匀的,变形后会有残留应力存在,它将导致工件形状和尺寸的变化,降低工件的承载能力,因此,对于精密零件,在冷塑性变形加工后需进行去应力退火,以提高尺寸稳定性。

(2)冷变形金属在加热时组织和性能的变化　金属经冷变形后的晶体结构处于不稳定的应力状态。这种状态在室温下由于原子的活动能力弱,在较长时间内不会发生明显的变化,当加热到一定温度时,

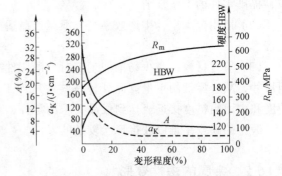

图6-3　常温下塑性变形对低碳钢力学性能的影响

原子的活动能力加强,才会发生组织和性能的变化,使金属恢复到稳定状态,如图6-4所示。

1）加热温度较低时，冷变形后的金属处于回复阶段，此时的强度、硬度略有下降，塑性稍有升高，残留应力明显降低。

使金属得到回复的温度称为回复温度，用 $T_回$ 表示。纯金属的回复温度可用下式表示：

$$T_回 \approx (0.25 \sim 0.30) T_熔$$

式中　$T_回$——纯金属的绝对回复温度，单位为 K；

　　　$T_熔$——纯金属的绝对熔化温度，单位为 K。

生产中常利用回复现象对冷变形强化后的工件进行低温去应力退火，以消除应力，稳定组织，保留冷变形强化的性能。例如，冷拔弹簧钢丝绕制成弹簧后，可进行一次低温退火处理。

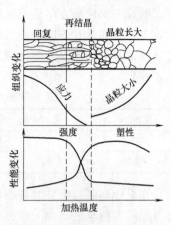

图 6-4　变形后的金属在加热时组织和性能的变化

2）当加热温度较高时，冷变形后的晶粒重新生核、结晶，形成新的无畸变的等轴晶，这一过程称为再结晶。冷变形后的金属经过再结晶后，消除了晶格畸变、冷变形强化和残留应力，使金属的组织和性能恢复到变形前的状态。

开始产生再结晶的最低温度称为再结晶温度，用 $T_再$ 表示。纯金属的再结晶温度可用下式表示，即

$$T_再 \approx 0.40 T_熔$$

式中　$T_再$——纯金属的绝对再结晶温度，单位为 K；

　　　$T_熔$——纯金属的绝对熔化温度，单位为 K。

一般情况下，金属结晶温度为 450℃，钨为 1200℃，铜为 200℃，铝为 100℃，锌为室温，锡低于室温。

当加热温度超过再结晶温度过多时，晶粒会聚集长大，力学性能随之变差。因此，冷变形零件的再结晶退火温度不宜过高。

3）冷、热变形的界限是再结晶温度。在再结晶温度以下的变形是冷变形，此时的变形只有加工硬化现象无再结晶现象，因此随着变形的进行，变形抗力增高、塑性降低，最终将导致金属破裂。所以，变形量不宜过大。冷变形具有尺寸精度高，表面质量好，生产率高，强度、硬度高等优点。

热变形是再结晶温度以上的变形，在热变形过程中既产生加工硬化，又有再结晶现象，且加工硬化现象被随之而来的再结晶所消除，热变形后的组织是再结晶后的组织，具有良好的塑性，较低的变形抗力。因此，金属的锻压加工主要采用热变形来进行。但热变形的生产率和锻件尺寸精度低，表面质量和劳动条件差，需配备相应的加热设备。

（3）热变形对金属组织和性能的影响

1）锻压加工所用的原始坯料多为铸锭，通过热变形可消除铸态组织中的部分偏析现象；使粗大的柱状晶粒通过变形和再结晶获得细小的等轴晶；使金属中的气孔、缩松等缺陷被压合，提高材料的致密度；可将高合金工具钢铸态组织中的大块碳化物打碎，使其均匀分布。所以热变形后金属的力学性能大大提高，强度比原来提高 2 倍以上，塑性和韧性提高得更多。

2）铸锭中的杂质多分布在晶界上，金属变形时晶粒沿变形方向伸长，而脆性杂质被打

碎，顺着主要伸长方向呈碎粒状或链状分布；塑性杂质随着金属变形，沿主要伸长方向呈带状分布。这种具有方向性的组织称为锻造流线，也称纤维组织（流纹），它使金属性能呈各向异性，即平行流线方向（纵向）的抗拉强度、塑性和韧性比垂直流线方向（横向）的好，见表6-1。

表6-1 45钢力学性能与其流线组织方向的关系

取样方向	R_m/MPa	$R_{p0.2}$/MPa	$A(\%)$	$Z(\%)$	a_K/(J·cm^{-2})
横向	675	440	10	31	24
纵向	715	470	17.5	62.8	49.6

在设计和制造零件时必须使零件工作时最大正应力方向与流线方向平行，最大切应力方向与流线方向垂直。加工时尽可能使流线与零件的轮廓相符合而不被切断。例如，图6-5所示的齿轮用轧制方法加工可使流线符合各个齿的形状，且连续分布，可大大提高力学性能，延长使用寿命，降低原材料消耗。

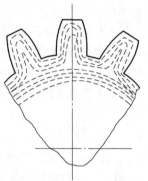

图6-5 用轧制方法成形齿轮的流线分布

3. 金属的锻压性能

金属的锻压性能是指金属锻压变形难易程度的一种工艺性能，常用塑性和变形抗力两个指标来衡量。塑性越好、变形抗力越小，金属的锻压性能就越好。反之，锻压性能就越差。

影响金属锻压性能的因素是金属的本质和变形条件。

（1）金属的本质

1）一般纯金属的锻压性能比合金的好；在碳素钢中，含碳量越多，锻压性能越差；在合金钢中，合金元素的种类和含量越多，锻压性能越差。

2）一般固溶体的锻压性能好，金属化合物的锻压性能差；合金中的单相组织比多相组织锻压性能好。晶粒细小而均匀的组织比铸锭中的柱状晶粒组织和粗晶粒组织的锻压性能好。

（2）变形条件

1）随变形温度的升高，变形抗力下降，塑性增加，金属的锻压性能得到改善，但温度过高会引起过热或过烧。因此，热变形加工需选择一个合适的锻压温度范围。

2）一般情况下，随着变形速度的增加，金属的回复和再结晶不能及时克服冷变形强化现象，使金属的塑性下降，变形抗力增加，锻压性能变差。因此，对塑性差的金属和大型锻件，宜采用较小的变形速度。

3）变形区金属在三个方向上的压应力数目越多，塑性越好，但压应力增加了金属内部的摩擦，使变形抗力增加；拉应力数目越多，塑性越差。

4. 金属锻造的加热和冷却

（1）坯料的加热

1）加热的目的是为了提高坯料的塑性、降低变形抗力，改善锻压性能。加热时，应保证坯料均匀受热，减少氧化、脱碳，降低燃料消耗，缩短加热时间。

2）锻造温度范围是锻件由始锻温度到终锻温度的温度区间。

① 开始锻造时坯料的温度即始锻温度。为使坯料有最佳的锻压性能，在不出现过热和

过烧的前提下，可适当提高始锻温度，减少加热次数。碳钢的始锻温度比固相线低200℃左右，如图6-6所示。

② 坯料停止锻造的温度即终锻温度。它应高于再结晶温度，以保证在停锻前坯料有足够的塑性，锻后能获得细小的再结晶组织。但终锻温度过高，易形成粗大晶粒，降低力学性能；终锻温度过低，锻压性能变差。碳钢的终锻温度在800℃左右。

锻造时金属的温度可用仪表来测量，但用观察金属火色的方法（简称火色法）来判断更为方便。常用钢的锻造温度范围见表6-2。

（2）锻件的冷却 冷却是锻造工艺过程中不可缺少的工序，锻后冷却不当，会使锻件发生翘曲变形、硬度过高、甚至产生裂纹等缺陷。锻造生产中常见的冷却方法有以下三种：

1）空冷是将热态锻件放在静止空气中冷却。空冷速度较快，多用于低碳钢、中碳钢和低合金结构钢的中小型锻件。

2）坑冷是将热态锻件埋在地坑或铁箱中缓慢冷却的方法。灰砂冷是将热态锻件埋入炉渣、灰或砂中缓慢冷却的方法。这两种冷却方法均比空冷慢，主要用于中、高碳结构钢，碳素工具钢和中碳低合金结构钢的中型锻件的冷却。

3）炉冷是将锻后的锻件放入炉中缓慢冷却的方法。这种方法冷却速度最慢，生产效率最低，常用于合金钢大型锻件、高合金钢重要锻件的冷却。

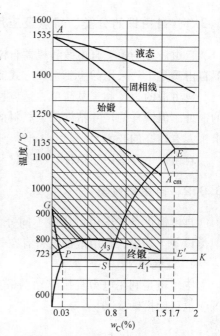

图 6-6 碳钢的锻造温度范围

表 6-2 常用钢的锻造温度范围

类 别	钢 号	始锻温度/℃	终锻温度/℃	类 别	钢 号	始锻温度/℃	终锻温度/℃
碳素结构钢	Q195、Q215	1300	700	合金结构钢	20Cr、40Cr	1200	800
	Q235	1250	700		20CrMnTi	1200	800
	10至35	1250	800		42SiMn	1150	800
优质碳素结构钢	40至60	1200	800	合金工具钢	9Mn2V	1100	800
	40Mn、60Mn	1200	800		9SiCr	1100	800
碳素工具钢	T7、T8	1150	800		CrWMn	1100	800
	T9、T10	1100	770		Cr12	1080	840
	T11、T12、T13	1050	750	高速工具钢	W18Cr4V	1150	900
					W6Mo5Cr4V2	1130	900

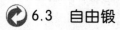 ## 6.3 自由锻

自由锻是在锻造设备的上、下砧铁间直接使坯料产生变形，获得所需的几何形状及内部

质量锻件的加工方法。金属的受力变形是在上下两砧铁间作自由流动，不受限制，形状和尺寸由锻工控制，所以称为自由锻。

6.3.1 自由锻的分类、特点及应用

自由锻分为手工自由锻和机器自由锻两种。手工自由锻适用于小件生产或维修工作；机器自由锻是工厂采用的主要生产方式。

自由锻的设备和工具简单，适应性强、灵活性大，成本低，可锻造小至几克大至数百吨的锻件。但锻件的尺寸精度低、材料的利用率低，劳动强度大、劳动条件差，生产率低，要求工人有较高的技术水平。

自由锻主要适用于单件、小批量和大型锻件的生产。

6.3.2 自由锻设备

自由锻设备按作用力性质不同分为自由锻锤（冲击力作用）和压力机（静压力作用）两类设备。其中，自由锻锤设备有空气锤和蒸汽-空气锤；压力机有水压机、油压机等。

1. 空气锤

空气锤是利用电力直接驱动的锻造设备，其结构如图 6-7 所示。在空气锤上既可自由锻，也可胎模锻。

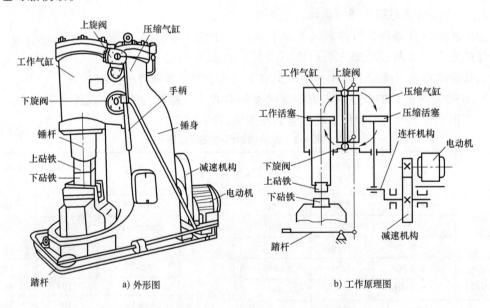

图 6-7　空气锤外形和工作原理示意图

空气锤有两个气缸，即工作气缸和压缩气缸，压缩气缸内的活塞由电动机通过减速机构、曲柄、连杆带动，做上下往复运动。其气缸里的压缩空气经过上下旋阀交替进入工作气缸的上部和下部空间，使工作气缸内的活塞连同锤杆和上砧铁一起做上下运动，对放在下砧铁上的金属坯料进行打击。空气锤可根据锻造工作的需要，做连续打击、上砧铁上悬、下压和单次打击等动作。

空气锤的吨位以落下部分的质量（kg）来表示，常见的规格有 65kg、75kg、250kg 和

750kg 等（见表 6-3），广泛应用于小型锻件的锻造。空气锤具有价格低，工作行程短，打击速度快，结构简单，操作方便等优点。

表 6-3 空气锤吨位选择参考数据

设备吨位/kg		65	75	150	200	250	400	560	750
能锻工件尺寸/mm	方（边长）	65	—	130	150	—	200	270	270
	圆（直径）	$\phi85$	$\phi85$	$\phi145$	$\phi170$	$\phi175$	$\phi220$	$\phi280$	$\phi200$
最大锻件质量/kg		2	2	4	7	8	18	30	40

2. 水压机

水压机以静压力作用在坯料上，使坯料产生塑性变形。水压机具有振动小，坯料变形速度慢，金属容易再结晶，塑性好，变形大等优点。但存在结构笨重，辅助装置庞大，造价高等缺点。

水压机主要适用于大型锻件和高合金钢锻件的锻造，其规格用产生的最大静压力表示，一般为 5~125MN，可锻钢锭的质量为 1~300t。

6.3.3 自由锻工序

自由锻工序分为基本工序、辅助工序和精整工序。基本工序包括镦粗、拔长、冲孔、弯曲和错移等，操作规则及应用见表 6-4。辅助工序包括压钳口、倒棱和压肩等；精整工序是对已成形的锻件表面进行平整，清除飞边、校直弯曲和修整鼓形等。

表 6-4 自由锻基本工序名称、操作规则及应用

名称	定 义	图 例	操作规则	应 用
镦粗	1. 完全镦粗，是使坯料高度减小，横截面积增大的工序 2. 局部镦粗，是对坯料的某一部分进行的镦粗	a)完全镦粗 b)局部镦粗 c)镦弯 d)校正	1. 坯料原始高度 h_0 与直径 d_0 之比≤2.5，以免发生镦弯 2. 镦粗面应垂直于轴线 3. 坯料应绕其本身轴线经常旋转，使其均匀变形 4. 镦弯后应将工件放平，轻轻锤击矫正	1. 用于制造高度小、截面积大的工件，如圆盘、齿轮等 2. 增加以后拔长时的锻造比 3. 冲孔前镦平坯料端面

（续）

名称	定 义	图 例	操 作 规 则	应 用
拔长	1. 拔长，是使坯料的横截面积减小而长度增加的工序 2. 芯棒拔长，是减小空心坯料的壁厚和外径尺寸，增加长度的工序 3. 芯轴上扩孔，是减小空心坯料的壁厚，增加内径和外径的工序，通常，以芯轴代替下砧铁	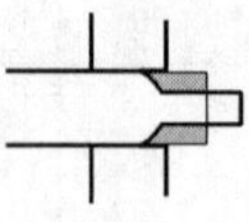 a) 拔长 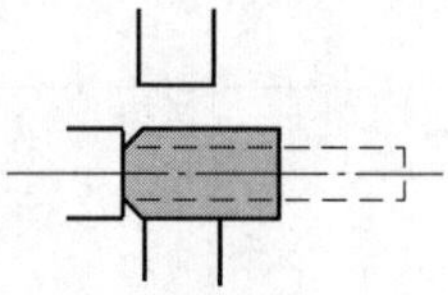 b) 局部拔长 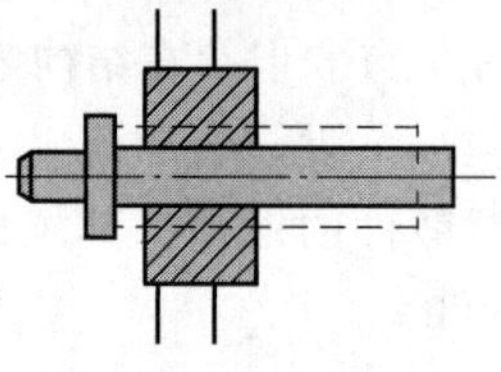 c) 芯轴拔长	1. 经常翻转坯料，以免打得过扁造成弯折、翘曲 2. 每次送进量不能太大，以免影响延伸率，但也不能太小，一般送进量为砧宽的 0.4～0.8 倍	1. 用于制造长度大而截面积小的工件，如曲轴、拉杆、轴等 2. 制造长轴类空心件，如炮筒、圆环、套筒等
冲孔	在坯料上冲出透孔或不透孔的工序	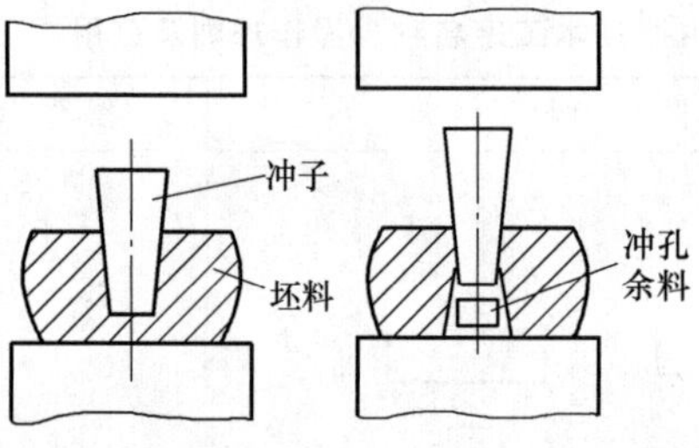 正面　　反面 a) 双面冲孔 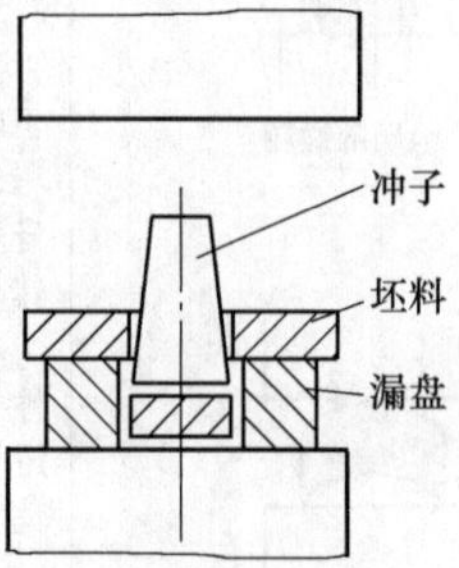 b) 单面冲孔	1. 冲孔面应先镦平，使冲子能垂直放在坯料端面上 2. 冲孔时，坯料应经常转动，冲子要经常冷却 3. 冲子冲到离坯料底面的距离为（15%～20%）h 时，应将坯料翻转，然后再将孔冲出 4. $d<25\mathrm{mm}$ 的孔一般不冲出 5. 对直径大于 $\phi450\mathrm{mm}$ 的孔，可用空心冲子冲孔	1. 用于制造空心件，如齿轮毛坯、圆环等 2. 锻件质量要求高的大工件，可用空心冲子去掉质量较低的铸锭中心部分

（续）

名称	定义	图例	操作规则	应用
弯曲	采用一定的工模具将坯料弯成规定外形的锻造工序	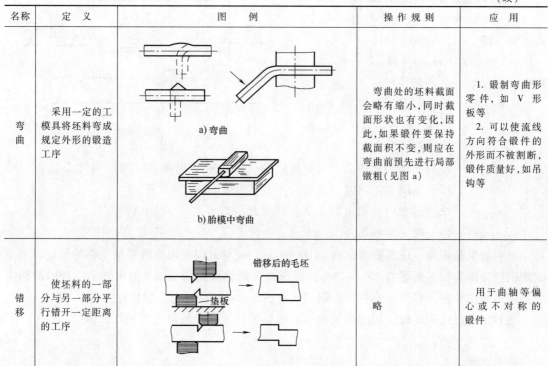 a) 弯曲 b) 胎模中弯曲	弯曲处的坯料截面会略有缩小，同时截面形状也有变化，因此，如果锻件要保持截面积不变，则应在弯曲前预先进行局部镦粗（见图 a）	1. 锻制弯曲形零件，如 V 形板等 2. 可以使流线方向符合锻件的外形而不被割断，锻件质量好，如吊钩等
错移	使坯料的一部分与另一部分平行错开一定距离的工序	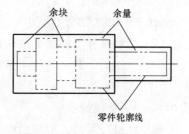	略	用于曲轴等偏心或不对称的锻件

6.3.4　自由锻工艺规程的制定

工艺规程是指导生产的基本技术文件。自由锻的工艺规程主要有以下内容：

1. 绘制锻件图

锻件图是以零件图为基础并考虑锻造余块、机械加工余量及锻件公差等因素绘制而成的，它是锻造加工的依据。

（1）机械加工余量　由于自由锻的精度和表面质量难以达到要求，一般均需进行切削加工。凡表面需要切削的部分，在锻件上留一层用作机械加工的金属，称为机械加工余量，如图 6-8 所示。余量的大小与零件的形状、尺寸、表面粗糙度、生产批量有关，其数值可查阅相关手册。

（2）锻件公差　锻件公差是锻件的实际尺寸与基本尺寸之间所允许的偏差。锻件的基本尺寸是零件的基本尺寸加上机械加工余量。锻件公差值的大小可根据锻件形状、尺寸、生产批量、精度要求等查阅相关手册，一般取加工余量的 $1/4 \sim 1/3$。

（3）余块　余块是为了简化锻件形状，便于锻造而附上去的一部分金属，如图 6-8 所示。

（4）锻件图的绘制规则　锻件图的外形用粗实线绘制，零件的轮廓形状用双点画线绘制。锻件的基本尺寸和公差标注在尺寸线上，零件的基本尺寸标注在尺寸线下方并加括号，如图 6-9 所示。

图 6-8　锻件上的余量和余块

2. 坯料质量和尺寸的计算

（1）坯料质量　坯料的质量可按下式计算，即

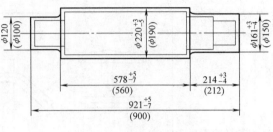

图 6-9　轴的锻件图

$$m_{坯料} = m_{锻件} + m_{烧损} + m_{切头} + m_{芯料}$$

式中　$m_{坯料}$——坯料的质量；

$m_{锻件}$——锻件的质量，可由 $m_{锻件} = V_{锻件}\rho$ 算出，ρ 是金属的密度；

$m_{烧损}$——坯料在加热和锻造过程中损耗的质量。第一次加热时可取锻件质量的 2%，以后需要再加热时，每火次按锻件质量的 1.5% 计算；

$m_{切头}$——锻造过程中被切去的多余金属质量；

$m_{芯料}$——冲孔时芯料的质量。

坯料如果是钢锭，还需要考虑 $m_{锭头}$ 和 $m_{锭尾}$。$m_{锭头}$，即被切去的钢锭头部的质量，对于碳素钢钢锭即为钢锭质量的 20%~25%，对于合金钢钢锭则为 25%~35%；$m_{锭尾}$，即被切去的钢锭尾部的质量，对碳素钢钢锭为钢锭质量的 3%~5%，对合金钢钢锭为 7%~10%。

坯料是型材或钢坯时，切头质量和芯料质量可按下面的经验公式计算，即

$$m_{芯料} = Kd^2H$$

圆形截面

$$m_{切头} = aD^3$$

方形截面

$$m_{切头} = bB^2H_0$$

式中　K——系数，取 1.18~1.57（实心冲子冲孔）；6.16（空心冲子冲孔）；4.33~4.71（垫环冲孔）；

d——冲孔直径；

H——坯料高度；

a——系数，取 1.65~1.8；

b——系数，取 2.2~2.36；

D——切头直径；

B——切头部分宽度；

H_0——切头部分高度。

（2）坯料尺寸　根据上述的计算式和坯料的密度，计算出坯料的体积，即

$$V_{坯料} = \frac{m_{坯料}}{\rho}$$

式中　ρ——金属的密度。

确定坯料尺寸时，应考虑到坯料在锻造过程中必需的变形程度即锻造比 Y（坯料横截面面积 A_0 与锻件横截面面积 $A_{锻件}$ 之比）的问题。

1）主要由拔长而得到的锻件，对于轧制坯料，$Y = 1.3~1.5$；碳钢钢锭作坯料，$Y = 2.5~3.5$。锻件的横截面面积 $A_{锻件}$ 可由锻件图计算，根据锻造比就可求出坯料的横截面面积

$A_{坯料}$，再根据计算式 $L_{坯料} = \dfrac{V_{坯料}}{A_{坯料}}$ 计算出坯料的长度，最后根据国家标准选用标准值。

2）主要由镦粗而得到的锻件，为防止镦粗时产生纵向弯曲，一般规定坯料的高度 $H_{坯料}$ 应为（1.25~2.5）$D_{坯料}$。将 $H_{坯料}$ 代入体积计算公式（$V_{坯料} = A_{坯料}H_{坯料}$），经简化可得出计算坯料直径 $D_{坯料}$ 与 $V_{坯料}$ 之间的关系，结合计算式 $V_{坯料} = \dfrac{m_{坯料}}{\rho}$ 即可得到 $D_{坯料}$，由此再算出 $H_{坯料}$，最后选用标准值。

3. 选择锻造工序

锻造工序的选择应根据锻件的形状、尺寸和技术要求，结合已有的设备、生产批量、工具、工人的技术水平等因素综合考虑。自由锻锻件的分类及所用基本工序见表6-5。

表6-5 自由锻锻件的分类及锻造用基本工序

类　别	图　例	锻造工艺方案	实　例
圆截面轴类		1. 拔长 2. 镦粗—拔长 3. 局部镦粗—拔长	传动轴、齿轮轴等
方截面杆类		同上	连杆等
空心类		1. 镦粗—冲孔 2. 镦粗—冲孔—扩孔 3. 镦粗—冲孔—芯轴上拔长	空心轴、法兰、圆环、套筒、齿圈等
饼块类		镦粗或局部镦粗	齿轮、圆盘叶轮、模块轴头等
弯曲类		先进行轴杆类工序—弯曲	吊钩、轴瓦、弯杆等
曲轴类		1. 拔长—错移（单拐曲轴） 2. 拔长—错移—扭转（多拐曲轴）	各种曲轴、偏心轴等

4. 选择锻造设备

锻造设备应根据锻件材料，坯料的形状、尺寸、重量，锻造的基本工序、设备的锻造能力等因素进行选择。对中小型锻件，一般选用锻锤；对大型锻件，则用压力机。表6-6的数据供选择设备时参考。空气锤的锻造能力范围见表6-3。

表6-6 锻造设备的吨位和最大锻件质量

锻造设备	空气锤	蒸汽-空气锤	水压机
吨位	65~750kg	1~5t	500~12500t
最大锻件质量/kg	2~40	50~700	1000~180000

5. 选择坯料加热、锻件冷却和热处理方法

按照前面叙述过的要求制定坯料的加热、锻件的冷却和热处理方法。

6. 齿轮坯自由锻工艺卡参考示例（见表6-7）

表 6-7 齿轮坯自由锻工艺卡

锻件名称	齿轮坯	锻件图	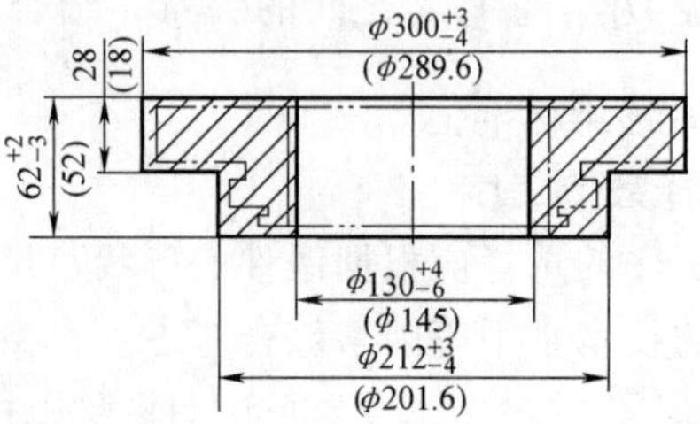
锻件材料	45钢		
坯料质量	19.5kg		
锻件质量	18.5kg		
坯料尺寸/mm	φ120×221		
每坯锻件数	1		

火次	温度/℃	操作说明	变形过程简图	设备	工具
		下料 加热	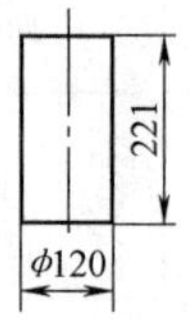	反射炉	
1	1200~800	镦粗		750kg 自由锻锤	普通漏盘
2	1200~800	局部镦粗			
3	1200~800	冲孔		750kg 自由锻锤	冲头
4	1200~800	扩孔			
5	1100~800	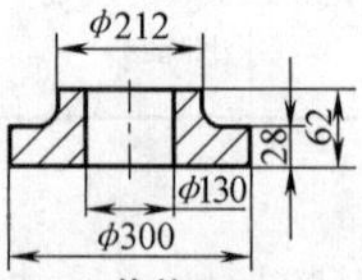 修整		750kg 自由锻锤	

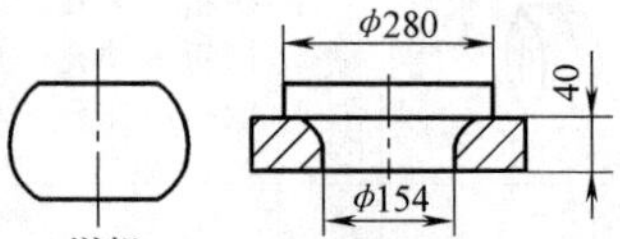

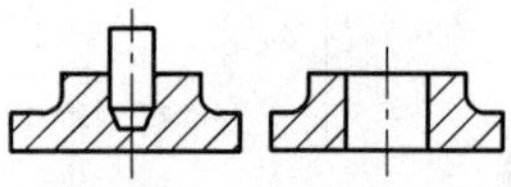

6.3.5 自由锻零件的结构工艺性简介

设计自由锻零件时，必须考虑锻造工艺的可行性和工艺性，零件的形状应尽量简单和规则。零件的结构不合理，将使锻造操作困难，降低生产率，造成金属的浪费。自由锻零件的结构工艺性的具体要求见表6-8。

表 6-8 自由锻零件的结构工艺性

不合理结构	合理结构	简要说明	结构要求
		圆锥体锻造需用专门工具,比较困难	应避免圆锥体结构和锻件的斜面,尽量用圆柱体代替圆锥体,用平面代替斜面
		难以锻出两圆柱体相交处的相贯线	避免圆柱体与圆柱体相交,改为平面与圆柱体相交或平面与平面相交
		加强筋和凸台等结构难以用自由锻的方法获得	避免加强筋和凸台等结构,采取适当措施加固零件
相邻截面尺寸相差太大	锻造—螺纹联接的结构	相邻截面尺寸相差过大,锻造困难、容易引起应力集中	避免相邻截面尺寸相差太大的结构,改为其他结构联接
		椭圆、工字形等形状难以用自由锻的方法获得	避免椭圆形、工字形或其他非规则形状

6.4 模型锻造

模型锻造（模锻）是利用模具使坯料变形而获得锻件的方法。模锻与自由锻相比,具有以下特点：

1）生产率高、易于实现机械化,可大批量生产。

模锻时金属的变形受模膛的限制,能较快获得所需形状,可以锻出自由锻难以锻出的形状；且操作简单,劳动强度低。

2）锻件尺寸精度高、表面粗糙度值小,可以减少机械加工余量和余块的数量,节省金属材料和加工工时。但是,模具费用高,需要较大的专用设备,所以,只有在大批量生产时才采用模锻工艺,模锻件的质量一般在 150kg 以下。

6.4.1 锤上模锻

模锻根据所用设备的不同,可以分为锤上模锻、曲柄压力机上模锻、平锻机上模锻和摩擦压力机上模锻。其中锤上模锻是较常用的模锻方法，所用设备主要是蒸汽-空气模锻锤。形状简单的锻件可在单模膛内锻造成形，称单模膛模锻，如图6-10所示。复杂的锻件，必须在几个模膛内锻造后才能成形，称多模膛模锻，如图6-11所示。

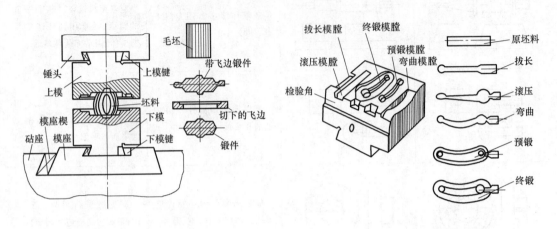

图 6-10　单模膛模锻　　　　　　　　　　图 6-11　多模膛模锻

6.4.2　胎模锻

1. 胎模锻的特点

胎模锻是在自由锻设备上使用可移动模具生产锻件的锻造方法。它是介于自由锻和模锻之间的锻造方法，一般先采用自由锻方法使坯料初步成形，然后放入胎模中终锻成形。

胎模锻与自由锻相比，具有生产率高、锻件尺寸精度高、表面粗糙度小，余块少，节省金属材料，锻件成本低的特点。与模锻相比，胎模制造简单，成本低，使用方便；但生产率和锻件尺寸精度不如锤上模锻高，工人劳动强度大，胎模寿命短。

2. 胎模的结构及应用

胎模不固定在锤头和砧座上，需要时放在下砧铁上。按其结构可大致分为扣模、合模和套模三种主要类型。

（1）扣模　扣模由上、下扣组成或只有下扣，上扣由上砧铁代替，如图6-12所示。锻造时锻件不转动，初步成形后锻件翻转90°，在锤砧上平整侧面。主要应用于长杆非回转体锻件的全部或局部扣形。

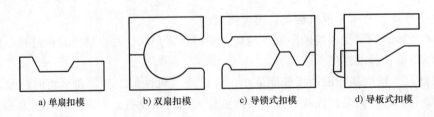

a) 单扇扣模　　　b) 双扇扣模　　　c) 导锁式扣模　　　d) 导板式扣模

图 6-12　扣模

（2）套模　套模通常是由圆筒形的模块所组成，外面则往往加上套筒，有的套筒本身就是锻模。按其结构分为开式套模和闭式套模两类。

开式套模只有下模，上模用上砧代替，如图6-13所示。主要用于回转体锻件的最终成形和制坯，如齿轮、法兰盘等。

a) 无垫模　　　　　b) 有垫模　　　　　c) 跳模　　　　　d) 拼分模

图6-13　开式套模

闭式套模由套筒、上模垫及下模垫组成，如图6-14所示。主要用于端面有凸台或凹坑的回转体类锻件的制坯和最终成形，有时也用于非回转体锻件。

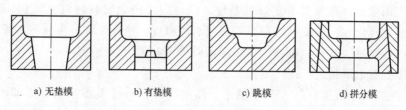

a) 活动模冲式套模　　b) 模冲模垫式套模　　c) 活动冲头套模　　d) 拼分式套模

图6-14　闭式套模

（3）合模　合模通常是由上模和下模组成，上、下模均有模膛，为了避免上、下模的错移和便于上、下模的对准，常采用导柱等导向装置，如图6-15所示。合模可锻出形状较复杂的锻件，尤其是非回转体类锻件，主要用于锻件的终锻成形。

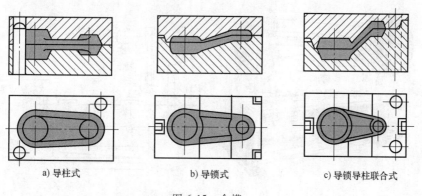

a) 导柱式　　　　　b) 导锁式　　　　　c) 导锁导柱联合式

图6-15　合模

自由锻、模锻和胎模锻的应用主要取决于生产批量、锻件尺寸和形状以及生产条件。一般单件小批量生产的锻件采用自由锻；中小批量、形状复杂的锻件可采用胎模锻；大批量生产、形状复杂的较小锻件可采用模锻。

6.5　板料冲压

板料冲压是指用冲模使板料经分离或变形得到制件的工艺方法，它通常是在室温下进行，所以又称为冷冲压，简称冲压。

6.5.1 板料冲压的特点及应用

板料冲压用原材料必须具有足够的塑性。广泛应用的金属材料有低碳钢，高塑性合金钢，铝、铜及其合金等；非金属材料有石棉板、硬橡皮、绝缘纸和纤维板等。板料冲压广泛应用于汽车、拖拉机、航空、电器、仪表和国防等工业部门。

板料冲压具有以下特点：

1）冲压件的尺寸精度高，表面质量好，互换性好，一般不需切削加工即可直接使用，且质量稳定。

2）可压制形状复杂的零件，且材料的利用率高，产品的质量小，强度和刚度较高。

3）板料冲压的生产率高，操作简单，其工艺过程易于实现机械化和自动化，成本低。

4）板料冲压用模具结构复杂，精度要求高，制造费用高。冲压只有在大批量生产时，才能显示其优越性。

5）冲压件的质量可从一克至几十千克，尺寸为一毫米至几米。

6.5.2 冲压设备

1. 剪板机

剪板机的用途主要是制坯，即把板料切成一定宽度的带料。图 6-16 所示是剪板机外形及其传动简图。其工作过程是：电动机带动传动带轮使轴转动，再通过齿轮传动及爪形离合器使曲轴转动，通过连杆使滑块作上下运动，进行剪切工作。为了便于剪切，剪板机有工作台。制动器的作用是确保滑块能停在上面位置。

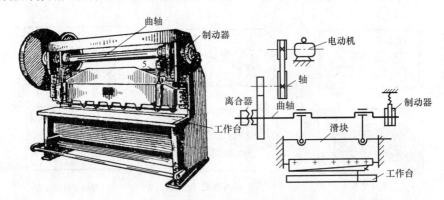

图 6-16 剪板机外形图和传动简图

2. 压力机

压力机可以完成除剪切以外的其他冲压工作。图 6-17 所示为单柱式压力机的外形及其传动简图。电动机带动飞轮转动，当踩下踏板时，离合器使飞轮与曲轴连接，曲轴随飞轮一起转动，通过连杆带动滑块作上下运动，进行冲压工作。当松开踏板时，离合器脱开，曲轴不随飞轮转动，同时制动闸使曲轴停止转动，并使滑块停在上面位置。

6.5.3 冲压模具

冲压模具是冲压生产中必不可少的工艺装备，按冲压工序的组合程度不同可分为简单冲

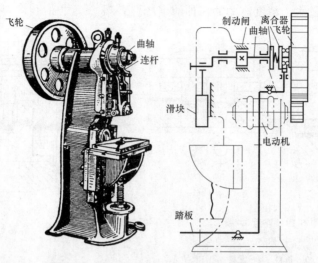

图 6-17 单柱式压力机外形图和传动简图

模、连续冲模和复合冲模三种。

1. 简单冲模

简单冲模在压力机一次行程中只完成一道工序，如图 6-18 所示。凸模 11 用压板 12 固定在上模板 2 上，通过模柄 1 与压力机滑块连接。凹模 7 用压板 6 固定在下模板 5 上。操作时，条料沿两导料板 8 之间送进，碰到挡料销 9 停止。冲下部分落入凹模孔。此时，条料夹住凸模一起返回，被卸料板 10 推下。重复上述动作，完成连续冲压。导柱 4 和导套 3 组成的导向机构可保证凸模、凹模的合模准确性。

简单冲模结构简单，容易制造，价格低廉，维修方便，生产率低，适用于小批量生产。

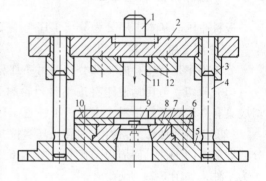

图 6-18 简单冲模

1—模柄 2—上模板 3—导套 4—导柱
5—下模板 6、12—压板 7—凹模
8—导料板 9—挡料销 10—卸
料板 11—凸模

2. 连续冲模

连续冲模在压力机一次行程中，按一定顺序，在模具的不同位置上，同时完成数道冲压工序，如图 6-19 所示。操作时，条料 5 向前送进，送进距离由挡料销控制。导正销 2 对准预先冲出的定位孔，上模向下运动时，冲孔凸模 3 进行冲孔，落料凸模 1 同时进行落料工序。条料夹住模具返程时，被卸料板 4 推下，如此循环进行操作，完成连续冲压工序。图中件 6 是废料、件 7 是成品、件 8 是冲孔凹模、件 9 是落料凹模。

连续冲模生产效率高，易于实现自动化，但定位精度要求高、模具结构复杂、制造成本高。主要用于大批量生产，精度要求不高的中、小型零件。

3. 复合冲模

复合冲模在压力机一次行程中，在模具的同一位置上，可完成两道以上冲压工序，如图 6-20 所示。此种模具具有生产率高，零件加工精度高，平整性好等优点，但结构复杂，成本高，主要适合批量大、精度高的冲压件的生产。

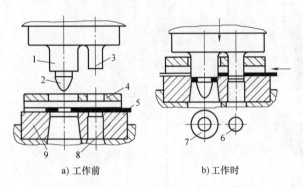

a) 工作前　　　　b) 工作时

图 6-19　连续冲模

1—落料凸模　2—导正销　3—冲孔凸模

4—卸料板　5—条料　6—废料　7—成品

8—冲孔凹模　9—落料凹模

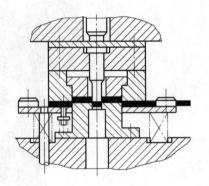

图 6-20　落料与冲孔复合冲模

6.5.4　板料冲压的基本工序

板料冲压的基本工序分为分离工序与变形工序。

1. 分离工序

分离工序是使坯料的一部分相对另一部分相互分离的工序，如剪切、落料和冲孔等。

（1）剪切　剪切是使坯料按不封闭轮廓分离的工序，如图 6-21 所示。其任务是将板料切成具有一定宽度的带料，主要为下一道工序备料。

（2）落料和冲孔　落料和冲孔是坯料按封闭轮廓分离的工序。落料是为了获得冲下的部分，即所要的工件，而周边是废料，如图 6-22 所示；冲孔则相反，冲下的部分是废料，周边为工件，如图 6-23 所示。

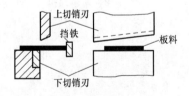

图 6-21　剪切简图

图 6-22　落料简图

（3）整修　整修是将冲裁件的余量切除，以提高加工精度、降低表面粗糙度值的工序，如图 6-24 所示。主要用于精度高、表面质量要求高的零件，经整修后，尺寸公差等级可达 IT7～IT6，表面粗糙度值 Ra 为 $1.6～0.8\mu m$。

（4）切口　切口是将坯料沿不封闭的曲线部分分离的工序，如图 6-25 所示。其分离部分的金属材料发生弯曲变形，最后在坯料上沿不封闭线冲出缺口。

2. 变形工序

变形工序是使坯料的一部分相对于另一部分发生位移而不破裂的工序，如弯曲、拉深等。

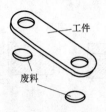

图 6-23　冲孔简图

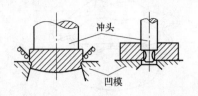

图 6-24　整修简图

（1）弯曲　弯曲是将板料、型材或管材在弯矩作用下弯成一定曲率和角度的工序，如图 6-26 所示。弯曲时坯料外层受拉，内层受压，为防止外层拉裂，凸模的圆角半径 R 不能太小。同时，应尽可能使弯曲部分的拉伸和压缩顺着坯料的纤维方向进行，即弯曲线应尽可能垂直于坯料的纤维方向。

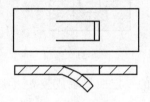

图 6-25　切口简图

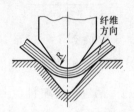

图 6-26　弯曲简图

（2）拉深　拉深是使坯料在一拉一压的应力状态作用下，变形成为中空形状零件而厚度基本不变的加工方法，如图 6-27 所示。凸模与凹模的边缘均做成圆角，以免拉深时将坯料拉裂。有些高度与直径之比较大的零件，不能一次拉深成形，可分几次拉深。在多次拉深时，往往需要进行中间退火，以消除冷变形强化，恢复材料的塑性。

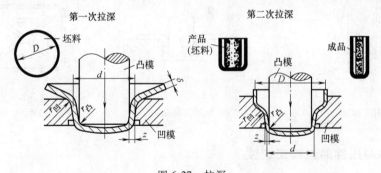

图 6-27　拉深

圆角半径 $r_{凹}=(5\sim15)\delta, r_{凸}\leqslant r_{凹}$，模具间隙 $z=(1.1\sim1.3)\delta$

　　在拉深时，由于坯料边缘在切线方向受到压缩，可能产生波浪形，最后形成折皱，如图 6-28 所示。用压板把坯料周边压紧进行拉深，如图 6-29 所示，可防止这一现象出现。如果拉应力超过拉深件底部的抗拉强度，拉深件底部会被拉裂，如图 6-30 所示。

　　（3）缩口　缩口是将空心件或管件口部直径缩小的成形工序，如图 6-31 所示。

　　（4）胀形　胀形是将空心件轴向方向上的局部区段直径胀大的成形工序，如图 6-32 所示。

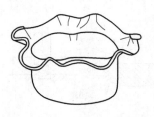

图 6-28 拉深废品——折皱

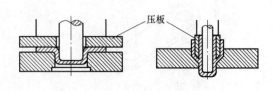

图 6-29 有压板拉深

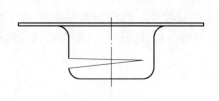

图 6-30 拉裂件

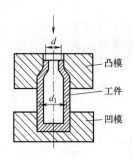

图 6-31 缩口

（5）翻边 翻边是使坯料、半成品沿其内孔或外缘的一定曲线翻成竖立边缘的成形工序，如图 6-33 所示。

（6）起伏 起伏是使板料或制品表面上通过局部变薄获得各种形状的凸起或凹陷的成形工序，如图 6-34 所示。它能提高局部变形部位的强度和刚度。

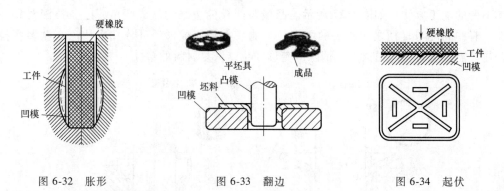

图 6-32 胀形   图 6-33 翻边   图 6-34 起伏

6.5.5 板料冲压件的结构工艺性

在设计冲压件结构、制定冲压工艺和设计模具时，必须要考虑到冲压件的结构工艺性要求。在满足使用性能的条件下，应尽量采用简单的对称外形，这样可使冲压时坯料受力均衡，质量容易保证，模具制造简单，材料利用率高，生产效率高。

1. 落料和冲孔工序对零件的要求

1）零件的形状应使排样时将废料降低到最少，如图 6-35 所示。

2）零件的外形应避免长槽，避免冲压成形细长悬臂零件，如图 6-36 所示（δ 为板厚）。

3）转角处圆角半径 r 与板厚 δ 有关，当 $\alpha > 90°$ 时，$r = (0.3 \sim 0.5)\delta$；当 $\alpha < 90°$ 时，$r = (0.6 \sim 0.7)\delta$，如图 6-37 所示。

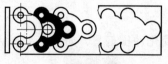

a) 材料利用率高

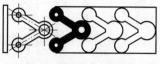

b) 材料利用率低

图 6-35　零件形状与材料利用率

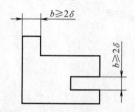

图 6-36　悬臂和窄槽尺寸

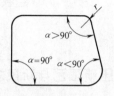

图 6-37　转角圆角半径

4）孔间距离或孔与零件边缘的距离不宜过小，孔径也不能过小，否则会因凸模强度不够而发生折断。一般 $a \geq 2\delta$，并保证 $a > 3 \sim 4$mm，如图 6-38 所示。

2. 弯曲工序对零件的要求

1）弯曲半径不宜小于最小弯曲半径，以免弯裂。$R_{\min} = (0.2 \sim 0.8)\delta$（顺着坯料的纤维方向弯曲）或 $R_{\min} = (0.4 \sim 1.2)\delta$（垂直坯料的纤维方向弯曲）。

2）弯曲边不能过短，一般 $h > 2\delta$，如图 6-39 所示；否则难以获得形状准确的工件。

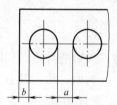

图 6-38　孔与孔、孔与边缘间的距离

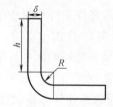

图 6-39　弯曲件边高

3）如果弯曲处附近有孔时，应使孔的位置离开弯曲变形区，否则孔容易变形。一般 $l \geq \delta(\delta < 2$mm$)$ 或 $l \geq 2\delta(\delta \geq 2mm)$，$l$ 是孔缘至弯曲半径中心的距离，如图 6-40 所示。

3. 拉深工序对零件的要求

1）尽量减少拉深零件的高度，减少拉深次数。一般 $d_a < 3d$、$h < 2d$，如图 6-41 所示。

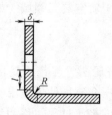

图 6-40　弯曲件孔距

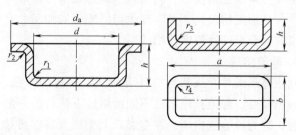

图 6-41　拉深件的结构工艺

2）弯曲处的圆角半径不宜过小，如图 6-41 所示。一般 $r_1 > 2\delta$、$r_2 > (3 \sim 4)\delta$、$r_3 > 3\delta$、

$r_4>0.15\delta$。

    3）对拉深零件的精度要求不宜过高。

    4）复杂的冲压件可采用冲压-焊接结构，简化冲压工艺，如图6-42所示。

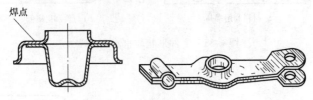

图 6-42   冲压-焊接结构件

6.6   锻压新工艺与新技术简介

    随着科学技术的发展，金属的锻压加工出现了许多新工艺和新技术，使锻压生产向着优质、高效、低消耗的方向发展。

6.6.1   锻压新工艺

1. 精密模锻

    精密模锻是提高锻件精度和表面质量的一种先进工艺。其锻件的精度可达±0.2mm，表面粗糙度值可达$Ra6.3\mu m$，实现了少切削或无屑加工；锻造流线分布合理，力学性能好。精密模锻能锻出形状复杂、尺寸精度要求高的零件，如锥齿轮、叶片等，但对坯料的要求比普通模锻高，需在保护性气氛中加热。

2. 粉末锻造

    粉末锻造是将金属粉末经压实烧结后，作为锻造毛坯的一种锻造方法。其锻件的组织致密、表面粗糙度值低、尺寸精度高，可以少切削或无屑加工。例如，粉末锻造连杆的重量精度可达1%，而锻造连杆的重量精度为2.5%，与常规机加工连杆相比，批量生产可节约加工费35%。

3. 超塑性成形

    超塑性可以理解为金属材料具有超常的均匀塑性变形能力，其伸长率可达到百分之几百、甚至百分之几千。超塑性成形是利用某些金属在特定条件（一定的温度、变形速度和组织条件）下所具有的超塑性来进行塑性加工的方法。这种成形技术是20世纪末期蓬勃发展的金属材料加工新技术，利用这一成形技术可以成形各种形状复杂、用其他方法难以成形的零件，且加工精度高，可实现少切削或无屑加工。它已广泛应用于航空航天领域，如航空发动机的钛合金叶片等锻件的成形。

4. 静液挤压

    利用高压黏性介质给坯料外力而实现挤压的方法，称为静液挤压法。与普通挤压法一样，根据需要，静液挤压可在不同的温度下进行。一般将金属和高压介质均处于室温时的挤压过程，称为冷静液挤压；在室温以上变形金属的再结晶温度以下的挤压过程，称为温静液挤压；而在再结晶温度以上的挤压过程，称为热静液挤压。采用静液挤压法，铜及铜合金小尺寸管材可用高达数百的挤压比实现一次挤压成形，大大简化了生产工艺；同时，由于挤压温度较低,可获得细小再结晶组织的制品。又如,采用静液挤压法挤压钛合金时,挤压温度可大大降低,且挤压制品具有尺寸精度高、表面质量好、性能均匀等特点,同时,还可以提高挤压制品的力学性能。

6.6.2 锻压新技术

1. 采用冶炼新技术,提高大锻件用钢锭的质量

近年来涌现的冶炼新技术(如真空精炼、电渣重炼、钢包精炼等)使钢锭质量大大提高,有利于改善大锻件的内部质量。

2. 采用少氧化或无氧化以及快速加热技术

炉膛内具有惰性保护气氛的无氧化加热炉,可避免坯料在加热过程中出现氧化、脱碳的缺陷。运用煤气快速加热喷嘴和对流传热技术,提高传热效率,加速坯料升温。这一技术主要适用于加热 $\phi100mm$ 以下的棒料。

3. 计算机技术在锻造生产上的应用

将计算机辅助设计和辅助制造技术用于模锻生产上,已取得明显的经济效益。主要是通过人机对话,对模锻工艺过程进行模拟,可使人们预知金属的流动、应变、应力、温度分布、模具受力、可能的缺陷及失效形式。有些软件甚至可以预知产品的显微结构、性能以及弹性恢复和残留应力,这就为优化工艺参数和模具结构提供了一个极为有力的工具,对缩短产品研制周期,降低研制成本,获得最佳模锻工艺方案具有十分重要的意义。据日本效率协会调查统计,计算机辅助设计与辅助制造技术用于模锻生产,设计工时可削减88%,设计期限缩短60%,质量提高39%,成本降低18.9%。

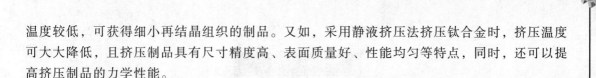
本 章 小 结

本章介绍了自由锻、胎膜锻、锤上模锻和板料冲压等锻压方法,每种方法均有其工艺特点和适用范围,选用时应注意考虑零件的使用性能、锻压性能和经济性等因素。

正确选择锻压方法的原则是:根据生产批量、工厂设备和技术水平等情况,结合各种锻压方法的工艺特点,在保证零件技术要求的前提下,选择工艺简便、生产率高、质量稳定和成本低廉的锻压方法。自由锻、胎模锻和锤上模锻等方法的比较见表6-9。

表 6-9 常用锻造方法比较

加工方法	适用范围	生产率	锻件精度	模具寿命	模具特点	劳动条件	机械化与自动化	单件生产成本	批量生产成本
自由锻	小、中、大型锻件,单件小批量生产	低	低	—	—	差	难	低	高
胎模锻	小、中型锻件,中小批量生产	较高	中	较低	模具简单,不固定在设备上,取换方便	差	较难	中	较低
锤上模锻	中、小型锻件,大批量生产,适合锻造各类型模锻件	高	中	中	锻模固定在锤头和砧座上,模膛复杂,造价高	差	较易	高	低

思考题与习题

6-1　锻压生产有何特点？试举例说明它的应用。

6-2　金属塑性变形分哪几类？它们之间有何区别？

6-3　什么是加工硬化？它在生产中有什么实用意义？

6-4　钢中的锻造流线是怎样形成的？它对锻件的力学性能有何影响？

6-5　现在要制造一重要螺栓，锻造流线怎样分布才合理？试绘图说明，并与切削加工制造的螺栓相比较。

6-6　回复和再结晶对金属组织和性能有何影响？在生产中如何利用？

6-7　钢材锻造时，为什么要先加热？铸铁加热后是否也能锻造？为什么？

6-8　什么是锻造温度范围？确定锻造温度范围的原则是什么？

6-9　常用的锻后冷却方法有哪几种？如何选择？

6-10　自由锻的设备有哪几类？空气锤和水压机各有哪些特点？

6-11　自由锻有哪些基本工序？各工序操作时应注意哪些问题？

6-12　编制自由锻工艺规程的主要步骤有哪些？

6-13　如何绘制锻件图？需考虑哪些因素？

6-14　计算坯料的下料尺寸时应考虑哪些问题？选择锻造工序的依据有哪些？

6-15　什么是模锻？什么是胎模锻？和自由锻相比各有何优缺点？它们的应用范围如何？

6-16　简述板料冲压的特点和应用？它有哪些主要工序？

6-17　简单模、连续模和复合模的主要区别是什么？

6-18　自由锻件和板料冲压件的结构工艺性是如何考虑的？

第7章 焊 接

学习重点

焊接的分类、特点及应用；焊条电弧焊和其他焊接方法的原理、设备、特点与应用。

学习难点

焊接缺陷原因分析。

学习目标

1. 熟悉焊条电弧焊，常用金属材料的焊接。
2. 了解其他焊接方法和常见的焊接缺陷及其产生的原因。

焊接是现代工业生产和工程建设中连接金属构件的重要方法。它是通过加热或加压（或两者并用），以及用或不用填充材料，使被焊金属原子之间相互溶解与扩散，从而实现连接的加工方法。

7.1 焊接工艺基础

7.1.1 焊接的特点、应用与分类

1. 焊接的主要特点

（1）节省材料，减轻重量 焊接的金属结构件比铆接件节省材料10%～25%。采用点焊的飞行器结构，重量明显减轻，油耗降低，运载能力提高。

（2）简化复杂零件和大型零件的制造过程 焊接方法灵活，可化大为小，以简拼繁，加工快，工时少，生产周期短。许多结构都以铸焊、锻焊的形式组合，简化了加工工艺。

（3）适应性强 多样的焊接方法几乎可焊接所有的金属材料和部分非金属材料，可焊范围较广，而且连接性能较好。焊接接头可达到与工件金属等强度，可获得相应的特殊性能。

（4）满足特殊连接要求 不同材料焊接在一起，能使零件的不同部分或不同位置具备不同的性能，满足使用要求，如钻头工作部分与柄的焊接等。

焊接加工在应用中还存在一些不足之处。例如，不同焊接方法的焊接性能有较大差别，焊接接头的组织不均匀，焊接过程所造成的结构应力与变形以及各种裂纹问题等。

2. 焊接在工业生产中的应用

（1）制造金属结构件 焊接方法广泛应用于各种金属结构件的制造，如桥梁、船舶、压力容器、化工设备、机动车辆、矿山机械、发电设备及飞行器等。

（2）制造机器零件和工具 焊接件具有刚性好、改型快、周期短、成本低的优点，适合

于单件小批量生产加工各种机器零件和工具，如机床机架和床身、大型齿轮和飞轮、各种切削工具。

（3）焊接修复　采用焊接方法修复某些有缺陷、失去精度或有特殊要求的工件，可延长工件使用寿命，提高使用性能。

3. 焊接的分类

焊接方法的种类很多，按焊接过程的特点，可归纳为三大类，即熔焊、压焊和钎焊，如图 7-1 所示。

（1）熔焊　熔焊是将两个焊件局部加热到熔化状态，并加入填充金属，冷却凝固后形成牢固的接头。常用的熔焊有电弧焊、气焊、电渣焊、电子束焊、激光焊和等离子弧焊等。

（2）压焊　压焊是在焊接时，不论焊件是否加热，必须对焊件施加一定的压力，使两者结合面紧密接触并产生一定的塑性变形，从而将两焊件连接在一起。常用的压焊有电阻焊、摩擦焊、扩散焊、爆炸焊、冷压焊和超声波焊等。

（3）钎焊　钎焊是指采用比焊件熔点低的钎料和焊件一起加热，使钎料熔化，焊件不熔化，熔化的钎料填充到与焊件连接处的间隙，待钎料凝固后，两焊件被连接在一起的方法。常用的钎焊有锡焊、铜焊等。

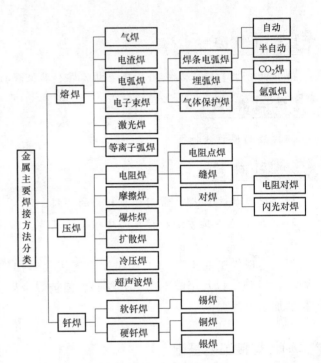

图 7-1　主要焊接方法分类

7.1.2　焊接接头的组织与性能

1. 焊缝的组织与性能

用焊接方法连接的接头称焊接接头，简称接头。焊接时，电弧沿着工件逐渐移动并对工件进行局部加热。因此，在焊接过程中，焊缝及其附近的母材经历了一个加热和冷却的过程。由于温度的不均匀，焊缝附近区域受到一次不同规范的热处理，会引起组织和性能的变化，直接影响焊接质量。离焊缝越远，温度越低；反之，温度就越高。

焊接接头由焊缝区、熔合区和热影响区三部分组成。焊缝两侧因热作用而导致母材的组织和性能发生变化的区域称为焊接热影响区。焊缝和母材的交界线称为熔合线，熔合线两侧有一个比较窄小的焊缝与热影响区的过渡区，称为熔合区。

2. 热影响区及熔合区的组织与性能

图 7-2 所示为低碳钢焊接接头的组织变化情况。图 7-2a 是被焊工件焊接接头各点在焊接过程中被加热的最高温度曲线，图 7-2b 是铁碳合金状态图的一部分，用来对照分析。

（1）熔合区　也称半熔化区，化学成分不均匀，金属组织晶粒粗大，其力学性能最差。

（2）热影响区 由于热影响区各点温度不同，因此，可分为过热区、正火区和部分相变区等。

1）过热区是焊接时金属被加热到 Ac_3 以上 100~200℃ 至固相线温度区间，奥氏体晶粒急剧长大，冷却后产生晶粒粗大的过热组织。因而其塑性及韧性很低，容易产生焊接裂纹。

2）正火区是焊接时金属被加热到 Ac_3 至 Ac_3 以上 100~200℃ 区域，金属发生重结晶，冷却后得到均匀而细小的铁素体和珠光体组织，其力学性能优于母材。

3）部分相变区是焊接时金属被加热到 Ac_1 ~ Ac_3 温度区间，珠光体和部分铁素体发生重结晶，晶粒细化；部分铁素体来不及转变，冷却后晶粒大小不均匀，其力学性能较差。

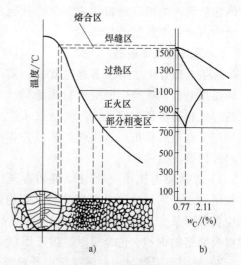

图 7-2 低碳钢焊接接头的组织变化示意图

综上所述，熔合区和过热区是焊接接头中比较薄弱的部分，对焊接质量影响最大。因此，在焊接过程中应尽可能减小其宽度。

焊接接头组织和性能的好坏主要与焊接材料、焊接方法和焊接工艺有关，其中焊接工艺是影响焊接接头组织和性能的主要因素。

7.2 常用焊接方法

7.2.1 焊条电弧焊

焊条电弧焊是利用电弧产生的热量来熔化焊条和部分工件，从而使两块金属连成一体的手工操作焊接方法，如图 7-3 所示。由于使用的设备简单，操作灵活方便，能够适应各种条件下的焊接，因此，成为熔焊中应用最广泛的一种焊接方法。但焊条电弧焊要求操作者技术水平较高，生产率较低，劳动条件较差。

1. 焊接过程

焊条电弧焊的焊接过程如图 7-4 所示。焊接时首先将焊条夹在焊钳上，把工件同电焊机相连接。引燃电弧时，焊条与工件相互接触发生短路，随即提起焊条 2~4mm，在焊条端部和工件之间产生电弧，电弧产生大量的热量将

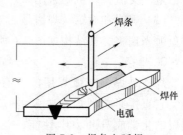

图 7-3 焊条电弧焊

焊条、工件局部加热到熔化状态，焊条端部熔化后形成的熔滴和熔化的母材一起形成熔池，随着电弧的向前移动，新的熔池开始形成。原来的熔池随着温度的降低开始凝固，从而形成连续的焊缝。

焊接电弧由阴极区、阳极区和弧柱区三部分组成。弧柱区温度最高，其中心温度可达5700℃ 以上。使用直流电源焊接时，阴极区放出的热量约占电弧总热量的38%，阳极区放

出的热量约占电弧总热量的 42%，弧柱区放出的
热量约占电弧总热量的 20%。

2. 焊条电弧焊设备

焊条电弧焊的主要设备是电焊机，实际上是
一种弧焊电源。按产生的电流种类不同，分为直
流弧焊机和交流弧焊机。

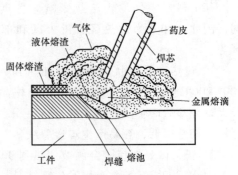

图 7-4 焊条电弧焊焊接过程示意图

（1）直流弧焊机　直流弧焊机分为焊接发电
机和弧焊整流器两种。

1）焊接发电机由交流电动机和直流电焊发
电机组成。采用焊接发电机焊接时电弧稳定，能
适应各种焊条，但结构较复杂，噪声大，成本高。主要适用于小电流焊接，在用低氢型焊条
焊接合金结构钢和有色金属时，需选用直流电焊机。

2）弧焊整流器是一种将交流电通过整流转换为直流电的直流弧焊机。与焊接发电机相
比，弧焊整流器没有旋转部分，结构简单，维修容易，噪声小，其使用已趋普遍。

用直流电焊机焊接时，由于正极和负极上的热量不同，有正接和反接两种接线方法，如
图 7-5 所示。若把阳极接在工件上，阴极接在焊条上，则电弧热量大部分集中在工件上，使
工件熔化，适用于厚板焊接，称为正接法。反之，称为反接法，适用于薄板和有色金属的焊
接。但在使用碱性焊条时，均采用直流反接。用交流电源焊接时，不存在正反接问题。

（2）交流弧焊机　交流弧焊机又称弧焊变压
器，它实际上是一种特殊的降压变压器。它将
220V 或 380V 的电压降到 60～80V（即焊机的空
载电压），以满足引弧的需要。焊接时，电压会
自动下降到电弧正常工作时所需的工作电压 20～
30V。交流电焊机结构简单，制造方便，价格便
宜，节省电能，使用可靠，维修方便，但电弧不
太稳定。交流弧焊机是常用的焊条电弧焊设备。

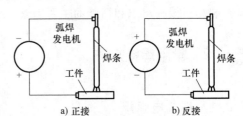

图 7-5　直流电焊机的接线法

（3）焊钳和面罩　焊钳是用来夹持焊条和传递电流的。面罩是用来保护眼睛和面部，以
避免弧光伤害，其结构如图 7-6 所示。

3. 焊条

焊条是焊条电弧焊用的涂有药皮的熔化电
极。它直接影响到焊接电弧的稳定性以及焊缝
金属的化学成分和力学性能，是影响焊条电弧
焊质量的主要因素之一。

（1）焊条的组成　焊条电弧焊使用的焊条
由焊芯和药皮组成，如图 7-7 所示。

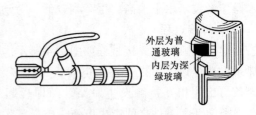

图 7-6　焊钳和面罩

1）焊芯是焊条中被药皮包覆的金属芯，主要作用是导电，产生电弧，提供焊接电源；
作为焊缝的填充金属，与熔化的母材共同形成焊缝。焊芯在焊缝中约占 50%～70%，焊芯的
化学成分和杂质直接影响到焊缝的质量。因此，焊芯都是专门冶炼的，碳、硅含量较低，
硫、磷含量极少。焊芯用钢丝通常采用专用钢丝。焊条的直径是用焊芯的直径来表示的。常

用的焊芯直径有 2.0mm、2.5mm、3.2mm、5.0mm、6.0mm 等几种，长度为 350~450mm。直径为 3.2~5.0mm 的焊芯应用最广。

2）药皮是压涂在焊芯表面的涂料层，由矿石粉和铁合金粉等原料按一定比例配制而成。它的作用是利用渣、气对焊接熔池起机械保护作用；进行物理和化学反应去除杂质，补充有益元素，保证焊缝的成分和力学性能；具有良好的工艺性能，能稳定燃烧、飞溅少、焊缝成形好和易脱渣等。

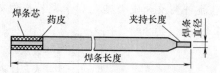

图 7-7　电焊条的组成

根据药皮组成物在焊接中的作用可分为稳弧剂、造气剂、造渣剂、脱氧剂、合金剂、增塑剂、粘结剂和成形剂等。并将药皮分为若干类型，如钛钙型、低氢钠型和低氢钾型等。

（2）焊条的分类、型号和牌号

1）焊条按用途不同共分九类，如表 7-1 所示。按焊条药皮熔化后的特性分两类，如表 7-2所示。

表 7-1　焊条按用途分类

焊条分类	特性或用途	型号举例
碳钢焊条	熔敷金属，在自然气候下具有一定力学性能	E4301
低合金钢焊条	熔敷金属在自然气候环境中具有较强的力学性能	E501-A
不锈钢焊条	熔敷金属具有不同程度的抗腐蚀能力和一定力学性能	E308-15
堆焊焊条	熔敷金属具有一定程度的耐不同类型磨损或腐蚀等性能	EDRCrW-15
铸铁焊条	专门用作焊补或焊接铸铁	EZCQ
镍及镍合金焊条	用作镍及镍合金的焊补、焊接、堆焊；焊补铸铁等	ENiCrFe-1-15
铜及铜合金焊条	用作铜及铜合金的焊补、焊接、堆焊；焊补铸铁等	ECuSi-A
铝及铝合金焊条	用作铝及铝合金的焊接、焊补或堆焊	TA$_2$Mn
特殊用途焊条	用于水下焊接、切割及管状焊条和铁锰铝焊条等	

表 7-2　焊条按熔渣特性分类

焊条分类	熔渣主要成分	焊接特性	型号举例	应　用
酸性焊条	SiO_2 等酸性氧化物及在焊接时易放出氧的物质，药皮里造气剂为有机物，焊接时产生保护气体	焊缝冲击韧度差，合金元素烧损多，电弧稳定，易脱渣，金属飞溅少	E4303	适合于焊接低碳钢和不重要的结构件
碱性焊条	$CaCO_3$ 等碱性氧化物，并含有较多的铁合金作为脱氧剂和合金剂	合金化效果好，抗裂性能好，直流反接，电弧稳定性差，飞溅大，脱渣性差	E5015	主要用于焊接重要的结构件，如压力容器等

2）焊条的型号和牌号。GB/T 5117—2012、GB/T 5118—2012 规定了碳钢焊条和低合金钢焊条型号的编制方法。焊条型号用 E 加四位数字表示：E 表示焊条，前两位数字表示熔敷

金属抗拉强度的最小值，第三位数字表示焊接位置，"0"、"1"表示全位置焊接（平、立、仰、横），"2"表示平焊及平角焊，"4"表示向下立焊，第三位和第四位数字组合表示焊接电流种类及药皮类型。焊条型号举例如下：

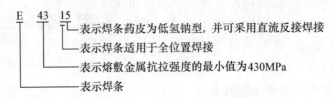

焊条牌号是焊条行业统一的焊条代号。一般用相应的大写拼音字母（或汉字）和三位数字表示，如结422、结507等。拼音字母（或汉字）表示焊条类别，如"结"表示结构钢焊条；前两位数字表示焊缝金属抗拉强度的最小值，单位 MPa，第三位数字表示药皮类型和电源种类。焊条牌号举例如下：

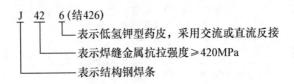

结构钢焊条牌号中数字的含义见表7-3。

表 7-3 结构钢焊条牌号中数字的含义

牌号中第一、第二位数字	焊缝金属抗拉强度等级 /MPa	牌号中第三位数字	药皮类型	焊接电源种类
42	420	0	不属已规定类型	不规定
50	490	1	氧化钛型	交流或直流反接
55	540	2	氧化钛钙型	交流或直流反接
60	590	3	钛铁矿型	交流或直流反接
70	690	4	氧化铁型	交流或直流反接
75	740	6	低氢钾型	交流或直流反接
80	780	7	低氢钠型	直流反接

常用的焊条型号和牌号对照见表7-4。

表 7-4 常用焊条型号和牌号对照表

型号	牌号	型号	牌号
E4303	结 422	E6016	结 606
E4316	结 426	E6015	结 607
E4315	结 427	E7015	结 707
E5003	结 502	E308	奥 102
E5016	结 506	E308L	奥 002
E5015	结 507	E347	奥 132
E515	结 557	E316L	奥 022

3）合理选用焊条对焊接质量、产品成本和劳动生产率都有很大的影响。因此，焊条的选择应在保证焊接质量的前提下，尽可能地提高劳动生产率和降低产品成本。一般应从以下几个方面考虑：

① 根据被焊结构的化学成分和性能要求选择相应的焊条种类。如对于低、中碳钢和普通低合金钢的焊接，一般按母材的强度等级选择相应的焊条；对于耐热钢和不锈钢的焊接，选用与工件化学成分相同或相近的焊条等。

② 对承受动载荷、冲击载荷或形状复杂，厚度、刚度大的焊件，应选用碱性焊条；若被焊件在腐蚀性介质中工作，则应选用不锈钢焊条。

③ 根据焊件的工作条件和结构特点选用焊条。如对于立焊、仰焊可选用全位置焊接的焊条；如果焊接部位无法清理干净时，则应选用酸性焊条等。

④ 在酸性焊条和碱性焊条都能满足要求的情况下，应尽量选用酸性焊条；若需提高焊缝质量，则应选用碱性焊条。

此外，应考虑焊接工人的劳动条件、生产率及经济性等，在满足使用性能的前提下，应尽量选用无毒（或少毒）、生产率高、价格便宜的焊条。

4. 焊条电弧焊工艺

（1）接头形式 根据 GB/T 3375—1994 的规定，焊接碳钢和低合金钢的基本接头形式有：对接接头、角接接头、T 形接头和搭接接头等，如图 7-8 所示。一般根据结构的形状、强度要求，工件厚度，焊接材料消耗量及其焊接工艺等选择接头形式。

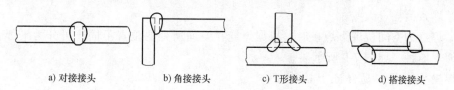

a) 对接接头   b) 角接接头   c) T形接头   d) 搭接接头

图 7-8　常用焊接接头形式

（2）坡口形式 焊条电弧焊对接板材厚度在 6mm 以下时一般不开坡口，只需在接口处留有一定间隙，以保证焊透。对于较厚的工件，为了使焊条能深入到接头底部引弧，保证焊透，焊前应把接头处加工成所需要的几何形状，成为坡口。为了防止烧穿坡口的根部，一般要留 2~3mm 的直边，称钝边。常用的坡口形式、尺寸及焊缝在图样上的标注方法见表 7-5。

表 7-5　焊条电弧焊常用坡口形式、尺寸及标注方法

板厚 δ/mm	名称	符号	坡口形式,坡口尺寸 /mm	焊缝形式	标注方法
1~3	I 形坡口		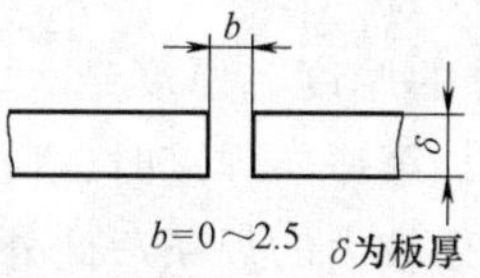	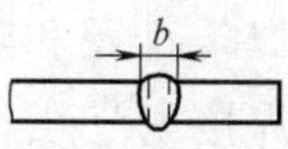 $b=0\sim1.5$	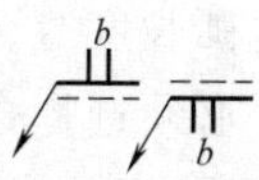
3~6			$b=0\sim2.5$　δ为板厚	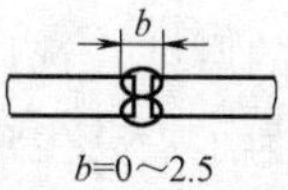 $b=0\sim2.5$	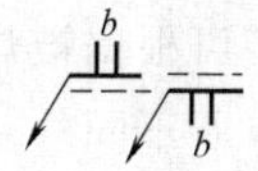

（续）

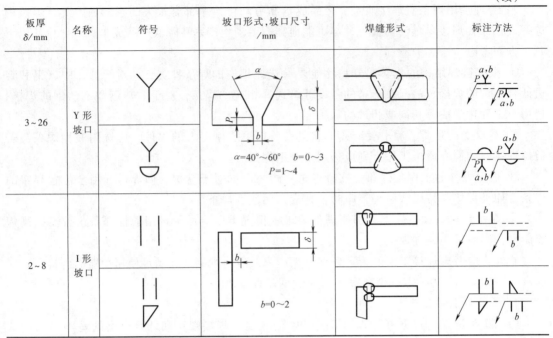

板厚 $\delta/$mm	名称	符号	坡口形式,坡口尺寸 /mm	焊缝形式	标注方法
3~26	Y形坡口		$\alpha=40°\sim60°$　$b=0\sim3$　$P=1\sim4$		
2~8	I形坡口		$b=0\sim2$		

注：表图中 δ 为板厚，P 为钝边高度，α 为坡口角度，a、b 为间隙。

一般情况多采用 I 形坡口直接对接，Y 形坡口通常用于需要单面施焊的情况，且焊后变形较大，焊条消耗量大些。

（3）焊缝的空间位置　焊接时，根据焊缝在空间所处的位置不同，可分为平焊、立焊、横焊和仰焊四种，如图 7-9 所示。

平焊操作方便，易保证焊接质量，生产率高，是首选的焊接方法；立焊焊缝成形较困难，不易操作；横焊时易产生咬边、焊瘤及未焊透等缺陷；仰焊的焊缝成形困难，最不易操作。所以，立焊、横焊、仰焊尽可能避免采用。如果必须采用这些焊接方法时，宜选择较小直径的焊条，较小的电流，短弧操作等工艺措施。

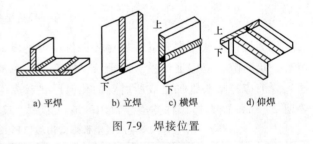

a) 平焊　　b) 立焊　　c) 横焊　　d) 仰焊

图 7-9　焊接位置

（4）焊接规范　焊条电弧焊的焊接参数包括焊条直径、焊接电流、焊接电压、焊接速度和电弧长度等，其中焊条直径和焊接电流为主要参数。为了保证焊接质量和提高劳动生产率，必须选择合理的焊接规范。

1）焊条直径主要取决于被焊工件的厚度。厚度越大，所选用的焊条直径就越粗。在多层焊接时，为了防止焊件根部未焊透，第一层焊接时，应采用直径较小的焊条，以后各层的焊接可根据被焊工件的厚度，选用直径较大的焊条。此外，焊接接头形式不同，焊条的直径也有所不同。一般，为了提高生产率应尽量选较大直径的焊条。平焊低碳钢时，焊条直径可按表 7-6 选取。

表 7-6　平焊低碳钢时焊条直径的选择

工件厚度/mm	2	3	4~5	6~12	>12
焊条直径/mm	2	3.2	3.2~4	4~5	5~6

2）焊接电流的大小是影响焊缝质量和焊接生产率的主要因素。增大焊接电流，可提高生产率。但电流过大，易造成焊缝咬边、烧穿等缺陷；电流过小会使电弧不稳定，易造成未焊透、夹渣等缺陷。影响焊接电流的主要因素是焊条直径和焊缝位置。焊接电流强度和焊条直径的关系，可按经验公式计算，即

$$I = Kd$$

式中　I——焊接电流，单位为 A；

　　　d——焊条直径，单位为 mm；

　　　K——经验系数，一般为 25~60。

平焊时，K 取较大值；立焊、横焊、仰焊时取较小值。在使用碱性焊条时焊接电流要比使用酸性焊条时小些。

3）电弧长度一般不超过 2~4mm。焊接速度以保证焊缝尺寸符合设计图样要求为准。

（5）操作过程

1）引弧，即电弧的引燃，就是使被焊工件和焊条之间产生稳定的电弧。将焊条与工件表面接触形成短路，然后迅速提起焊条并保持 2~4mm，即可产生电弧。引弧方法有碰撞引弧法和摩擦引弧法。

2）运条，即焊条的运动。电弧引燃后，进入正常焊接过程，这时焊条作三个方向的运动：焊条向下均匀送进，以保证弧长不变；焊条沿焊缝方向逐渐向前移动；焊条作横向摆动，以利于熔渣和气体的浮出。

3）焊缝的连接与收尾。焊条电弧焊时，不可能用一根焊条完成一条焊缝，需要将前后焊缝连接起来。衔接时，更换焊条动作要快并选择恰当的连接方法。焊缝收尾时，焊条应停止向前移动，采用划弧收尾法自下而上慢慢地拉断电弧，以便将结尾处的弧坑填满，保证焊缝尾部成形良好。

7.2.2　埋弧焊

埋弧焊是指电弧在焊剂层下燃烧进行焊接的方法。图 7-10 所示为埋弧焊焊机的外形图。

埋弧焊的焊缝形成过程如图 7-11 所示。用电弧作热源，将焊剂（代替焊条药皮）做成颗粒状堆积在焊道上，将光焊丝插入焊剂内引弧，电弧熔化焊丝、焊剂和工件形成熔池，熔

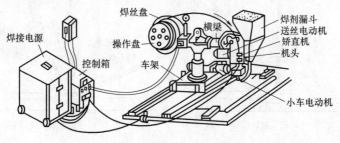

图 7-10　埋弧焊焊机外形图

融金属沉在熔池下部，经冷却结晶形成焊缝，熔化的焊剂形成熔渣浮在熔池上面起保护作用，冷却凝固后形成渣壳，未熔化焊剂经回收处理后再使用。

埋弧焊与焊条电弧焊相比，具有如下优点：

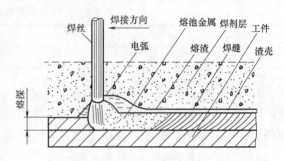

图 7-11　埋弧焊的焊缝形成过程

（1）生产率高　埋弧焊采用大电流焊接（焊接电流可达 800～1000A），电弧热量集中，焊缝的熔深大，较厚的工件不开坡口也能焊透，不需要换焊条，生产率高。

（2）焊接质量好　熔池、焊缝受到焊剂和渣壳的可靠保护，焊接热量集中，焊接速度快，焊件变形小，因而焊缝质量和性能得到提高，焊缝表面成形美观，工件变形小。

（3）节省金属材料与电能　焊缝可以不开或少开坡口，因此可节省填充金属。而且，由于热量损失、金属烧损和飞溅都少，节省了电能的消耗。

（4）改善工人的劳动条件　埋弧焊焊接过程的机械化，大大降低了工人的劳动强度，且埋弧焊是在焊剂层下燃烧，无弧光，放出的气体少，劳动条件得到很大改善。

埋弧焊的缺点是：对于短焊缝、曲折焊缝及薄板焊接困难；设备费用较高；焊接过程看不到电弧，不能及时发现问题。

埋弧焊常用于成批生产，焊缝在水平位置上，被焊工件厚度为 6～60mm 的长直焊缝及较大直径的环形焊缝。在桥梁、造船、锅炉、压力容器及冶金机械制造等工业中广泛应用。

7.2.3　气体保护电弧焊

气体保护电弧焊是用外加气体作为电弧介质并保护电弧和焊接区的电弧焊，简称气体保护焊。常用的有氩弧焊和二氧化碳（CO_2）气体保护焊两种。

1. 氩弧焊

氩弧焊是以氩气作为保护气体的电弧焊。氩气是一种惰性气体，在高温下，它与金属和其他任何元素不发生化学反应，也不溶于金属，能有效地保证焊接质量。按照电极的不同，氩弧焊可分为熔化极（金属极）焊和非熔化极（钨极）焊两种，如图 7-12 所示。

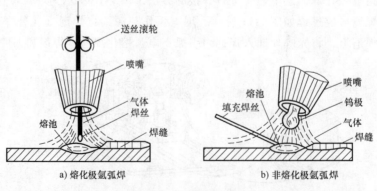

a) 熔化极氩弧焊　　　　　　　　b) 非熔化极氩弧焊

图 7-12　氩弧焊示意图

熔化极氩弧焊焊接时，以连续送进的焊丝作为电极，与埋弧自动焊相似。非熔化极氩弧焊焊接时，电极不熔化，只起导电和产生电弧的作用。

氩弧焊的优点是焊接质量良好，成形好；变形小；电弧稳定，飞溅少；能进行全位置焊接。缺点是设备和控制系统较复杂，焊接成本高。主要用于焊接化学性质活泼的金属材料、不锈钢、耐热钢、低合金钢和某些稀有金属。广泛用于造船、航空、化工、机械及电子等行业。

2. CO_2 气体保护焊（简称 CO_2 焊）

CO_2 气体保护焊是以 CO_2 气体作为保护气体的电弧焊。它用焊丝作为电极，依靠焊丝与工件之间产生的电弧来熔化基体金属与焊丝，如图 7-13 所示。CO_2 气体在电弧的高温下会分解成 CO 和氧原子，具有氧化性，会烧损合金元素，所以，不能用来焊接有色金属和合金钢。焊接低碳钢和低合金钢时，通过用含有合金元素的焊丝来脱氧和掺合金。

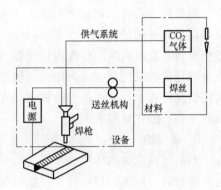

图 7-13 CO_2 气体保护焊的焊接
过程示意图

CO_2 气体保护焊的优点是焊接质量高，生产效率高，操作性能好，焊接成本低。缺点是使用大电流焊接时，电弧飞溅大，焊缝成形不美观，很难用交流电源焊接，焊接设备比较复杂。CO_2 气体保护焊主要用于焊接低碳钢和强度等级不高的低合金结构钢。焊接厚度一般在 $0.8 \sim 4mm$。广泛用于机车车辆、造船及汽车制造等行业。

7.2.4 气焊

气焊是利用气体火焰作为热源，将工件和焊丝熔化而进行焊接的一种方法。最常用的是氧-乙炔焊。乙炔（C_2H_2）为可燃气体，氧气为助燃气体。乙炔和氧气在焊炬中混合，然后从焊嘴喷出燃烧，将工件和焊丝熔化形成熔池，冷却凝固后形成焊缝，如图 7-14 所示。气体燃烧时产生大量的 CO_2 和 CO 气体笼罩熔池，起到保护熔池的作用。气焊使用不带药皮的光焊丝作填充金属。

气焊设备简单、操作灵活方便、不需电源，但气焊火焰温度较低（最高约 3150℃），且热量较分散，生产率低，工件变形大，所以应用不如电弧焊广泛。气焊主要用于焊接厚度在 3mm 以下的薄钢板，铜、铝等有色金属及其合金，低熔点材料以及铸铁焊补等。气焊设备由氧气瓶、乙炔瓶、减压器、回火保护器及焊炬等组成。

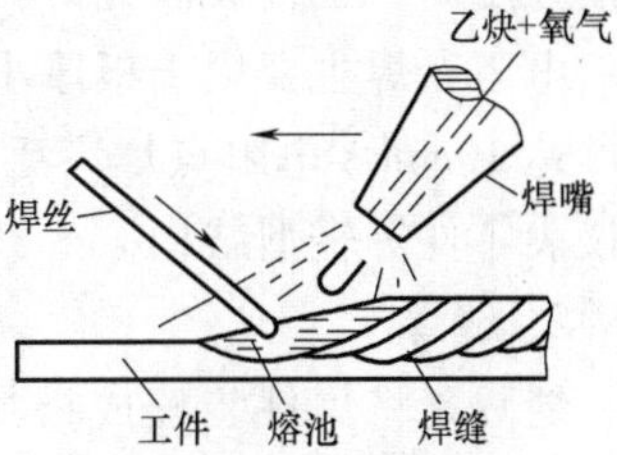

图 7-14 气焊示意图

气焊时通过调节氧气阀和乙炔阀，可以改变氧气和乙炔的混合比例，从而得到三种不同的气焊火焰：中性焰、碳化焰和氧化焰，如图 7-15 所示。

1. 中性焰（正常焰）

当氧气和乙炔的体积比为 $1.1 \sim 1.2$ 时，在一次燃烧区内既无过量氧又无游离碳，燃烧获得中性焰，又称正常焰，由焰心、内焰和外焰三部分组成。焰心呈亮白色清晰明亮的圆锥形，内焰的颜色呈淡橘红色，外焰为橙黄色不甚明亮。焰心温度约900℃，内焰温度最高3150℃左右，焊接时应使熔池和焊丝末端处于内焰这一最高温度区。中性焰在生产上应用最广，适用于低碳钢、中碳钢、低合金钢、不锈钢、纯铜和铝合金等材料的焊接。

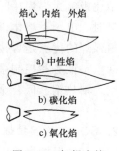

图7-15　气焊火焰

2. 氧化焰

当氧气和乙炔的体积比大于1.2时，燃烧获得氧化焰。氧化焰内焰和外焰层次不清，焰心变短、变尖，火焰长度变短，燃烧有力并发出响声。最高温度可达3100~3300℃。由于氧化焰中有过量的氧气存在，因而对熔池有氧化作用，钢性能变脆，从而影响焊缝质量，所以，氧化焰应用较少，只在焊接黄铜和锡青铜时采用。焊接时生成一层氧化物膜覆盖在熔池上，以防止锌、锡在高温下蒸发。

3. 碳化焰

当氧气和乙炔的体积比小于1.1时，燃烧获得碳化焰。由于向火焰中提供的氧气量不足而乙炔过剩，使火焰焰心拉长，白炽的碳层加厚呈羽翅状延伸至内焰区中。整个火焰燃烧软弱无力，冒黑烟。最高温度可达2700℃~3000℃。由于氧气比较少，燃烧不充分，因而火焰中含有过剩乙炔并分离成游离状态的碳和氢，从而导致焊缝产生气孔和裂纹，所以，碳化焰适用于含碳量较高的高碳钢、铸铁、硬质合金及高速钢的焊接。

7.2.5　电阻焊

电阻焊是指将焊件组合后通过施加压力，利用电流通过接头的接触面及邻近区域产生电阻热进行焊接的方法。其特点是：焊接电流大，生产效率高；焊缝表面平整光洁，质量好；焊接过程简单，易于实现机械化和自动化；焊接变形小，不需填充金属，劳动条件好；但设备复杂，耗电量大，对工件厚度和接头形式有一定限制。

1. 电阻点焊

电阻点焊是指将焊件装配成搭接接头，并压紧在两极间，利用电阻热熔化母材金属，形成焊点的电阻焊接方法，如图7-16所示。由于焊接处熔化的金属不与外界空气接触，所以焊接强度高，工件表面光滑，变形较小。

电阻点焊主要用于板厚小于4mm的薄板结构，特殊情况可达10mm。电阻点焊广泛用于制造汽车车厢、飞机外壳和仪表零件等轻型结构。

2. 缝焊

缝焊是将焊件装配成搭接接头或对接接头并置于两滚轮电极之间，滚轮对焊件边施压边滚动，同时给予连续通电以形成连续焊缝的电阻焊方法。缝焊适用于焊接3mm以下、有密封要求的薄壁搭接结构，如油箱、管道等。

3. 对焊

对焊是利用电阻热使两个被焊工件沿整个接触面焊合的电阻焊方法。按工艺不同分为电阻对焊和闪光对焊。其

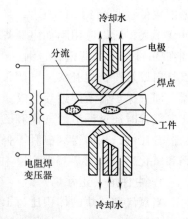

图7-16　电阻点焊示意图

中电阻对焊适用于焊接直径小于20mm，强度要求不高的低碳钢棒料、管材；闪光对焊适用于焊接受力大的重要工件，如切削刀具、异种金属的焊接等。

7.2.6 钎焊

钎焊是将熔点低的金属材料作钎料，和工件共同加热到高于钎料熔点，在工件不熔化的情况下，钎料熔化后填满被焊工件连接处的间隙，并与被焊工件相互扩散形成接头的焊接方法。

钎焊按钎料熔点不同，分为硬钎焊和软钎焊。硬钎焊钎料熔点高于450℃，有铜基、铝基、银基钎料等，适用于焊接工作温度较高，受力较大的工件，如受力较大的钢铁和铜合金构件以及刀具的焊接。软钎焊钎料熔点低于450℃，有锡铅钎料等，主要用于焊接工作温度较低，受力较小的工件，如电子线路的焊接。

钎焊与熔焊相比，优点是加热温度低，接头组织和力学性能变化小，工件变形小；能焊接同种金属或不同种金属；设备简单，易实现自动化；焊接过程简单，生产效率高；钎焊接头强度低，常用搭接接头来提高承载能力。钎焊主要用于精密仪表零件、电气零部件、异种金属构件、复杂薄板构件及硬质合金刀具的焊接。

焊接方法直接影响焊接的质量和成本，应根据焊接现场的设备条件及工艺可靠性、金属的焊接性、焊接方法的特点和结构要求等来选择焊接方法。常用焊接方法的特点见表7-7。

表 7-7 常用焊接方法的特点

焊接方法	可焊空间位置	适用焊接材料	适用厚度/mm	生产率	变形大小	设备费用
焊条电弧焊	全	低碳钢、低合金钢	≥2~50	较低	较小	较低
		不锈钢	≥2			
		铝及铝合金	≥3			
		铜及青铜	≥2			
埋弧焊	平	低碳钢、低合金钢	≥3~150	高	小	较高
		不锈钢	≥3			
		铜	≥4			
氩弧焊	全	铝及铝合金	(钨极)0.5~4	较高	小	较高
			(熔化极)>6			
		铜及铜合金	(钨极)0.5~5			
			(熔化极)>6			
		不锈钢	(钨极)0.5~3			
			(熔化极)>6			
CO_2焊	全	低合金钢、不锈钢	0.8~25	较高	小	较高
气焊	全	低碳钢、低合金钢、不锈钢	0.5~3	低	大	低
电阻点焊	全	低、中碳钢，奥氏体不锈钢	<4	高	小	较低
钎焊	平、立	金属材料		高	小	

7.3 常用金属材料的焊接

7.3.1 金属材料的焊接性

焊接性是指金属材料在一定焊接工艺条件下，获得优质焊接接头的难易程度，也是指金属材料对焊接加工的适应性。它包括焊接接头的接合性能和使用性能两方面的内容。接合性能是指在一定焊接工艺条件下，形成焊接缺陷的敏感性，尤其是出现裂纹的可能性；使用性能是指在一定的焊接工艺条件下，焊接接头对使用要求的适应性，包括力学性能以及耐热、耐蚀等特殊性能。

不同的金属材料，其焊接性有很大的差别。例如，对于低碳钢的焊接，在简单工艺条件下，应用任意一种焊接方法都能获得良好的焊接接头，说明低碳钢的焊接性好；而对于铝的焊接，采用一般的焊接方法（手弧焊、气焊）容易产生气孔、裂纹等缺陷，说明铝的焊接性差，但采用氩弧焊时，却能获得满意的焊接接头，焊接性又变好了。由此可见，金属材料的焊接性是一个相对概念，不仅取决于金属材料的化学成分，还与焊接方法、焊接材料、焊接工艺条件、焊件结构及使用条件有着密切的关系。

钢的焊接性取决于碳及合金元素的含量，其中碳含量对钢的焊接性影响最大，所以常用碳当量来作为评定钢材焊接性的一种参考指标。所谓碳当量，就是把钢中合金元素（包括碳）的含量，按其作用换算成碳的含量，用符号"w_{CE}"表示。国际焊接协会推荐计算碳素结构钢和低合金结构钢的碳当量公式如下

$$w_{CE} = w_C + \frac{w_{Mn}}{6} + \frac{w_{Mn} + w_{Cu}}{15} + \frac{w_{Cr} + w_{Mo} + w_V}{5}$$

式中元素的符号表示其在钢中含量的百分数。根据经验，当 $w_{CE} < 0.4\%$ 时，钢材塑性好，焊接性良好，焊接时一般不需要预热；当 $w_{CE} = 0.4\% \sim 0.6\%$ 时，钢材的塑性下降，易产生淬硬组织及裂纹，焊接性较差，焊接时需采用预热和一定工艺措施；当 $w_{CE} > 0.6\%$ 时，钢材塑性较低，淬硬和裂纹倾向严重，焊接性很差，焊接时需要采用较高的预热温度和严格的工艺措施。

利用碳当量评定钢材的焊接性是粗略的，因为只考虑了被焊工件化学成分的因素，没有考虑结构刚度、使用条件等因素的影响。钢材的实际焊接性，应根据被焊工件的具体情况，再通过焊接性试验来测定。

7.3.2 常用金属材料的焊接

1. 低碳钢的焊接

低碳钢的碳质量分数 $w_C < 0.25\%$（碳当量小于 0.4%），塑性好，淬硬倾向不明显，焊接性良好。一般情况下，不需要焊前预热和焊后热处理等特殊的工艺措施，采用任意一种焊接方法，都能得到优质焊接接头。低碳钢常用的焊接方法有焊条电弧焊、埋弧自动焊、CO_2 气体保护焊和电阻点焊等。

2. 低合金高强度结构钢的焊接

低合金高强度结构钢因其化学成分差异很大，所以焊接性也不同。强度低的低合金高强

度结构钢，当 $w_{CE}<0.4\%$ 时，焊接性良好；当 $w_{CE}\geqslant0.4\%$ 时，焊接性差，焊前需预热；焊接时应增大焊接电流，减慢焊接速度，选用低氢型焊条，减少冷裂纹；焊后要及时进行去应力退火，以消除应力。低合金高强度结构钢常用的焊接方法有焊条电弧焊、埋弧焊、气体保护焊等，在选用时要考虑被焊的钢材种类、结构特点、使用性能要求及生产批量等。

3. 奥氏体不锈钢的焊接

奥氏体不锈钢中虽然 Cr、Ni 元素含量（质量分数）较高，但 C 含量（质量分数）低，具有良好的焊接性。焊接时一般不需要采取工艺措施。常用的焊接方法有焊条电弧焊、埋弧焊和氩弧焊等。焊接时采用小电流、快速焊，焊条不作横向摆动，运条要稳，收尾时注意填满弧坑，焊接电流比焊接低碳钢时要降低 20% 左右。

4. 有色金属的焊接

（1）铝及铝合金的焊接　铝及铝合金的焊接性较差，主要表现在铝极易氧化，易使焊缝产生夹渣；液态铝能吸收大量的氢，易产生气孔；铝及铝合金熔化时无明显颜色变化而不易被察觉，焊接时易烧穿，造成焊接困难；易产生焊接应力和变形，导致裂纹等。所以进行铝及铝合金的焊接时，必须采取特殊工艺措施，才能保证焊接质量。铝及铝合金常用的焊接方法有氩弧焊、气焊、焊条电弧焊和钎焊等。其中氩弧焊是应用最普遍的方法。不管采用哪种焊接方法，焊前都必须进行严格清洗工件，清除被焊部位的氧化物和杂质。

（2）铜及铜合金的焊接　铜及铜合金的焊接性较差，焊接时易产生焊接应力与变形、未焊透、不熔合、夹渣、热裂、气孔等缺陷。焊接时需采用大功率热源，焊前预热，恰当的焊接顺序，焊后需进行热处理，以减小应力，防止变形。铜及铜合金常用的焊接方法有氩弧焊、气焊、焊条电弧焊及钎焊等，其中氩弧焊的接头质量最好。

5. 铸铁的焊接

铸铁中碳的质量分数高，含硫、磷等杂质多，其强度低，塑性差，焊接性差。铸铁一般不能用于制造焊接构件，焊接只用来修补铸铁件的缺陷和局部损坏或断裂。对铸铁缺陷进行焊接修补有很大的经济意义。铸铁焊补的常用方法是气焊和焊条电弧焊。

铸铁焊补时的主要问题是：易产生白口组织、裂纹和气孔。

铸铁的焊补方法有热焊和冷焊两种。热焊是将铸件预热到 600~700℃，焊接过程中温度不低于 400℃，焊后在炉中缓冷。热焊能有效防止白口组织和裂纹的产生，从而获得良好的焊补质量。其缺点是生产率低、成本高、劳动条件差，主要用于焊补结构较复杂、焊补后要切削加工和要求承受较大载荷的铸件。冷焊焊前不需预热，与热焊相比，生产效率高，成本低，劳动条件好，但焊补质量不如热焊，焊缝易产生白口组织和裂纹。因此，主要用于焊补要求不高和怕高温预热引起变形的铸件及非加工表面。

7.4　常见焊缝缺陷及检验

在焊接过程中，焊接接头区域有时会产生不符合设计或工艺文件要求的各种焊接缺陷。焊接缺陷的存在，不但降低承载能力，更严重的是导致脆性断裂，影响焊接结构的使用安全。所以，焊接时应尽量避免焊接缺陷的产生，或将焊接缺陷控制在允许范围内。常见的焊接缺陷有以下几种：

1. 未焊透与未熔合

未焊透是指焊接时接头根部未完全焊透的现象。未熔合是指熔焊时，焊缝与母材之间或焊缝与焊缝之间未完全熔化结合的现象，如图7-17所示。

产生的主要原因有：焊接电流过小；焊接速度过快；未开坡口或坡口角度太小；钝边太厚，间隙过窄；焊条直径选择不当，焊条角度不对等。

2. 气孔与夹渣

气孔是指焊接时，熔池中的气泡在凝固时没能逸出而残留下来所形成的空穴。夹渣是指焊后残留在焊缝中的焊渣，如图7-18所示。

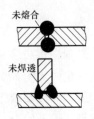

图7-17　未焊透与未熔合

图7-18　气孔与夹渣

其产生的主要原因有：被焊工件焊前清理不干净；焊接材料化学成分不对；焊接速度过快、电流过小；操作不当等。

3. 咬边

咬边是指沿焊趾的母材部位产生的沟槽或凹陷，如图7-19所示。咬边减弱了母材的有效承载截面，并且在咬边处形成应力集中。

产生的主要原因有：焊接电流过大，焊接速度太快，运条方法不当；焊条角度不对，电弧长度不合适。

4. 裂纹

焊接裂纹是危害最大的缺陷，分为热裂纹和冷裂纹，如图7-20所示。热裂纹是指冷却到固相线附近在高温时产生的裂纹，裂纹有氧化色泽，一般发生在焊缝，有时也发生在焊缝附近的热影响区。冷裂纹是指在焊接接头冷却到 $200 \sim 300 ℃$ 以下形成的裂纹。

产生的主要原因有：焊接材料化学成分不当，工件含碳、硫、磷较高；焊接措施和顺序不正确；熔化金属冷却速度过快；被焊工件设计不合理，焊缝过于集中，焊接应力过大等。

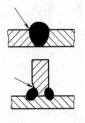

图7-19　咬边

图7-20　裂纹

5. 烧穿

烧穿是指焊接过程中，熔化金属自坡口背面流出，形成穿孔的缺陷，如图7-21所示。

产生的主要原因有：焊接电流过大；电弧在焊缝某处停留时间过长；焊接速度过慢；被

焊工件间隙大，操作不当等。

6. 焊瘤

焊瘤是指焊接过程中，熔化金属流淌到焊缝之外未熔化的母材上所形成的金属瘤，如图 7-22所示。

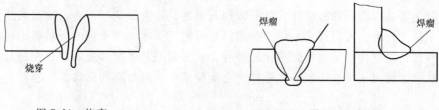

图 7-21 烧穿　　　　　　　　　　图 7-22 焊瘤

产生的主要原因有：电弧过长；操作不熟练，运条不当；立焊时，焊接电流过大等。

7.5 焊接新技术简介

7.5.1 传统焊接方法的新发展

不断改进传统焊接工艺，以实现机械化、焊接过程自动化和智能化为重点，使焊接质量和生产率得到大大提高。如焊条电弧焊中采用铁粉焊条、重力焊条等焊接材料，可提高焊接生产率；埋弧焊中采用多丝焊、热丝焊等工艺，也可大大提高生产效率。目前，电弧焊领域的机械化、自动化发展方向主要是最大限度地采用熔化极气体保护焊和埋弧焊。熔化极气体保护焊由于具有高效、优质、成本低、工艺适应性强、易于实现机械化和自动化等特点，在焊接生产中将占据越来越重要的地位。

7.5.2 高能束焊接方法的应用

高能束焊接方法能量密度高，可一次穿透较厚的焊缝而不需要预制坡口，可焊接任何金属和非金属材料。

1. 等离子弧焊

等离子弧焊是一种借助水冷喷嘴对电弧的拘束作用，以获得较高能量密度的等离子弧进行焊接的方法。其主要特点是：热量高度集中，弧柱温度高，弧流流速大，穿透能力强，焊接速度快，焊接应力及变形小，生产效率高，设备复杂，气体消耗大，不适于在室外焊接等。新开发的交流等离子弧焊使铝、镁及其合金的等离子弧焊成为可能。等离子弧焊主要用于焊接不锈钢、耐热钢、铜、钛及钛合金薄板，以及钨、钼、钴等难熔金属的焊接，焊接质量非常稳定。

2. 真空电子束焊

真空电子束焊是将工件放在真空内，利用真空室内产生的电子束经聚焦和加速，撞击工件后动能转化为热能的一种熔化焊，如图 7-23 所示。现代真空电子束焊机装备先进的控制系统，焊接过程和焊接参数全部由计算机控制。其主要特点是：焊接质量好，特别适合于焊接化学活泼性强、纯度高和极易被大气污染的金属，如钛、不锈钢等；热源能量密度大，熔深大，焊接速度快；焊接变形小；焊接工艺参数调节范围广，焊接过程控制灵活，适应性强；焊接设备复杂、造价高、使用与维护要求技术高等。真空电子束焊在原子能、航空航天等尖端技术部门应用日益广泛。

3. 激光焊

激光焊是以聚焦的激光束作为能源轰击工件所产生的热量进行焊接的方法，如图 7-24 所示。其主要特点为：能量密度大且释放极其迅速，适合于高速加工，能避免热损伤和焊接变形；灵活性较大，可以焊接一般方法难以接近的接头或无法安置的焊接点；可以对绝缘材料直接焊接，对异种金属材料焊接比较容易，甚至能把金属与非金属焊接在一起。激光焊主要用于仪器、微电子工业中超小型元件及空间技术中特种材料的焊接。

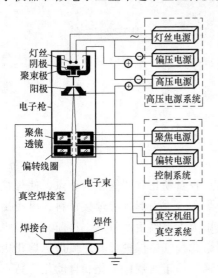

图 7-23　真空电子束焊示意图

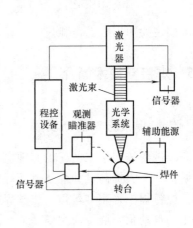

图 7-24　激光焊接示意图

7.5.3　特种焊接方法

1. 超声波焊

超声波焊是利用超声波的高频振荡能对工件接头进行局部加热和表面清理，然后施加压力实现焊接的一种方法。它可以焊接一般方法难以或无法焊接的工件和材料，如铝、铜、镍、金等薄件。主要用于无线电、仪表、精密机械及航空工业等部门。

2. 扩散焊

扩散焊是将工件在高温下加压，但不产生可见变形和相对移动的固态焊接方法。它能焊接同种和异种金属材料，特别适用于焊接一般焊接方法难以焊接的材料，可以焊接结构复杂、薄厚悬殊、材料各异的焊接工件，焊接质量较好。还可用于金属与非金属间的焊接，能用小件拼成力学性能均一和形状复杂的大件，以代替整体锻造和机械加工。扩散焊在航空航天、电子工业等领域得到了广泛的应用。

3. 爆炸焊

爆炸焊是利用炸药爆炸产生的冲击力造成焊件的迅速碰撞，实现连接工件的一种压焊方法。美国"阿波罗"登月宇宙飞船的燃料箱用钛板制成，它与不锈钢管的连接采用了爆炸焊方法。

4. 搅拌摩擦焊

搅拌摩擦焊（Friction Stir Welding，FSW）是基于摩擦焊技术的基本原理，由英国焊接研究所（TWI）于1991年发明的一种新型固相连接技术。与常规摩擦焊相比，其不受轴类零件的限制，可进行板材的对接、搭接、角接及全位置焊接。与传统的熔焊方法相比，搅拌摩擦焊接头不会产生与熔化有关的如裂纹、气孔及合金元素的烧损等焊接缺陷；焊接过程中不需要填充材料和保护气体，使得以往通过传统熔焊方法无法实现焊接的材料通过搅拌摩擦焊技术得以实现连接；焊接前无须进行复杂的预处理，焊接后残余应力和变形小；焊接时无弧光辐射、烟尘和飞溅，噪声低；因而，搅拌摩擦焊是一种经济、高效、高质量的"绿色"焊接技术，被誉为"继激光焊后又一次革命性的焊接技术"。

目前，搅拌摩擦焊技术已在飞机制造、机车车辆和船舶制造等领域得到广泛的应用，主要用于铝及铝合金、铜合金、镁合金、钛合金、铅、锌等有色金属材料的焊接，黑色金属如钢材等的焊接也已成功实现。

 本 章 小 结

本章学习的主要知识点如下所示，各种焊接方法的比较见表7-8。

$$
焊接
\begin{cases}
焊接方法的分类、特点及应用
\begin{cases}
焊条电弧焊 \\
埋弧焊 \\
氩弧焊 \\
CO_2 气体保护焊 \\
气焊 \\
电阻电焊 \\
钎焊
\end{cases} \\
常用金属材料的焊接
\begin{cases}
金属材料的焊接性及评价方法 \\
常用金属材料的焊接：低碳钢、低合金高强度钢、有色金属等
\end{cases} \\
常见焊缝缺陷：未焊透、未熔合、焊瘤、咬边、气孔、裂纹、烧穿、夹渣等 \\
焊接新技术
\begin{cases}
传统焊接方法的新发展 \\
高能束焊接方法的应用 \\
特种焊接方法
\end{cases}
\end{cases}
$$

表7-8 常用焊接方法比较

焊接方法	特 点	应 用
焊条 电弧焊	（1）焊接质量好 （2）焊接变形小 （3）生产率高 （4）设备简单 （5）适应性强，可焊接各种位置和短、曲焊缝	（1）单件小批生产 （2）全位置焊接 （3）短、曲焊缝 （4）厚>1mm的板件焊接
气焊	（1）熔池温度易控制 （2）焊接质量较差 （3）生产率低 （4）焊接变形大 （5）不需要电源，可野外作业 （6）设备简单	（1）铸铁补焊 （2）管子焊接 （3）1~3mm的薄板焊接 （4）野外作业

（续）

焊接方法	特 点	应 用
埋弧焊	(1) 对焊工操作技术要求低 (2) 焊接质量稳定,成形美观 (3) 生产效率高,成本低 (4) 劳动强度高 (5) 适应性差,只适合平焊 (6) 设备较复杂	(1) 成批生产 (2) 能焊长直缝和环缝 (3) 中厚板平焊
氩弧焊	(1) 焊接质量优良 (2) 电弧稳定 (3) 可全位置焊接 (4) 成本高	(1) 铝及钛合金,不锈钢等合金钢焊接 (2) 打底焊 (3) 管子焊接 (4) 薄板焊接
CO_2 气体保护焊	(1) 成本低 (2) 焊薄板变形大 (3) 生产率高 (4) 可全位置焊接 (5) 没有氧化性 (6) 成形较差 (7) 设备使用和维修不方便	(1) 单件小批量或成批生产 (2) 非合金钢和强度级别低的低合金结构钢焊接 (3) 薄板或中板焊接
电阻点焊	(1) 焊接变形小 (2) 生产率高 (3) 设备复杂,成本高	(1) 大批量生产 (2) 可焊异种金属 (3) 可点焊、对焊和缝焊
钎焊	(1) 焊接变形小 (2) 生产率高 (3) 接头强度低 (4) 可焊接异种金属 (5) 可焊复杂的特殊结构	(1) 电子工业 (2) 仪器仪表及精密机械部件的焊接 (3) 异种金属焊接 (4) 复杂的、难焊的特殊结构

思考题与习题

7-1 何谓焊接？它有哪些特点？主要分为哪几类？

7-2 什么叫焊接电弧？焊接电弧基本构造及温度、热量分布怎样？

7-3 什么是直流弧焊机的正接法、反接法？应如何选用？

7-4 焊芯的作用是什么？焊条药皮有哪些作用？

7-5 下列电焊条的型号或牌号的含义是什么？

E4303　E5015　J423　J506　E308

7-6 什么叫热影响区？低碳钢焊接热影响区的组织与性能如何？

7-7 影响焊接接头性能的因素有哪些？如何影响？

7-8 怎样正确选择焊接规范？

7-9 什么是金属材料的焊接性？低碳钢的焊接性如何？

7-10 埋弧焊与焊条电弧焊相比具有哪些特点？埋弧焊为什么不能代替焊条电弧焊？

7-11 常见焊接缺陷有哪些？采用什么方法克服？

7-12 如何选择焊接方法？下列情况应选用什么焊接方法？并简述理由。

1）低碳钢桁架结构，如厂房屋架。

2）纯铝低压容器。

3）低碳钢薄板（厚 1mm）皮带罩。

4）供水管道维修。

第三篇

机械加工工艺基础

第8章 金属切削加工基础

学习重点

车刀角度及其作用；常用切削刀具的特点及应用。

学习难点

金属切削基本理论；金属切削机床的基本原理。

学习目标

1. 掌握切削运动和切削用量的概念，理解车刀角度及其作用。
2. 熟悉常用切削刀具的特点及应用。
3. 能运用金属切削基本理论分析、解释切削过程中的一些物理现象。
4. 了解常用金属切削机床的基本原理和分类的方法。

8.1 金属切削加工的基础知识

8.1.1 切削加工概述

利用刀具和工件之间的相对运动，从毛坯或半成品上切去多余的金属材料，从而获得所需要的几何形状、尺寸精度和表面粗糙度的零件，这种加工方法称为金属切削加工。

常用的切削加工分为钳工加工和机械加工两类，机械加工是靠刀具和工件的相对运动来完成的，这个过程是通过金属切削机床来实现的。

（1）切削加工的分类　金属切削加工方式很多，一般可分为车削加工、铣削加工、钻削加工、镗削加工、刨削加工、磨削加工、齿轮加工及钳工等。

（2）切削加工的特点及应用　工件精度高、生产率高及适应性好，凡是要求具有一定几何尺寸精度和表面粗糙度的零件，通常都采用切削加工方法来完成。

8.1.2 切削运动和切削用量

1. 切削运动

切削加工时，为了获得各种形状的零件，刀具与工件必须具有一定的相对运动，即切削运动，切削运动按其作用不同可分为主运动和进给运动。

（1）主运动　由机床或人力提供的运动，是刀具与工件之间产生的主要运动。在切削运动中，主运动的速度最高，消耗功率最大。如车削时，主运动是工件的回转运动，如图 8-1 所示。牛头刨床刨削时，主运动是刀具的往复直线运动，如图 8-2 所示。

（2）进给运动　使被切削的金属层不断投入切削的运动称为进给运动，是刀具与工件间产生的附加运动。如车削外圆时，进给运动是刀具的纵向移动；车削端面时，进给运动是刀具的横向移动。牛头刨床刨削时，进给运动是工作台的移动。

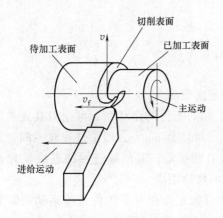

图 8-1　车削运动和工件上的表面

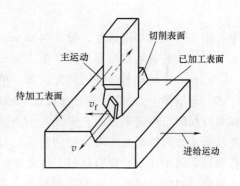

图 8-2　刨削运动和工件上的表面

主运动的运动形式可以是旋转运动，也可以是直线运动；主运动可以由工件完成，也可以由刀具完成；主运动和进给运动可以同时进行，也可以间歇进行；主运动通常只有一个，而进给运动可以是一个或几个。

（3）主运动和进给运动的合成　当主运动和进给运动同时进行时，切削刃上某一点相对于工件的运动为合成运动，常用合成速度向量 v_e 来表示，如图 8-3 所示。

2. 工件表面

切削加工过程中，在切削运动的作用下，工件表面金属不断地被切下变为切屑，从而加工出所需要的新表面。在新表面形成的过程中，工件上有三个依次变化着的表面，它们分别是待加工表面，切削表面和已加工表面，如图 8-1 和图 8-2 所示。其含义是：

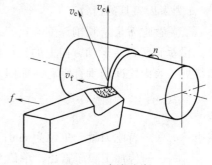

图 8-3　合成速度

（1）待加工表面　即将被切去的金属层的表面。

（2）切削表面　切削刃正在切削而形成的表面，切削表面又称加工表面或过渡表面。

（3）已加工表面　已经切去多余金属层而形成的新表面。

3. 切削用量

切削用量是用来表示切削加工中主运动和进给运动参数的数量。切削用量包括切削速度、进给量、背吃刀量三个要素。

（1）切削速度 v_c　在切削加工时，切削刃选定点相对于工件主运动的瞬时速度称为切削速度，它表示在单位时间内工件和刀具沿主运动方向相对移动的距离，单位为 m/min 或 m/s。

主运动为旋转运动时，切削速度 v_c 计算公式为

$$v_c = \frac{\pi dn}{1000}$$

式中　v_c——切削速度，单位为 m/min 或 m/s；

　　　d——工件直径，单位为 mm；

　　　n——工件或刀具每分（秒）钟转数，单位为 r/min 或 r/s。

　　主运动为往复运动时，平均切削速度为

$$v_c = \frac{2Ln_r}{1000}$$

式中　v_c——平均切削速度，单位为 m/min 或 m/s；

　　　L——往复运动行程长度，单位为 mm；

　　　n_r——主运动每分钟的往复次数，单位为往复次数/min。

　　（2）进给量 f　进给量是刀具在进给运动方向上相对工件的位移量，可用刀具或工件每转或每行程的位移量来表示或度量。车削时进给量的单位是 mm/r，即工件每转一圈，刀具沿进给运动方向移动的距离。刨削的主运动为往复直线运动，其间歇进给的进给量为 mm/双行程，即每个往复行程刀具与工件之间的相对横向移动距离。

　　单位时间的进给量，称为进给速度，它是切削刃选定点相对于工件进给运动的瞬时速度。车削时的进给速度 v_f（mm/min 或 mm/s）计算公式为

$$v_f = nf$$

　　铣削时，由于铣刀是多齿刀具，进给量单位除 mm/r 外，还规定了每齿进给量，用 a_z 表示，单位是 mm/z，v_f、f、a_z 三者之间的关系为

$$v_f = nf = na_z z$$

z 为多齿刀具的齿数。

　　（3）背吃刀量（切削深度）a_p　背吃刀量 a_p 是指主切削刃工作长度（在基面上的投影）沿垂直于进给运动方向上的投影值。对于外圆车削，背吃刀量 a_p 等于工件已加工表面和待加工表面之间的垂直距离，如图 8-15 所示，单位为 mm，即：

$$a_p = \frac{d_w - d_m}{2}$$

式中　a_p——背吃刀量，单位为 mm；

　　　d_w——待加工表面直径，单位为 mm；

　　　d_m——已加工表面直径，单位为 mm。

8.1.3　刀具切削部分的几何角度

　　切削刀具种类很多，如车刀、刨刀、铣刀和钻头等。它们的几何形状各异，复杂程度不等，但它们切削部分的结构和几何角度具有很多共同的特征，其中，车刀是最常用、最简单和最基本的切削工具，最具有代表性。其他刀具都可以看作是车刀的组合或变形（图 8-4）。因此，研究金属切削刀具时，通常以车刀为例进行研究和分析。

1. 车刀的组成

　　车刀由切削部分、刀柄两部分组成。切削部分承担切削加工任务，刀柄用以装夹在机床刀架上。切削部分是由一些面和切削刃组成。我们常用的外圆车刀是由一个刀尖、两条切削

刃、三个刀面组成的，如图 8-5 所示。

1）前刀面 A_γ 是刀具上切屑流过的表面。

2）主后刀面 A_α 是与工件上切削表面相对的刀面。

3）副后刀面 A_α' 是与已加工表面相对的刀面。

4）主切削刃 S 是前刀面与主后刀面的交线，承担主要的切削工作。

5）副切削刃 S' 是前刀面与副后刀面的交线，承担少量的切削工作。

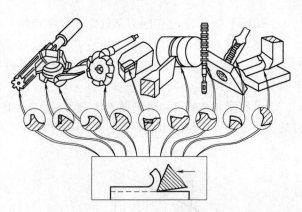

图 8-4 各种刀具切削部分的形状

6）刀尖是主、副切削刃的相交点。实际上，该点是由一段折线或小圆弧组成，小圆弧的半径称为刀尖圆弧半径，用 r_ε 表示，如图 8-6 所示。

2. 刀具几何角度参考系

为了便于确定车刀上的几何角度，常选择某一参考系作为基准，通过测量刀面或切削刃相对于参考系坐标平面的角度值来反映它们的空间方位。

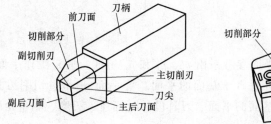

图 8-5 车刀的组成

刀具几何角度参考系有两类，刀具标注角度参考系和刀具工作角度参考系。

（1）刀具标注角度参考系

1）刀具标注角度参考系是刀具设计时标注、刃磨和测量角度的基准，在此基准下定义的刀具角度称刀具标注角度。为了使参考系中的坐标平面与刃磨、测量基准面一致，特别规定了如下假设条件：

① 用主运动向量 v_c 近似地代替相对运动合成速度向量 v_e（即 $v_f = 0$）。

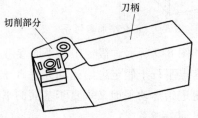

图 8-6 刀尖形状

② 规定刀杆中心线与进给运动方向垂直；刀尖与工件中心等高。

2）根据 ISO 3002/1—1997 标准推荐，刀具标注角度参考系有正交平面参考系、法平面参考系和假定工作平面参考系三种。

① 如图 8-7 所示，正交平面参考系由以下三个平面组成。

基面 p_r 是过切削刃上某选定点，平行或垂直于刀具在制造、刃磨及测量时适合于安装或定位的一个平面或轴线，一般来说其方位要垂直于假定的主运动方向。车刀的基面都平行于它的底面。

主切削平面 p_s 是过切削刃某选定点与主切削刃相切并垂直于基面的平面。

正交平面 p_o 是过切削刃某选定点并同时垂直于基面和切削平面的平面。

过主、副切削刃某选定点都可以建立正交平面参考系。基面 p_r、主切削平面 p_s、正交平面 p_o 三个平面在空间相互垂直。

② 如图8-8所示，法平面参考系由 p_r、p_s 和法平面 p_n 组成。其中法平面 p_n 是过切削刃某选定点垂直于切削刃的平面。

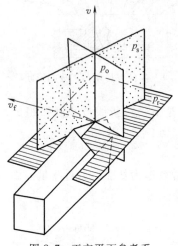

图8-7 正交平面参考系

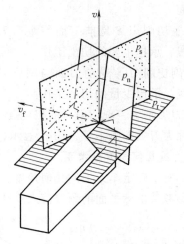

图8-8 法平面参考系

③ 如图8-9所示，假定工作平面参考系由 p_r、p_f 和 p_p 组成。假定工作平面 p_f 是过切削刃某选定点平行于假定进给运动并垂直于基面的平面。背平面 p_p 是过切削刃某选定点即垂直于假定进给运动平面又垂直于基面的平面。刀具设计时标注、刃磨、测量角度时最常用的是正交平面参考系。

（2）刀具工作角度参考系 刀具工作角度参考系是刀具切削加工时的角度基准（不考虑假设条件），在此基准下定义的刀具角度称刀具工作角度。它同样有正交平面参考系、法平面参考系和假定工作平面参考系。

1）刀具标注角度如图8-10所示。

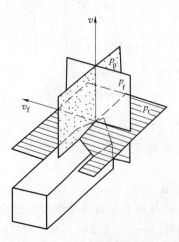

图8-9 假定工作平面参考系

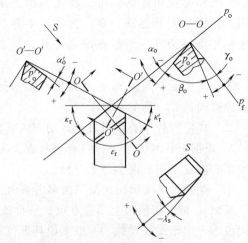

图8-10 车刀的几何角度

① 在基面内测量的角度：

a）主偏角 κ_r 是主切削刃与进给运动方向之间的夹角。

b）副偏角 κ_r' 是副切削刃与进给运动反方向之间的夹角。

c）刀尖角 ε_r 是主切削刃与副切削刃之间的夹角。刀尖角的大小会影响刀具切削部分的强度和导热性能。它与主偏角和副偏角的关系如下，即

$$\varepsilon_r = 180° - (\kappa_r + \kappa_r')$$

② 在主切削刃正交平面内（$O—O$）测量的角度：

a）前角 γ_o 是前刀面与基面间的夹角。当前刀面与基面平行时，前角为零。基面在前刀面以内，前角为负。基面在前刀面以外，前角为正。

b）后角 α_o 是后刀面与切削平面间的夹角。

c）楔角 β_o 是前刀面与后刀面间的夹角。

楔角的大小将影响切削部分截面的大小，决定着切削部分的强度，它与前角 γ_o 和后角 α_o 的关系如下，即

$$\beta_o = 90° - (\gamma_o + \alpha_o)$$

③ 在切削平面内（S 向）测量的角度是刃倾角 λ_s，即主切削刃与基面间的夹角。刃倾角正负的规定如图 8-11 所示。刀尖处于最高点时，刃倾角为正；刀尖处于最低点时，刃倾角为负；切削刃平行于底面时，刃倾角为零。

$\lambda_s = 0$ 的切削称为直角切削，此时，主切削刃与切削速度方向垂直，切屑沿切削刃的法向流出。$\lambda_s \neq 0$ 的切削称为斜角切削，此时，主切削刃与切削速度方向不垂直，切屑的流向与切削刃的法向成一定角度，如图 8-12 所示。

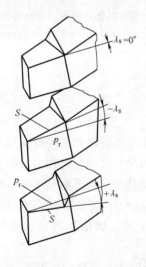

图 8-11 λ_s 的正负规定

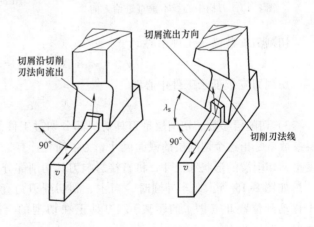

图 8-12 直角切削与斜角切削

④ 在副切削刃正交平面内（$O'—O'$）测量的角度是副后角 α_o'，即副后刀面与副切削刃切削平面间的夹角。

上述的几何角度中，最常用的是前角（γ_o）、后角（α_o）、主偏角（κ_r）、刃倾角（λ_s）、副偏角（κ_r'）和副后角（α_o'），通常称之为基本角度，在刀具切削部分的几何角度

中，上述基本角度能完整地表达出车刀切削部分的几何形状，反映出刀具的切削特点。ε_r、β_o 为派生角度。

2）在切削过程中，由于刀具的安装位置、刀具与工件间相对运动情况的变化，实际起作用的角度与标注角度有所不同，我们称这些角度为工作角度。现在仅就刀具安装位置对角度的影响叙述如下：

① 当车刀刀柄中心线与进给方向不垂直时，实际工作的主偏角 κ_{re} 和副偏角 κ'_{re} 将发生变化，如图 8-13 所示。

$$\kappa_{re} = \kappa_r + G \qquad \kappa'_{re} = \kappa'_r - G$$

② 切削刃安装高于或低于工件中心时，按参考平面定义，通过切削刃作出的实际工作切削平面 P_{se}、基面 P_{re} 将发生变化，所以使刀具实际工作前角 γ_{oe} 和后角 α_{oe} 也随着发生变化，如图 8-14 所示。

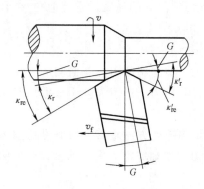

图 8-13　刀柄中心线不垂直进给方向

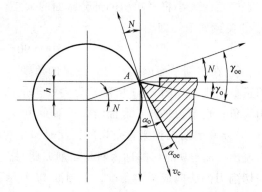

图 8-14　车刀安装高低对前角、后角的影响

注：图中 N 为车刀高度与工件水平中心线间的夹角

切削刃安装高于工件中心时

$$\gamma_{oe} = \gamma_o + N \qquad \alpha_{oe} = \alpha_o - N$$

切削刃安装低于工件中心时

$$\gamma_{oe} = \gamma_o - N \qquad \alpha_{oe} = \alpha_o + N$$

3）切削层参数。切削层是刀具切削部分切过工件的一个单程所切除的工件材料层。切削层参数就是指这个切削层的截面尺寸。为了简化计算，切削层形状、尺寸规定在刀具的基面中度量，切削层的形状和尺寸，将直接影响刀具切削部分所承受的载荷和切屑的尺寸大小。

如图 8-15 所示，车外圆时，当主、副切削刃为直线，且 $\lambda_s = 0$，切削层就是车刀由位置 I 移动到位置 II（即 f 的距离），刀具正在切削的金属层，可见，切削层的形状是平行四边形。

① 切削层公称厚度 h_D 是指垂直于切削表面度量的切削层尺寸，简称切削厚度。

$$h_D = f\sin\kappa_r$$

② 切削层公称宽度 b_D 是指沿切削表面度量的切削层尺寸，简称切削宽度。

$$b_D = a_p/\sin\kappa_r$$

③ 切削层公称横截面积 A_D

$$A_D = fa_p = h_D b_D$$

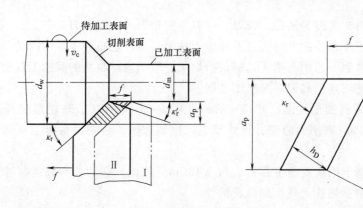

图 8-15　切削层参数

8.1.4　刀具材料

1. 刀具材料应具备的性能

在切削加工时，刀具切削部分与切屑、工件相互接触的表面上承受了很大的压力和强烈的摩擦，刀具在高温下进行切削的同时，还承受着切削力、冲击和振动，因此，要求刀具切削部分的材料应具备以下性能：

（1）高硬度　刀具材料的硬度必须高于工件材料的硬度，常温硬度应在 60HRC 以上。

（2）耐磨性　表示刀具抵抗磨损的能力，通常刀具材料硬度越高，耐磨性越好，材料中硬质点的硬度越高，数量越多，颗粒越小，分布越均匀，则耐磨性越好。

（3）强度和韧性　为了承受切削力、冲击和振动，刀具材料应具有足够的强度和韧性。一般用抗弯强度（σ_{bb}）、冲击韧度（a_K）值表示。

（4）耐热性　刀具材料应在高温下保持较高的硬度、耐磨性、强度和韧性，并具有良好的抗扩散、抗氧化的能力，这就是刀具材料的耐热性。它是衡量刀具材料综合切削性能的主要指标。

（5）工艺性　为了便于加工刀具，要求刀具材料有较好的工艺性，包括锻、轧、焊接、切削加工、磨削加工和热处理等工艺性能。

刀具材料种类很多，常用的有碳素工具钢、合金工具钢、高速工具钢、硬质合金、陶瓷、金刚石（天然和人造）和立方氮化硼等。碳素工具钢（如 T10A、T12A）和合金工具钢（9SiCr、CrWMn），因其耐热性较差，仅用于低速、手工工具。陶瓷、金刚石和立方氮化硼由于太脆、工艺性差及价格高等原因，使用范围较小，目前用得最多的还是高速工具钢和硬质合金。

2. 高速工具钢

高速工具钢是一种加入了钨（W）、钼（Mo）、铬（Cr）、钒（V）等合金元素的高合金工具钢。它的耐热性较碳素工具钢和合金工具钢显著提高，允许的切削速度比碳素工具钢和合金工具钢高两倍以上，热硬温度达 540~600℃。高速工具钢具有较高的强度、韧性和耐磨性。虽然高速工具钢的硬度和耐热性不如硬质合金，但其刀具的刃口强度和韧性比硬质合金高，能承受较大的冲击载荷，可用于刚度较差的机床，而且这种刀具材料的工艺性能较好，容易磨出锋利的刃口，因此，高速工具钢仍是应用较广泛的刀具材料，尤其用于制造结构复杂的刀具，如成形车刀、铣刀、钻头、铰刀、拉刀、齿轮刀具、螺纹刀具等。

高速工具钢按其用途和性能可分为通用高速工具钢，高性能高速工具钢两类。

（1）通用高速工具钢 通用高速工具钢是指加工一般金属材料用的高速工具钢。按其化学成分不同分钨系高速工具钢和钼系高速工具钢。

W18Cr4V 属于钨系高速工具钢，其淬火后的硬度为 63~66HRC，热硬温度可达 620℃，抗弯强度 $\sigma_{bb} = 3430MPa$。磨削性能好，热处理工艺控制方便，是我国高速工具钢中用得比较多的一种。

W6Mo5Cr4V2 钢属于钼系高速工具钢，与 W18Cr4V 相比，它的抗弯强度、冲击韧度和高温塑性较高，故可制造热轧刀具，如麻花钻等。

（2）高性能高速工具钢 高性能高速工具钢是在通用高速工具钢中再加入一些合金元素，以进一步提高它的耐热性和耐磨性。这种高速工具钢的切削速度可达 50~100m/min，具有比通用高速工具钢更高的生产率与刀具使用寿命，同时还能切削不锈钢、耐热钢、高强度钢等难加工的材料。

常用的有高钒高速工具钢 （W12Cr4V4Mo）、高钴高速工具钢 （W2Mo9Cr4VCo8） 和高铝高速工具钢 （W6Mo5Cr4V2Al） 等。

3. 硬质合金

硬质合金是用粉末冶金法制造的合金材料，它是由硬度和熔点很高的碳化物（称为硬质相）和金属（称粘结相）组成。

硬质合金的硬度较高，常温下可达 74~81HRC，它的耐磨性较好，耐热性较高，能耐 800~1000℃ 的高温，因此，能采用比高速钢高几倍甚至十几倍的切削速度；它的不足之处是抗弯强度和冲击韧度较高速钢低，刃口不能磨得像高速钢刀具那样锋利。

常用硬质合金按其化学成分和使用特性可分为四类：钨钴类 （YG），钨钛钴类 （YT）；钨钛钽钴类 （YW）和碳化钛基类 （YN）。

（1）钨钴类硬质合金 是由硬质相碳化钨 （WC）和粘结剂钴 （Co）组成的，其韧性、磨削性能和导热性好。主要适用于加工脆性材料如铸铁、有色金属及非金属材料。这类硬质合金常用牌号和应用范围见表 8-1，代号 YG 后的数值表示钴 （Co）的含量，合金中含钴量越高，其韧性越好，适用于粗加工；含钴量少的，用于精加工。

（2）钨钛钴类硬质合金 是由硬质相 WC、碳化钛 （TiC）和粘结剂 Co 组成的，由于在合金中加入了碳化钛，提高了合金的硬度和耐磨性，但是抗弯强度、耐磨削性能和热导率有所下降，且低温脆性较大，不耐冲击，因此，这类合金主要适用于加工塑性材料，如高速切削一般钢材。钨钛钴类硬质合金常用牌号和应用范围见表 8-1。代号 YT 后的数值表示碳化钛的含量，当刀具在切削过程中承受冲击、振动而容易引起崩刃时，应选用碳化钛含量少的牌号，而当切削条件比较平稳，要求强度和耐磨性高时，应选用碳化钛含量多的刀具牌号。

（3）钨钛钽钴类硬质合金 在钨钛钴类硬质合金中加入适量的碳化钽 （TaC）或碳化铌 （NbC）等稀有难熔金属碳化物，可提高合金的高温硬度、强度、耐磨性、粘结温度和抗氧化性，同时，韧性也有所增加，具有较好的综合切削性能，所以人们常称它为"万能合金"。但是，这类合金的价格比较高，主要用于加工难切削材料。

（4）碳化钛基类硬质合金 是由碳化钛作为硬质相，镍、钼作为粘结剂而组成的，硬度高达 90~95HRA。有高的耐磨性，在 1000℃ 以上的高温下，它仍能进行切削加工，适合对较高硬度的合金钢、工具钢、淬硬钢等进行切削加工。

表 8-1 硬质合金常用牌号和应用范围

牌　　号			应用范围
YG3X			铸铁,有色金属及其合金的精加工、半精加工,不能承受冲击载荷
YG3			铸铁,有色金属及其合金的精加工、半精加工,不能承受冲击载荷
YG6X			普通铸铁、冷硬铸铁、高温合金的精加工、半精加工
YG6			铸铁、有色金属及其合金的半精加工和粗加工
YG8	硬度、耐磨性、切削速度	抗弯强度、韧性、进给量	铸铁、有色金属及其合金、非金属材料的粗加工,也可用于断续切削
YG6A			冷硬铸铁、有色金属及其合金的半精加工,亦可用于高锰钢、淬硬钢的半精加工和精加工
YT30			碳素钢、合金钢的精加工
YT15			碳素钢、合金钢在连续切削时的粗加工、半精加工,亦可用于断续切削时精加工
YT14			同 YT15
YT5			碳素钢、合金钢的粗加工,可用于断续切削
YW1			高温合金、高锰钢、不锈钢等难加工材料及普通钢料、铸铁、有色金属及其合金的半精加工和精加工
YW2			高温合金、不锈钢、高锰钢等难加工材料及普通钢料、铸钢、有色金属的粗加工和半精加工

8.1.5 金属切削过程

金属切削过程是工件上多余的金属材料不断被刀具切下成为切屑,形成已加工表面的过程。这一过程会发生一系列的物理现象(切削热、刀具磨损等),直接或间接影响工件的加工质量和生产率。

1. 切屑的形成和切屑种类

(1) 切屑的形成过程　实验研究表明,金属切削与非金属切削不同,金属切削的特点是被切金属层在刀具的挤压、摩擦作用下产生变形后转变为切屑形成已加工表面。

图 8-16 所示为根据金属切削实验绘制的金属切削过程中的变形滑移线和流线,工件上的被切削层在刀具的挤压作用下,沿切削刃附近的金属首先产生弹性变形,当应力达到金属材料的屈服极限时,切削层金属沿倾斜的剪切面变形区滑移,产生塑性变形,在沿前刀面流出去的过程中,受摩擦力作用再次发生滑移变形,最后形成切屑。通常把被切削刃作用的金属层划分为三个变形区。

(2) 切屑的类型　当工件材料的性能不同或切削条件不同时,会产生不同类型

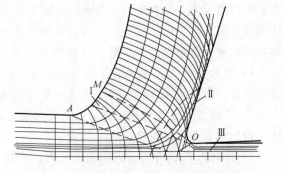

图 8-16 金属切削过程中的滑移线和流线

注:*OM* 为终剪切线或终滑移线;*OA* 为始剪切线或始滑移线。

的切屑，并对切削加工产生不同的影响。常见的切屑种类大致有四类，如图 8-17 所示。

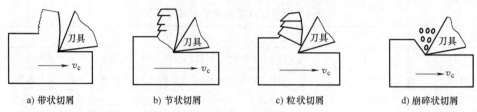

a) 带状切屑　　　　b) 节状切屑　　　　c) 粒状切屑　　　　d) 崩碎状切屑

图 8-17　切屑类型

1）在切削过程中，切削层变形终了时，若金属的内应力还没有达到强度极限时，就会形成连绵不断的切屑。切屑靠近前刀面的一面很光滑，另一面呈毛茸状，是带状切屑。

2）在切屑形成过程中，若切屑变形较大，其剪切面上局部所受到的切应力达到材料的强度极限时，则剪切面上的局部材料就会破裂成节状，但与前刀面接触的一面互相连接而未被折断，这就是挤裂切屑（又称节状切屑）。

3）在切屑形成过程中，若整个剪切面上所受到的切应力均超过材料的破裂强度时，则切屑就成为粒状切屑（又称单元切屑），形状似梯形。

4）切削铸铁、黄铜等脆性材料时，切削层几乎不经过塑性变形阶段就产生崩裂，得到的切屑呈现不规则的粒状，是崩碎状切屑，工件加工后的表面也极为粗糙。

前三种切屑是切削塑性金属时得到的，形成带状切屑时切削过程最平稳，切削力波动较小，已加工表面粗糙度值较小；但带状切屑不易折断，常缠在工件上，损坏已加工表面，影响生产，甚至伤人。因此，要采取断屑措施，例如在前刀面上磨出断屑槽等。形成粒状切屑时，切削力波动最大。在生产中常见的是带状切屑，当进给量增大，切削速度降低，则可由带状切屑转化为挤裂切屑。在形成挤裂切屑的情况下，如果进一步减小前角，或加大进给量，降低切削速度，就可以得到粒状切屑，反之，如果加大前角，减小进给量，提高切削速度，变形较小，则可得到带状切屑。这说明切屑的形态是可以随切削条件而转化的。

2. 切削力

金属切削时，刀具切入工件，使被切金属层发生变形成为切屑所需要的力称为切削力。研究切削力对刀具、机床、夹具的设计和使用都具有重要的意义。

（1）切削力的来源、合力及其分力　金属切削时，切削力来源于两个方面，一是克服在切屑形成过程中，工件材料对弹性变形和塑性变形的变形抗力，二是克服切屑与前刀面和后刀面的摩擦阻力。变形抗力和摩擦力形成了作用在刀具上的合力 F，在切削时合力 F 作用在切削刃空间某个方向，由于大小与方向都不易确定，因此，为了便于测量、计算和反映实际作用的需要，常将合力 F 分解为互相垂直的 F_c、F_f 和 F_p 三个分力，如图 8-18 所示。

1）切削力 F_c，在主运动方向上的分力，它与加工表面相切，并与基面垂直。F_c 是计算刀具强度，设计机床零件，确定机床功率等的主要依据。

2）进给力 F_f，在进给运动方向上的分力，它处于基面内与进给方向相反。F_f 是设计机床进给机构和确定进给功率的主要依据。

3）背向力 F_p，在切深方向上的分力，它处于基面内并垂直于进给运动方向。F_p 是计算工艺系统刚度等的主要依据。它也是使工件在切削过程中产生振动的力。

由图 8-18 可以看出，进给力 F_f 和背向力 F_p 的合力 F_D 作用在基面上且垂直于主切

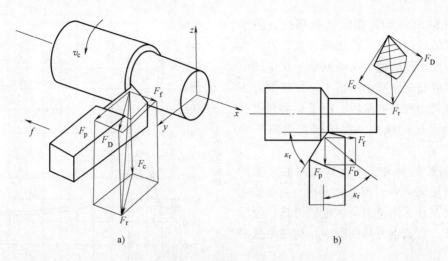

图 8-18 切削合力及其分力

削刃。

F_r、F_D、F_f、F_p 之间的关系为

$$F_r = \sqrt{F_c^2 + F_D^2} = \sqrt{F_c^2 + F_f^2 + F_p^2}$$

$$F_f = F_D \sin\kappa_r \qquad F_p = F_D \cos\kappa_r$$

（2）影响切削力的主要因素

1）工件材料的强度、硬度越高，剪切屈服强度 τ_s 也就越高，切削时产生的切削力就越大。如加工 60 钢的切削力 F_c 比 45 钢增大 4%，加工 35 钢的切削力 F_c 比 45 钢减小 13%。工件材料的塑性、冲击韧度越高，切削变形越大，切屑与刀具间摩擦增加，则切削力越大。例如不锈钢的伸长率较大，所以切削时变形大，切屑不易折断，加工硬化严重，产生的切削力比较大。加工脆性材料时，因塑性变形小，切屑与刀具间摩擦小，切削力较小。

2）前角 γ_o 增大，切削变形减小，故切削力减小。主偏角对切削力 F_c 的影响较小，而对进给力 F_f 和背向力 F_p 影响较大。由图 8-19 可知，当主偏角增大时，F_f 增大，F_p 减小。

实践证明，刃倾角 λ_s 在很大范围（$-40° \sim 40°$）内变化时，对 F_c 没有什么影响，但 λ_s 增大时，F_f 增大，F_p 减小。

3）切削用量对切削力的影响较大，背吃刀量和进给量增加时，使切削面积 A_D 成正比增加，变形抗力和摩擦力加大，切削力随之增大；当背吃刀量增大一倍时，切削力近似成正比增加；进给量 f 增大一倍时，切削面积 A_D 也成正比增加，但变形程度减小，使切削层单位面积切削力减小，切削力只增大 70%~80%。

切削塑性材料时，切削速度对切削力的影响，分为有积屑瘤阶段和无积屑瘤阶

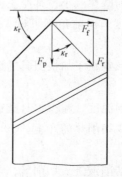
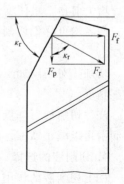

图 8-19 主偏角对 F_f 和 F_p 的影响

段。如图 8-20 所示，在低速范围内，随着切削速度的增加，积屑瘤逐渐长大，刀具实际前角增大，使切削力逐渐减小。在中速范围内，积屑瘤逐渐减小并消失，使切削力逐渐增至最大。在高速阶段，由于切削温度升高，摩擦力逐渐减小，使切削力得到平稳下降。

4）刀具材料与工件材料之间的摩擦因数 μ 会直接影响到切削力的大小。一般按立方氮化硼刀具、陶瓷刀具、涂层刀具、硬质合金刀具、高速钢刀具的顺序，切削力依次增大。

切削液有润滑作用，可以通过减小摩擦因数使切削力降低。切削液的润滑作用愈好，切削力的降低愈明显。在较低的切削速度下，切削液的润滑作用更为突出。

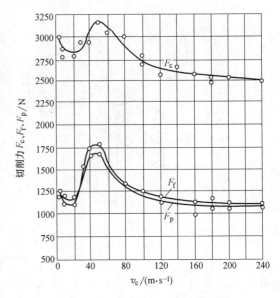

图 8-20 切削速度对切削力的影响

3. 切削热和切削温度

切削热是切削过程的重要物理现象之一。切削温度影响工件材料的性能、前刀面上的摩擦因数和切削力的大小；影响刀具的磨损和刀具寿命；影响积屑瘤的产生和加工表面质量；也影响工艺系统的热变形和加工精度。因此，研究切削热和切削温度具有重要的实际意义。

切削过程中，由于切削层变形及刀具与工件、切屑之间的摩擦产生的热称为切削热。切削热产生后是通过切屑、工件、刀具以及周围介质（如空气、切削液）传导和辐射出去的。

切削热的产生与传导影响切削区的温度，切削区的平均温度称为切削温度。切削温度过高是刀具磨损的主要因素；工件的热变形则影响工件的尺寸精度和表面质量。实际上，切削热对加工的影响是通过切削温度体现的。

切削时消耗的功越多，产生的切削热就越多，所以工件的强度、硬度越高或增加切削用量，都会使切削温度上升。但是切削用量的增加也影响了散热条件，如 v_c 增加一倍，切削温度升高 20%~30%；f 增加一倍，切削温度升高 10%；a_p 增加一倍，切削温度只升高 3%。为了有效地控制切削温度，选用大的背吃刀量和进给量比选用大的切削速度有利。刀具角度中，增大前角，可使变形和摩擦减小；减小主偏角可增加主切削刃的工作长度，改善散热条件，两者均可降低切削温度。但前角不可过大，以免刀头散热面积减小，不利于降低切削温度。

切削热对切削加工的影响在于加快刀具的磨损，导致工件的膨胀，引起工件变形，影响加工精度。

浇注切削液对降低切削温度，减少刀具磨损和提高加工表面质量有明显的作用。切削液的润滑可以减小摩擦，减少切削热的产生。

4. 切削液的选择

（1）切削液的作用　切削液进入切削区，可以改善切削条件，提高工件加工质量和切削效率。与切削液有相似功效的还有某些气体和固体，如压缩空气、二硫化铝和石墨等。切削液的主要作用如下：

1）切削液能从切削区域带走大量的热，降低切削温度。切削液冷却性能的好坏，取决于它的热导率、比热容、汽化热、汽化速度、流量和流速等。

2）切削液能渗入到刀具与切屑和加工表面之间，形成一层润滑膜或化学吸附膜，能减小它们之间的摩擦。切削液润滑效果主要取决于切削液的渗透能力、吸附成膜的能力和润滑膜的强度等。

3）切削液大量流动，可以冲走切削区域和机床上的切屑以及脱落的磨粒。切削液清洗性能的好坏，主要取决于切削液的流动性、使用压力和切削液的油性。

4）在切削液中加入防锈剂，可在金属表面形成一层保护膜，对工件、机床、刀具和夹具等都能起到防锈作用。切削液防锈作用的强弱，取决于切削液本身的成分和添加剂的作用。

（2）切削液添加剂　为改善切削液的性能常在其中加入添加剂。常用的添加剂有以下几种：

1）油性添加剂，含有极性分子，能在金属表面形成牢固的吸附膜，在较低的切削速度下起到较好的润滑作用。常用的油性添加剂有动物油、植物油、脂肪酸、胶类、醇类和脂类等。

2）极压添加剂，含有硫、磷、氯、腆等元素的有机化合物，在高温下与金属表面起化学反应，形成耐较高温度和压力的化学吸附膜，能防止金属界面直接接触，从而减小摩擦。

3）表面活性剂，使矿物油和水乳化，形成稳定乳化液的添加剂。表面活性剂是一种有机化合物，还能吸附在金属表面上，形成润滑膜，起油性添加剂的润滑作用。常用的表面活性剂有石油磺酸钠、油酸钠皂等。

4）防锈添加剂，是一种极性很强的化合物，与金属表面有很强的附着力，吸附在金属表面上形成保护膜或与金属表面化合形成钝化膜，起到防锈作用。常用的防锈添加剂有碳酸钠、三乙醇胺和石油磺酸钡等。

（3）常用切削液的种类与选用

1）水溶液的主要成分是水，其中加入了少量具有防锈和润滑作用的添加剂。水溶液的冷却效果良好，多用于普通磨削加工。

2）乳化液是将乳化油（由矿物油、表面活性剂和其他添加剂配成）用水稀释而成，用途广泛。低浓度的乳化液冷却效果较好，主要用于磨削、粗车、钻孔加工等。高浓度的乳化液润滑效果较好，主要用于精车、攻螺纹、铰孔、插齿加工等。

3）切削油主要是矿物油（如机油、轻柴油、煤油等），少数采用动植物油或复合油。普通车削、攻螺纹时，可选用机油。精加工有色金属或铸铁时，可选用煤油。加工螺纹时，可选用植物油。在矿物油中加入一定量的油性添加剂和极压添加剂，能提高其高温、高压下的润滑性能，可用于精铣、铰孔、攻螺纹及齿轮加工。

5. 刀具磨损和刀具寿命

进行金属切削加工时，刀具一方面将切屑切离工件，另一方面自身也要发生磨损或破损。磨损是连续的、逐渐的发展过程；而破损则一般是随机的、突发的破坏（包括脆性破损和塑性破损）。这里仅分析刀具的磨损。

（1）**刀具的磨损形式**　刀具的磨损形式有以下三种，如图8-21所示。

1）切削塑性材料时，如果切削速度和切削厚度较大，刀具前刀面上会形成月牙洼磨损。它以切削温度最高点的位置为中心开始发生，然后逐渐向前向后扩展，深度不断增加。当月牙洼发展到前缘与切削刃之间的棱边变得很窄时，切削刃强度降低，容易导致切削刃破损。前刀面月牙洼磨损值以其最大深度 KT 表示。

2）后刀面与工件表面实际接触面积很小，所以接触压力很大，存在着弹性和塑性变形，因此，磨损就发生在这个接触面上。

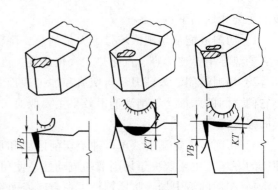

a) 后刀面磨损　　b) 前刀面磨损　　c) 前后刀面同时磨损

图 8-21　刀具磨损形式

在切削铸铁和以较小的切削厚度切削塑性材料时，主要也是发生这种磨损。后刀面磨损带宽度往往是不均匀的，可划分为三个区域，如图 8-22 所示。

C 区刀尖磨损，强度较低，散热条件又差，磨损比较严重，其最大值为 VC。

N 区边界磨损，切削钢材时主切削刃靠近工件待加工表面处的后刀面（N 区）上，磨成较深的沟，以 VN 表示。这主要是工件在边界处的加工硬化层和刀具在边界处较大的应力梯度和温度梯度所造成的。

B 区中间磨损，在后刀面磨损带的中间部位磨损比较均匀，其平均宽度以 VB 表示，而其最大宽度以 VB_{max} 表示。

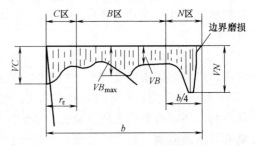

图 8-22　后刀面磨损情况

3）在常规条件下，加工塑性金属常常出现图 8-21c 所示的前后刀面同时磨损的情况。

（2）刀具磨损的原因　刀具磨损不同于一般的机械零件的磨损，因为与刀具表面接触的切屑底面是活性很高的新鲜表面，刀面上的接触压力很大（可达 $2 \sim 3GPa$）、接触温度很高（如硬质合金加工钢材，可达 1000℃ 以上），所以刀具磨损存在着机械、热和化学的作用，既有工件材料硬质点的刻划作用而引起的磨损，也有粘结、扩散、腐蚀等引起的磨损。

（3）刀具的磨损过程及磨钝标准

1）如图 8-23 所示，刀具的磨损过程可分为三个阶段：

① 初期磨损阶段，这一阶段的磨损速度较快，因为新刃磨的刀具表面较粗糙，并存在显微裂纹、氧化或脱碳等缺陷，而且切削刃较锋利，后刀面与加工表面接触面积较小，压应力较大，所以容易磨损。

② 正常磨损阶段，经过初期磨损后，刀具粗糙表面已经磨平，缺陷减少，刀具后刀面与加工表面接触面积变大，压强减小，进入比较缓慢的正常磨损阶段。后刀面的磨损量与切削时间近似地成比例增加。正常

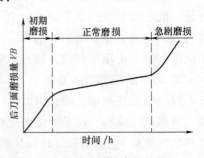

图 8-23　刀具的磨损过程

切削时，这个阶段时间较长，是刀具的有效工作时间。

③ 急剧磨损阶段，当刀具的磨损带达到一定程度，后刀面与工件摩擦过大，导致切削力与切削温度迅速升高，磨损速度急剧增加。生产中为了合理使用刀具，保证加工质量，应该在发生急剧磨损之前就及时换刀。

2）刀具磨损到一定限度后就不能继续使用，这个磨损限度称为磨钝标准。由于多数切削情况下都可能出现后刀面的均匀磨损量，而 VB 值比较容易测量和控制，因此，常用 VB 值来研究磨损过程，并作为刀具的磨钝标准。ISO 标准统一规定以 1/2 背吃刀量处的后刀面上测定的磨损带宽度 VB 作为刀具的磨钝标准。自动化生产中的精加工刀具，常以沿工件径向的刀具磨损尺寸作为刀具的磨钝标准，称为径向磨损量 NB。

在国家标准《单刃车削刀具寿命试验》（GB/T 16461—2016）中规定高速工具钢刀具、硬质合金刀具的磨钝标准见表 8-2。

表 8-2　高速工具钢刀具、硬质合金刀具的磨钝标准

工件材料	加工性质	磨损带宽度 VB/mm	
		高速工具钢	硬质合金
碳钢、合金钢	粗车	1.5~2.0	1.0~1.4
	精车	1.0	0.4~0.6
灰铸铁、可锻铸铁	粗车	2.0~3.0	0.8~1.0
	半精车	1.5~2.0	0.6~0.8
耐热钢、不锈钢	粗车、精车	1.0	1.0

（4）刀具寿命　在实际生产中，为了更加方便、快速、准确地判断刀具的磨损情况，一般以刀具寿命来间接地反映刀具的磨钝标准。刀具寿命 T 的定义为：刀具由刃磨后开始切削，一直到磨损量达到刀具的磨钝标准所经过的总切削时间（单位 min）。

刀具寿命反映了刀具磨损的快慢程度。刀具寿命长表明刀具磨损速度慢；反之则表明刀具磨损速度快。影响切削温度和刀具磨损的因素都同样影响刀具寿命。切削用量对刀具寿命的影响较为明显。切削速度对刀具寿命影响最大，进给量次之，背吃刀量最小。这与三者对切削温度的影响顺序完全一致，反映出切削温度对刀具寿命有重要的影响。

刀具寿命是一个具有多种用途的重要参数，如用来确定换刀时间；衡量工件材料切削加工性和刀具材料切削性能的优劣；判定刀具几何参数及切削用量的选择是否合理等，都可用它来表示和说明。

6. 提高切削加工质量的途径

零件的加工质量包括加工精度和表面质量两部分。加工精度是指经过加工的零件，其尺寸、形状以及相互位置等参数的实际值与其理想值的符合程度；表面质量是指零件经过加工后的表面粗糙度、表面层的加工硬化以及表面残留应力的性质和大小。

切削加工时，影响零件加工质量的因素很多。以下主要讨论刀具以及切削用量对加工质量的影响。

（1）合理选用刀具角度

1）前角对刀具的切削性能影响最大。增大前角使刃口锋利，但会使刃口强度削弱。选

择前角的原则是既要保证刃口锋利，也要保证其强度。用硬质合金刀具车削钢材时前角可取 $10°～25°$；车削灰铸铁前角可取 $5°～15°$；车削铝合金前角可取 $30°～35°$。强力切削时，为增强刀具的强度，则采用负的前角。

2）后角用来减小主后刀面与工件切削表面之间的摩擦，并与前角共同影响刃口的锋利程度与强度。后角的选择原则是在保证加工质量和刀具寿命的前提下，尽可能取小值。一般粗加工时切削力较大，为保证刃口的强度，后角应小些（可取 $6°～8°$）；精加工时切削力较小，为减小摩擦、提高表面加工质量，应取较大的后角（$10°～12°$）。

3）主偏角的大小间接影响刀具的寿命，也直接决定径向分力的大小。减小主偏角能增大刀尖的强度，改善散热条件，增加切削刃的工作长度，从而有利于提高刀具寿命；而增大主偏角，则有利于减小径向分力，可避免引起加工中的振动和工件变形。较小的主偏角适用于刚度较好的工艺系统，以提高刀具寿命；而工艺系统刚度差时，必须选用较大的主偏角。一般主偏角在 $30°～75°$ 之间选取，加工细长轴类的工件时要选用 $90°$ 的主偏角。

4）副偏角的主要作用是减小副切削刃与已加工表面的摩擦。减小副偏角有利于降低已加工表面的残留高度，降低已加工表面的表面粗糙度值。外圆车刀的副偏角常取 $6°～10°$。粗加工时可取得大一些；精加工时可取得小一些。为了降低已加工表面的表面粗糙度值，有时还可磨出一段副偏角为零的修光刃。

5）刃倾角主要作用是影响刀尖的强度和控制切屑的流向。当刃倾角为正时，刀尖的强度较差，切屑流向待加工表面；刃倾角为负时，刀尖强度较高，切屑流向已加工表面。刃倾角为零时，切屑从垂直切削刃的方向流出。粗车一般钢材和灰铸铁时，常取 $\lambda_s = -5°～0°$，以提高刀尖强度；精车时常取 $\lambda_s = 0°～5°$，以防止切屑划伤已加工表面。刃倾角及其作用如图 8-24 所示。

（2）合理选择切削用量　生产中应合理选择切削用量，在保证加工质量和刀具使用寿命的前提下，提高切削生产率，降低加工成本。以车削为例的选择原则为：

1）粗加工：主要目的在于尽快切除加工余量，以提高生产率，降低成本。因此，在生产中应首先根据工件的加工余量合理选择背吃刀量。若工艺系统刚度好，应尽可能选大值；若工艺系统刚度差，应按刚度选取。

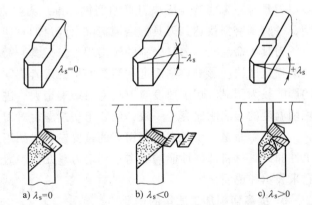

图 8-24　刃倾角对切屑流向的控制

然后，根据加工条件选择尽可能大的进给量，再按刀具寿命的要求选择一个合适的切削速度。

2）精加工：目的在于保证加工精度和表面质量。为保证表面质量，首先应确定合理的切削速度。硬质合金刀具耐热性好，可选用较高切削速度；高速工具钢刀具耐热性差，多选用较低的切削速度。其次，再根据加工精度和表面粗糙度的要求，选择合适的进给量和背吃刀量。

8.2 金属切削机床

金属切削机床是用切削的方法将金属毛坯加工成机器零件的一种机器，人们习惯上称为机床。切削加工是机械制造过程中，获取具有一定尺寸、形状和精度的零件的主要加工方法，所以机床是机械制造系统中最重要的组成部分，它为加工过程提供刀具与工件之间的相对位置和相对运动，为改变工件形状、质量提供能量。

8.2.1 机床的分类

目前金属切削机床的品种和规格繁多，为便于区别、使用和管理，需对机床进行分类。

根据国家制定的《金属切削机床 型号编制方法》（GB/T 15375—2008），机床按其工作原理划分为车床、钻床、镗床、磨床、齿轮加工机床、螺纹加工机床、铣床、刨插床、拉床、锯床及其他机床共11类。

除了上述基本分类方法之外，根据机床的其他特征，还有其他分类方法。

按机床通用性程度，可分为：通用机床（或称万能机床）、专门化机床和专用机床三类。通用机床适用于单件小批量生产，加工范围较广，可以加工多种零件的不同工序。例如普通车床、卧式镗床和万能升降台铣床等；专门化机床用于大批量生产中，加工范围较窄，可加工不同尺寸的一类或几类零件的某一种（或几种）特定工序。例如，精密丝杠车床、曲轴轴颈车床等；专用机床通常应用于成批及大量生产中，这类机床是根据工艺要求专门设计制造的，专门用于加工某一种（或几种）零件的某一特定工序。例如，加工车床导轨的专用磨床、加工车床主轴箱的专用镗床等。

在同一种机床中，按加工精度的不同，可分为：普通精度级机床、精密级和高精度级机床。

按机床的质量和尺寸不同，可分为：仪表机床、中型（一般）机床、大型机床（质量达10t）、重型机床（质量30t以上）、超重型机床（质量在100t以上）。

按机床自动化程度，可分为：手动机床、机动机床、半自动机床和自动机床。

此外，机床还可以按主要工作部件的数目进行分类，如：单刀机床、多刀机床、单轴机床和多轴机床等。

目前，机床正在向数控化方向发展，而且其功能也在不断增加，除了数控加工功能，还增加了自动换刀、自动装卸工件等功能。因此，也可以按机床具有的数控功能分一般数控机床、加工中心和柔性制造单元等。

随着新品种机床不断出现，机床的分类也会愈加丰富。

8.2.2 机床型号的编制方法

机床的型号是用来表示机床的类别、主要参数和主要特性的代号。目前，机床型号的编制采用汉语拼音字母和阿拉伯数字按一定规律组合表示。例如，CM 6132 型精密卧式车床，型号中的代号及数字的含义如下：

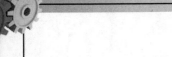

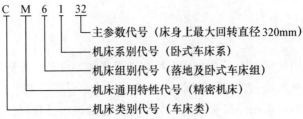

- 主参数代号（床身上最大回转直径320mm）
- 机床系别代号（卧式车床系）
- 机床组别代号（落地及卧式车床组）
- 机床通用特性代号（精密机床）
- 机床类别代号（车床类）

1. 通用机床型号的编制方法

（1）机床的类别代号　用大写的汉语拼音字母表示，必要时，每类可分为若干分类。分类代号在类代号之前，作为型号的首位，并用阿拉伯数字表示，第一分类代号前的"1"省略，第"2""3"分类代号则应予以表示。机床的分类和代号见表8-3。

表8-3　机床的分类和代号

类别	车床	钻床	镗床	磨床			齿轮加工机床	螺纹加工机床	铣床	刨插床	拉床	锯床	其他机床
代号	C	Z	T	M	2M	3M	Y	S	X	B	L	G	Q
读音	车	钻	镗	磨	二磨	三磨	牙	丝	铣	刨	拉	割	其

对于具有两类特性的机床编类时，主要特性应放在后面，次要特性应放在前面，例如铣镗床是以镗为主、铣为辅。

（2）机床的通用特性和结构特性代号　通用特性代号有统一的规定含义，它在各类机床的型号中表示的意义相同。

当某类型机床除有普通型外，还有下列某种通用特性时，则在类代号之后加通用特性代号予以区分。如果某类型机床仅有某种通用特性，而无普通型者，则通用特性不予表示。

当在一个型号中需要同时使用2~3个普通特性代号时，一般按重要程度排列顺序。

通用特性代号按其相应的汉字字意读音。

机床的通用特性代号见表8-4。

表8-4　机床通用特性代号

通用特性	高精度	精密	自动	半自动	数控	加工中心（自动换刀）	仿形	轻型	加重型	柔性加工单元	数显	高速
代号	G	M	Z	B	K	H	F	Q	C	R	X	S
读音	高	密	自	半	控	换	仿	轻	重	柔	显	速

结构特性代号对主参数值相同而结构、性能不同的机床，在型号中加结构特性代号予以区分。根据各类机床的具体情况，对某些结构特性代号，可以赋予一定含义。但结构特性代号与通用特性代号不同，它在型号中没有统一的含义，只在同类机床中起区分机床结构、性能不同的作用。当型号中有通用特性代号时，结构特性代号应排在通用特性代号之后。结构

特性代号用汉语拼音字母（通用特性代号已用的字母和"I""O"两个字母不能用）A、B、C、D、E、L、N、P、T、Y 表示，当单个字母不够用时，可将两个字母组合起来使用，如 AD、AE 等，或 DA、EA 等。

（3）机床的组、系的划分原则及其代号

1）机床的组、系的划分原则

将每类机床划分为 10 个组，每个组又划分为 10 个系（系列）。组、系划分的原则如下：

① 在同一类机床中，主要布局或使用范围基本相同的机床，即为同一组。

② 在同一组机床中，其主要参数相同、主要结构及布局型式相同的机床，即为同一系。

2）机床的组、系代号

机床的组，用一位阿拉伯数字，位于类代号或通用特性代号、结构特性代号之后。

机床的系，用一位阿拉伯数字，位于组代号之后。

金属切削机床类、组、系划分见表 8-5。

（4）机床主参数、设计顺序号及第二主参数　机床型号中主参数用折算值表示，位于系代号之后。当折算值大于 1 时，则取整数，前面不加"0"；当折算值小于 1 时，则取小数点后第一位数，并在前面加"0"。各类主要机床的主参数及折算系数见表 8-6。

某些通用机床，当无法用一个主参数表示时，则在型号中用设计顺序号来表示。设计顺序号由 1 起始，当设计顺序号小于 10 时，由 01 开始编号。

第二主参数（多轴机床的主轴数除外）一般不予表示，如有特殊情况，则需在型号中表示。在型号中表示的第二主参数，一般以折算成两位数为宜，最多不超过三位数，以长度、深度值等表示的，其折算系数为 1/100；以直径、宽度值表示的，其折算值为 1/10；在厚度、最大模数值等表示的，其折算系数为 1。当折算值大于 1 时，则取整数；当折算值小于 1 时，则取小数点后第一位数，并在前面加"0"。

表 8-5　机床的类、组、系划分表（摘录）

机床类别 \ 组别		0	1	2	3	4	5	6										7	8	9
系别								落地及卧式车床												
								0	1	2	3	4	5	6	7	8	9			
I 机床	C	仪表小型车床	单轴自动车床	多轴自动、半自动车床	回转、转塔车床	曲轴及凸轮轴车床	立式车床	落地车床	卧式车床	马鞍车床	轴车床	卡盘车床	球面车床	主轴箱移动型卡盘车床				仿形及多刀车床	轮、轴、锭、辊及铲齿车床	其他车床

表 8-6　各类主要机床的主参数和折算系数

机床	主参数名称	折算系数
卧式车床	床身上最大回转直径	1/10
立式车床	最大车削直径	1/100
摇臂钻床	最大钻孔直径	1/1
卧式镗床	镗轴直径	1/10
坐标镗床	工作台面宽度	1/10
外圆磨床	最大磨削直径	1/10
内圆磨床	最大磨削孔径	1/10
矩台平面磨床	工作台面宽度	1/10
齿轮加工机床	最大工件直径	1/10
龙门铣床	工作台面宽度	1/100
升降台铣床	工作台面宽度	1/10
龙门刨床	最大刨削宽度	1/100
插床及牛头刨床	最大插削及刨削长度	1/10
拉床	额定拉力(吨)	1/1

（5）机床的重大改进顺序号　当机床的结构、性能有更高的要求，并需按新产品重新设计、试制和鉴定时，才按改进的先后顺序选用 A、B、C 等汉语拼音字母（但"I""O"两个字母不得选用）加在型号基本部分的尾部，以区别原机床型号。

重大改进设计不同于完全的新设计，它是在原有机床的基础上进行改进设计的，因此，重大改进后的产品与原型号的产品是一种取代关系。

凡属局部的小改进或增减某些附件、测量装置及改变装夹工件的方法等，因对原机床的结构、性能没有作重大的改变，故不属重大改进，其型号不变。

（6）其他特性代号及其表示方法

1）其他特性代号。其他特性代号置于辅助部分之首，其中同一型号机床的变型代号，一般应放在其他特性代号之首位。

2）其他特性代号的含义。其他特性代号主要用以反映各类机床的特性，如对于数控机床，可用来反映不同的控制系统等；对于加工中心，可用以反映控制系统、联动轴数、自动交换主轴头、自动交换工作台等；对于柔性加工单元，可用以反映自动交换主轴箱；对于一机多能机床，可用以补充表示某些功能；对于一般机床，可以反映同一型号机床的变型等。

3）其他特性代号的表示方法。其他特性代号，可用汉语拼音字母（"I""O"两个字母除外）表示，其中 L 表示联动轴数，F 表示复合。当单个字母不够用时，可将两个字母组合起来使用，如 AB、AC、AD 等，或 BA、CA、DA 等。

其他特性代号，也可用阿拉伯数字表示。

其他特性代号，还可用阿拉伯数字和汉语拼音字母组合表示。

2. 专用机床的型号

（1）专用机床型号的表示方法　专用机床的型号一般由设计单位代号和设计顺序号组成，型号构成如下：

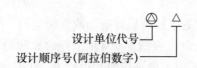

设计单位代号 ┐

设计顺序号(阿拉伯数字) ┘

（2）设计单位代号　设计单位代号包括机床生产厂和机床研究单位代号（位于型号之首）。

（3）专用机床的设计顺序号　专用机床的设计顺序号按该单位的设计顺序号排列，由001起始位于设计单位代号之后，并用"−"隔开。

（4）专用机床的型号示例

示例 1：某单位设计制造的第一种专用机床为专用车床，其型号为 ×××-001。

示例 2：某单位设计制造的第 15 种专用机床为专用磨床，其型号为 ×××-015。

示例 3：某单位设计制造的第 100 种专用机床为专用铣床，其型号为 ×××-100。

8.2.3　零件表面的切削加工成形方法和机床的运动

1. 零件表面的切削加工成形方法

在切削加工过程中，机床上的刀具和工件按一定的规律做相对运动，通过刀具对工件毛坯的切削作用，切除毛坯上的多余金属，从而得到所要求的零件表面形状。机械零件的任何表面都可以看作是一条线（称为母线）沿另一条线（称为导线）运动的轨迹。如图 8-25 所示，平面是由一条直线（母线）沿另一条直线（导线）运动而形成的；圆柱面和圆锥面是由一条直线（母线）沿着一个圆（导线）运动而形成的；普通螺纹的螺旋面是由"∧"形线（母线）沿螺旋线（导线）运动而形成的；直齿圆柱齿轮的渐开线齿廓表面是渐开线（母线）沿直线（导线）运动而形成的等。

母线和导线统称为发生线。切削加工中发生线是由刀具的切削刃与工件间的相对运动得到的。一般情况下，由切削刃本身或与工件相对运动配合形成一条发生线（一般是母线），而另一条发生线则完全是由刀具和工件之间的相对运动得到的。这里，刀具和工件之间的相对运动都是由机床来提供的。

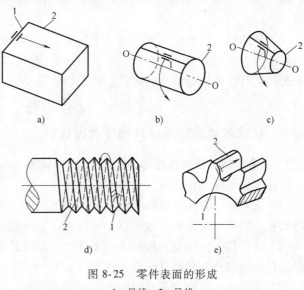

图 8-25　零件表面的形成

1—母线　2—导线

2. 机床的运动

机床在加工过程中，必须形成一定形状的发生线（母线和导线），才能获取所需工件表面形状。因此，机床必须完成一定的运动，这种运动称为表面成形运动。此外，还有多种辅助运动。

（1）表面成形运动　表面成形运动按其组成情况不同，可分为简单成形运动和复合成形运动两种。

如果一个独立的成形运动是单独的旋转运动或直线运动，则此成形运动称为简单成形运动。例如，用车刀车削外圆柱面时（图 8-26a）工件的旋转运动 B_1 产生圆导线，刀具纵向直线运动 A_2 产生直线母线，即加工出圆柱面。运动 B_1 和 A_2 是两个相互独立的表面成形运动，因此，用车刀车削外圆柱面时属于简单成形运动。

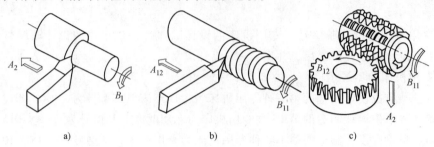

图 8-26　成形运动的组成

如果一个独立的成形运动，是由两个以上的旋转运动或（和）直线运动，按某种确定的运动关系组合而成，则此成形运动称为复合成形运动。例如，用螺纹车刀车削螺纹表面时（图 8-26b），工件的旋转运动 B_{11} 和车刀的直线运动 A_{12} 按规定做相对运动，形成螺旋线导线，三角形母线（由刀刃形成，不需成形运动）沿螺旋线运动，形成了螺旋面。形成螺旋线导线的两个简单运动 B_{11} 和 A_{12}，由于螺纹导程限定而不能彼此独立，它们必须保持严格的运动关系，所以 B_{11} 和 A_{12} 这两个简单运动组成了一个复合成形运动。又如，用齿轮滚刀加工直齿圆柱齿轮时（图 8-26c）它需要一个复合成形运动 B_{11}、B_{12}（范成运动），形成渐开线母线，又需要一个简单直线成形运动 A_2，才能得到整个渐开线齿面。

成形运动中各单元运动根据其在切削中所起的作用不同，又可分为主运动和进给运动。

（2）辅助运动　机床在加工过程中还需有一系列辅助运动，其功能是实现机床的各种辅助动作，为表面成形运动创造条件。它的种类很多，如进给运动前后的快进和快退；调整刀具和工件之间正确相对位置的调位运动；切入运动；分度运动；工件夹紧、松开等操纵控制运动。

8.2.4　机床传动的基本组成和传动原理图

1. 机床传动的基本组成部分

机床传动必须具备以下三个基本部分。

（1）运动源　为执行件提供动力和运动的装置，通常为电动机，如交流异步电动机、直流电动机、直流和交流伺服电动机、步进电动机和交流变频调速电动机等。

（2）传动件　传递动力和运动的零件，如齿轮、链轮、带轮、丝杠和螺母等，除机械传动外，还有液压传动和电气传动元件等。

（3）执行件　夹持刀具或工件执行运动的部件。常用执行件有主轴、刀架和工作台等，是传递运动的末端件。

2. 机床的传动链

为了在机床上得到所需要的运动，必须通过一系列的传动件把运动源和执行件，或把执行件与执行件联系起来，以构成传动联系。构成一个传动联系的一系列传动件，称为传动链。根据传动链的性质，传动链可分为两类。

（1）外联系传动链 联系运动源与执行件的传动链，称为外联系传动链。它的作用是使执行件得到预定速度的运动，并传递一定的动力。此外，还起执行件变速、换向等作用。卧式车床中，从主电动机到主轴之间的传动链，就是典型的外联系传动链。

（2）内联系传动链 联系两个执行件，以形成复合成形运动的传动链，称为内联系传动链。它的作用是保证两个末端件之间的相对速度或相对位移具有严格的比例关系，以保证被加工表面的质量。如在卧式车床上车螺纹时，连接主轴和刀具之间的传动链，就属于内联系传动链。

3. 机床传动原理图

在机床的运动分析中，为了便于分析机床运动和传动联系，常用一些简明的符号来表示运动源与执行件、执行件与执行件之间的传动联系，这就是传动原理图。图8-27所示为传动原理图常用的部分符号。

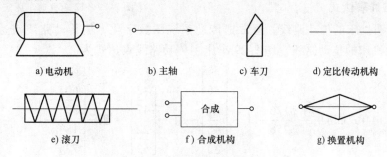

a) 电动机　　b) 主轴　　c) 车刀　　d) 定比传动机构

e) 滚刀　　f) 合成机构　　g) 换置机构

图8-27 传动原理图常用的部分符号

下面以卧式车床的传动原理图为例，说明传动原理图的画法和所表示的内容。如图8-28所示，从电动机至主轴之间的传动属于外联系传动链，它是为主轴提供运动和动力的。即从电动机—1—2—u_v—3—4—主轴，这条传动链亦称主运动传动链，其中1—2和3—4段为传动比固定不变的定比传动结构，2—3段是传动比可变的换置机构u_v，调整u_v值用以改变主轴的转速。从主轴—4—5—u_f—6—7—丝杠—刀具，得到刀具和工件间的复合成形运动

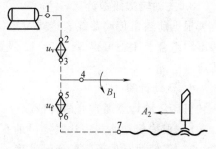

图8-28 卧式车床传动原理图

（螺旋运动），这是一条内联系传动链，其中4—5和6—7段为定比传动机构，5—6段是换置机构u_f，调整u_f值可得到不同的螺纹导程。在车削外圆或端面时，主轴和刀具之间的传动联系无严格的传动比要求，二者的运动是两个独立的简单成形运动，因此，除了从电动机到主轴的主传动链外，另一条传动链可视为由电动机—1—2—u_v—3—5—u_f—6—7—刀具（通过光杠），此时，这条传动链是一条外联系传动链。

8.2.5 机床传动系统图和运动计算

1. 机床传动系统图

机床的传动系统图是表示机床全部运动传动关系的示意图。它比传动原理图更准确、更

清楚、更全面地反映了机床的传动关系。在图中用简单的规定符号代表各种传动元件。

机床的传动系统画在一个能反映机床外形和各主要部件相互位置的投影面上，并尽可能绘制在机床外形的轮廓线内。图中的各传动元件是按照运动传递的先后顺序，以展开图的形式画出来的。该图只表示传动关系，并不代表各传动元件的实际尺寸和空间位置。在图中通常注明齿轮及蜗轮的齿数、带轮直径、丝杠的导程和头数、电动机功率和转数、传动轴的编号等。传动轴的编号，通常从运动源（电动机）开始，按运动传递顺序，依次用罗马数字Ⅰ、Ⅱ、Ⅲ、Ⅳ…表示。图8-29所示是一台中型卧式车床主传动系统图。

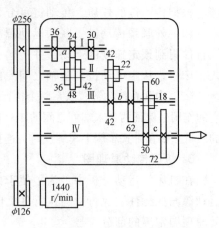

图 8-29　12 级变速车床主传动系统图

2. 传动路线表达式

为便于说明机床的传动路线，通常把传动系统图数字化，用传动路线表达式（传动结构式）来表达机床的传动路线。图8-29车床主传动路线表达式为

$$
电动机（1440\text{r/min}）—\frac{\phi126}{\phi256}—\text{I}—\begin{bmatrix}\dfrac{36}{36}\\[4pt]\dfrac{24}{48}\\[4pt]\dfrac{30}{42}\end{bmatrix}—\text{II}—\begin{bmatrix}\dfrac{42}{42}\\[4pt]\dfrac{22}{62}\end{bmatrix}—\text{III}—\begin{bmatrix}\dfrac{60}{30}\\[4pt]\dfrac{18}{72}\end{bmatrix}—\text{IV}（主轴）
$$

3. 主轴转数级数计算

根据前述主传动路线表达式可知，主轴正转时，利用各滑移齿轮组，齿轮轴向位置的各种不同组合，主轴可得 3×2×2＝12 级正转转速。同理，当电动机反转时主轴可得 12 级反转转速。

4. 运动计算

机床运动计算通常有两种情况：

1）根据传动路线表达式提供的有关数据，确定某些执行件的运动速度或位移量。

2）根据执行件所需的运动速度、位移量或有关执行件之间需要保持的运动关系，确定相应传动链中换置机构的传动比，以便进行调整。

本章小结

合理选择刀具几何角度及切削用量的目的，是改善切削过程中的物理现象，提高加工质量及经济性。

$$
车削加工参数\begin{cases}刀具几何角度\begin{cases}正交平面——前角、后角\\基面——主偏角、副偏角\\切削平面——刃倾角\end{cases}\\[6pt]切削用量\begin{cases}切削速度\\进给量\\背吃刀量（切削深度）\end{cases}\end{cases}
$$

介绍了金属切削机床的基本知识——分类、型号编制方法、基本构造。

8-1 切削加工由哪些运动组成？它们各有什么作用？

8-2 切削用量三要素是什么？它们的单位是什么？

8-3 车削外圆时，工件加工前直径为62mm，加工后直径为56mm，工件转速为4r/s，刀具每秒钟沿工件轴向移动2mm，求v_c、f、a_p。

8-4 刀具正交平面参考系由哪些平面组成？它们是如何定义的？

8-5 常用刀具的材料有哪几类？各适用于制造哪些刀具？

8-6 切屑类型有哪四类？各有哪些特点？

8-7 切削热是如何产生的？它对切削过程有什么影响？

8-8 试述背吃刀量a_p、进给量f对切削温度的影响规律。

8-9 简述刀具磨损的原因。高速钢刀具、硬质合金刀具在中速切削、高速切削时产生磨损的主要原因是什么？

8-10 切削变形、切削力、切削温度、刀具磨损和刀具寿命之间存在着什么关系？

8-11 说明前角和后角的大小对切削过程的影响。

8-12 说明刃倾角的作用。

8-13 常用切削液有哪几种？各适用什么场合？

8-14 按加工性质和所用刀具不同，机床可分为哪几类？

8-15 通用机床的型号包含哪些内容？

8-16 说明下列机床型号的意义：

X 6132，X 5032，C 6132，Z 3040，T 6112，Y 3150，C 1312，B 2010A。

8-17 何谓外联系传动链？何谓内联系传动链？对这两种传动链有何不同要求？试举例说明。

第9章 各种表面的加工方法

机械零件典型表面的加工方法。

零件结构的切削加工工艺性；机床的基本构造、传动系统的基本概念。

掌握机械零件典型表面的加工方法及零件结构的切削加工工艺性。

9.1 外圆表面加工

9.1.1 外圆表面的加工方法

轴类、套类和盘类零件是具有外圆表面的典型零件。外圆表面常用的机械加工方法有车削、磨削和各种光整加工等。车削加工是外圆表面最经济有效的加工方法，但就其经济精度来说，一般作为外圆表面的粗加工和半精加工；磨削加工是外圆表面的主要精加工方法，特别适合各种高硬度和淬火后零件的精加工；光整加工是精加工之后进行的超精加工方法（如滚压、抛光、研磨等），适合某些精度和表面质量要求很高的零件。

由于各种加工方法所能达到的经济加工精度、表面粗糙度、生产率和生产成本各不相同，因此必须根据具体情况，选用合理的加工方法，从而加工出满足零件图样要求的合格零件。表 9-1 为外圆表面各种加工方案和经济加工精度。

表 9-1 外圆表面加工方案

序号	加工方法	精度 （公差等级）	粗糙度 Ra 值/μm	使用范围
1	粗车	IT13~IT11	50~12.5	
2	粗车—半精车	IT10~IT8	6.3~3.2	适用于淬火钢以外的各种金属
3	粗车—半精车—精车	IT8~IT7	1.6~0.8	
4	粗车—半精车—精车—滚压	IT8~IT7	0.2~0.0255	
5	粗车—半精车—磨削	IT8~IT7	0.8~0.4	主要用于淬火钢,也可用于未淬火钢,但不适用于有色金属
6	粗车—半精车—粗磨—精磨	IT7~IT6	0.4~0.1	
7	粗车—半精车—粗磨—精磨— 超精加工（或轮式超精磨）	IT5	0.1~0.012 （或 $Rz0.1$）	
8	粗车—半精车—精车— 精细车（金刚车）	IT7~IT6	0.4~0.025	主要用于要求较高的有色金属
9	粗车—半精车—粗磨—精磨— 超精磨（或镜面磨）	IT5 以上	0.025~0.006 （或 $Rz0.1$）	极高精度的外圆加工
10	粗车—半精车—粗磨— 精磨—研磨	IT5 以上	0.1~0.012 （或 $Rz0.1$）	

9.1.2 外圆表面的车削加工

1. 外圆车削的形式和加工精度

车外圆是一种最常见、最基本的车削方法，车刀的主要形式如图9-1所示。

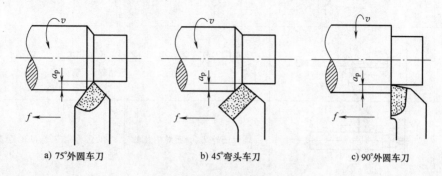

a) 75°外圆车刀　　　　　　b) 45°弯头车刀　　　　　　c) 90°外圆车刀

图9-1　车外圆

车外圆一般可划分为荒车、粗车、半精车、精车和精细车，各种车削方案所能达到的加工精度和表面粗糙度各不相同，必须合理的选用，详见表9-1。

2. 外圆车削工件的装夹方法

外圆车削加工时，最常见的工件装夹方法见表9-2。

表9-2　最常见的外圆车削工件装夹方法

名称	装夹简图	装夹特点	应用
三爪自动定心卡盘		三个卡爪可同时移动，自动定心，装夹迅速方便	长径比小于4，截面为圆形，六方体的中、小型工件加工
四爪单动卡盘		四个卡爪都可单独移动，装夹工件需要找正	长径比小于4，截面为方形、椭圆形的较大、较重的工件
花盘		盘面上多通槽和T形槽，使用螺钉、压板装夹，装夹前需找正	形状不规则的工件、孔或外圆与定位基面垂直的工件的加工
双顶尖		定心正确，装夹稳定	长径比为4~15的实心轴类零件加工

（续）

名称	装夹简图	装夹特点	应用
双顶尖中心架		支爪可调,增加工件刚性	长径比大于 15 的细长轴工件粗加工
一夹一顶跟刀架		支爪随刀具一起运动,无接刀痕	长径比大于 15 的细长轴工件半精加工、精加工
心轴		能保证外圆、端面对内孔的位置精度	以孔为定位基准的套类零件的加工

3．车刀的结构形式

车刀按结构不同可分为整体式、焊接式、机夹重磨式和机夹可转位式等几种。

整体式车刀是将车刀的切削部分与夹持部分用同一种材料制成，如尺寸不大的高速钢车刀常用这种结构。

焊接式车刀是在碳钢刀杆（常用 45 钢）上根据刀片的形状和尺寸铣出刀槽后将硬质合金刀片钎焊在刀槽中，然后刃磨出所需的几何参数。焊接式车刀结构简单、紧凑、刚性好、灵活性大，可根据切削要求较方便地刃磨出所需角度，故应用广泛。但经高温钎焊的硬质合金刀片，易产生应力和裂纹，切削性能有所下降，并且刀杆不能重复使用，浪费较大。

机夹重磨式车刀的刀片与刀杆是两个可拆的独立元件，切削时靠夹紧元件将它们紧固在一起。由于避免了因焊接产生的缺陷，可提高刀具的切削性能，刀杆可多次使用。

机夹可转位式车刀是将压制成具有合理的几何参数、断屑槽、有几个切削刃的多边形刀片，用机械夹固的方法，装夹在标准刀杆上，实现切削的一种刀具结构。当刀片的一个切削刃磨钝后，松开夹紧元件，把刀片转位换成另一新切削刃，便可继续使用。与焊接式车刀相比，机夹可转位式车刀具有切削效率高，刀片使用寿命长，刀具消耗费用低等优点。可转位车刀的刀杆可重复使用，节省了刀杆材料。刀杆和刀片可实现标准化、系列化，有利于刀具的管理。图 9-2 所示为常用车刀的结构示意图。

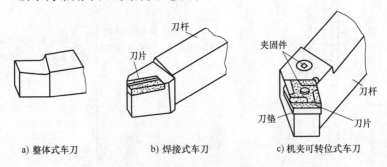

a) 整体式车刀 b) 焊接式车刀 c)机夹可转位式车刀

图 9-2　常用车刀结构示意图

4. 外圆车刀的选择和装夹

外圆车刀应根据外圆表面加工方案选择。粗车外圆要求外圆车刀强度高,能在切削深度大或走刀速度快的情况下保持刀头坚固。精车外圆要求外圆车刀刀刃锋利、光洁。如图9-1所示,主偏角 $\kappa_r = 75°$ 的外圆车刀刀头强度高,生产中常选用为外圆粗车刀;主偏角 $\kappa_r = 45°$ 弯头车刀,使用方便,还可以车端面和倒角,但因其副偏角 κ_r' 大,工件表面加工粗糙,不适于精加工;主偏角 $\kappa_r = 90°$ 的外圆车刀可用于粗车或精车,还可车削有垂直台阶的外圆和细长轴。

车刀安装在刀架上,应使刀尖与工件旋转轴线等高。安装时可用尾座顶尖作为标准,或在工件端面车一印痕,就可知道轴线位置,把车刀调整安装好。

车刀在刀架上的位置,应垂直于工件旋转轴线,否则会引起主偏角 κ_r 变化,还可能使刀尖扎入工件已加工表面或影响表面粗糙度数值。

5. 车床

(1) 车床的用途 车床主要用于加工零件的各种回转面,如内外圆柱面,内外圆锥面,成形回转表面和回转体的端面等,有些车床还能车削螺纹。由于大多数机器零件都具有回转表面,需要车床来加工,因此,车床是机器制造厂中应用最广泛的一类机床,约占机床总数的 35%~50%。

在车床上,除使用车刀进行加工之外,还可以使用孔的各种加工刀具(如钻头、铰刀、镗刀等)进行加工,或者使用螺纹刀具(丝锥、板牙)进行内、外螺纹加工。

(2) 车床的运动 为形成工件加工表面形状,车床必须具备以下运动:

1) 工件的旋转运动是车床的主运动,其功用是使工件得到所需的切削速度,特点是速度较高,消耗功率较大。

2) 刀具的直线移动是车床的进给运动,其功用是使毛坯上新的金属层连续进入切削层,以便切削出整个加工表面。

上述运动是车床形成加工表面形状所需的表面成形运动。车床上车削螺纹时,工件的旋转运动和刀具的直线移动形成螺旋运动,是一种复合成形运动。

(3) 车床的分类 为适应不同的加工要求,车床分为很多种类。按其结构和用途不同,可分为卧式车床(图9-3)、立式车床(图9-4)、转塔车床、回轮车床、落地车床、液压仿形及多刀自动和半自动车床、各种专用车床(如曲轴车床、凸轮车床等)、数控车床和车削加工中心等。

6. CA6140型卧式车床

(1) 机床的工艺范围及其组成 CA6140型卧式车床的工艺范围很广,能适用于各种回转表面的加工,如车削内外圆柱面、圆锥面、环槽及成形回转面;车削端面及各种常用螺纹;还可以进行钻孔、扩孔、铰孔、滚花、攻螺纹和套螺纹等工作。其加工的典型表面如图9-5所示。

CA6140型卧式车床的通用性较强,但机床的结构复杂且自动化程度低,加工过程中辅助时间较长,适用于单件、小批量生产及维修车间使用。CA6140型卧式车床的布局及组成如图9-3所示。

(2) 机床的传动系统 图9-6所示为CA6140型卧式车床的传动系统图。图中左上方的方框内表示机床的主轴箱,框中是从主电动机到车床主轴的主运动传动链。传动链中的滑移

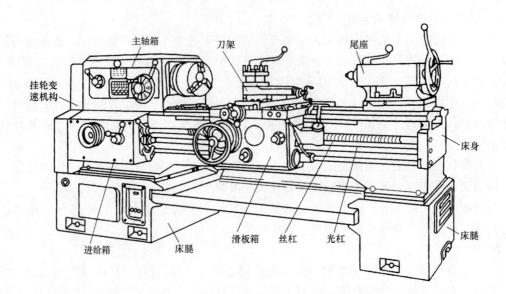

图 9-3　CA6140 型卧式车床

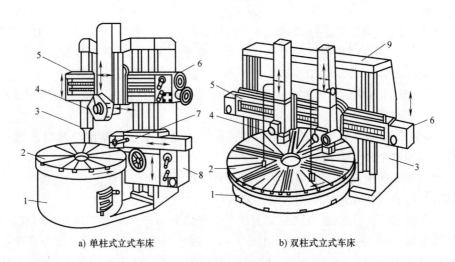

a) 单柱式立式车床　　　　　　　　b) 双柱式立式车床

图 9-4　立式车床

1—底座　2—工作台　3—立柱　4—垂直刀架　5、9—横梁
6—垂直刀架进给箱　7—侧刀架　8—侧刀架进给箱

齿轮变速机构,可使主轴得到不同的转速;片式摩擦离合器换向机构,可使主轴得到正、反向转速。左下方框表示进给箱,右下方框表示溜板箱。从主轴箱中下半部分传动件,到左外侧的挂轮机构、进给箱中的传动件、丝杠或光杠以及溜板箱中的传动件,构成了从主轴到刀架的进给传动链。进给换向机构位于主轴箱下部,用于切削左旋或右旋螺纹,挂轮或进给箱中的变换机构,用来决定将运动传给丝杠还是光杠。若传给丝杠,则经过丝杠和溜板箱中的开合螺母,把运动传给刀架,实现切削螺纹传动链;若传给光杠,则通过光杠和溜板箱中的转换机构传给刀架,形成机动进给传动链。溜板箱中的转换机构用来确定是纵向进给还是横向进给。

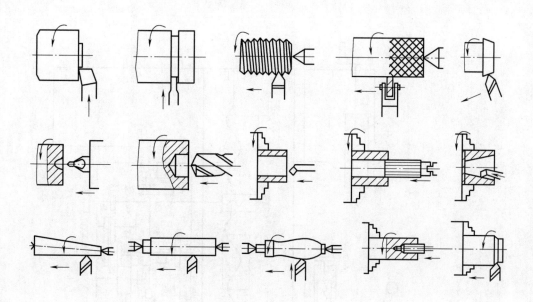

图 9-5　CA6140 型卧式车床加工的典型表面

1）运动由主电动机经 V 带轮传动副 $\phi130\text{mm}/\phi230\text{mm}$ 传至主轴箱中的轴 I，轴 I 上装有双向多片摩擦离合器 M_1，使主轴正转、反转或停止。主运动传动链的传动路线表达式为

$$\text{主电动机} \atop (7.5\text{kW},1450\text{r/min})} - \frac{\phi130}{\phi230} - \text{I} - \begin{bmatrix} M_1(\text{左}) \\ (\text{正转}) \end{bmatrix} \begin{bmatrix} \dfrac{56}{38} \\ \dfrac{51}{43} \end{bmatrix} \\ \begin{bmatrix} M_1(\text{右}) \\ (\text{反转}) \end{bmatrix} - \frac{50}{34} - \text{VII} - \frac{34}{30} \end{bmatrix} - \text{II} - \begin{bmatrix} \dfrac{39}{41} \\ \dfrac{30}{50} \\ \dfrac{22}{58} \end{bmatrix}$$

$$- \text{III} - \begin{bmatrix} \dfrac{20}{80} \\ \dfrac{50}{50} \end{bmatrix} - \text{IV} - \begin{bmatrix} \dfrac{63}{50}(M_2\text{左移}) \\ \\ \begin{bmatrix} \dfrac{20}{80} \\ \dfrac{51}{50} \end{bmatrix} - \text{V} - \dfrac{26}{58} - M_2(\text{右移}) \end{bmatrix} - \text{VI}(\text{主轴})$$

由传动路线表达式可以看出，主轴可获得 $2\times3\times[(2\times2)+1]=30$ 级正转转速，由于轴Ⅲ至轴Ⅴ间的两组双联滑移齿轮变速组的 4 种传动比为

$$u_1 = \frac{20}{80}\times\frac{20}{80} = \frac{1}{16} \qquad u_2 = \frac{20}{80}\times\frac{51}{50} \approx \frac{1}{4}$$

$$u_3 = \frac{50}{50}\times\frac{20}{80} = \frac{1}{4} \qquad u_4 = \frac{50}{50}\times\frac{50}{50} = 1$$

其中 $u_2 = u_3$，所以实际只有 3 种不同的传动比，因此，主轴只能获得 $2\times3\times[(2\times2-1)+1]=24$ 级正转转速。同理，主轴可获得 $3\times[(2\times2-1)+1]=12$ 级反转转速。

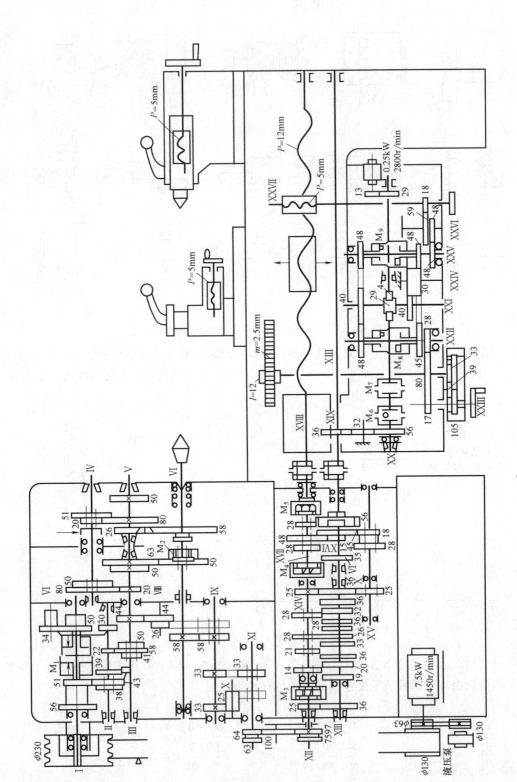

图 9-6　CA6140 型卧式车床的传动系统图

主轴反转时，轴Ⅰ—Ⅱ间传动比的值大于正转时传动比的值，所以反转转速大于正转转速。主轴反转一般不用于切削，而是用于车削螺纹。切削螺纹时，完成一刀后使车刀沿螺旋线退回，以免下一次切削时"乱扣"。转速高，可节省辅助时间。

2）CA6140型车床能够车削米制、英制、模数制和径节制四种标准螺纹，还能够车削大导程、非标准和较精密的螺纹，这些螺纹可以是左旋的也可以是右旋的。车削螺纹传动链的作用，就是要得到上述各种螺纹的导程。

不同标准的螺纹用不同的参数表示其螺距，表9-3列出了米制、英制、模数制和径节制四种螺纹的螺距参数及其与螺距 P、导程 L 之间的换算关系。

表 9-3　各种标准螺纹的螺距参数及其与螺距、导程的换算关系

螺纹种类	螺距参数	螺距/mm	导程/mm
米制	螺距 P/mm	$P = P$	$L = KP$
模数制	模数 m/mm	$P_m = \pi m$	$L_m = KP_m = K\pi m$
英制	每英寸牙数 a（牙/in）	$P_a = 25.4/a$	$L_a = KP_a = 25.4K/a$
径节制	径节 DP（牙/in）	$P_{DP} = 25.4\pi/DP$	$L_{DP} = KP_{DP} = 25.4K\pi/DP$

注：表中 K 为螺纹线数。

车削螺纹时，必须保证主轴每转一周，刀具准确地移动被加工螺纹的一个导程 $L_\text{工}$，其运动平衡式为

$$1_{(主轴)} \times u \times L_丝 = L_工$$

式中　u ——从主轴到丝杠之间的总传动比；

$L_丝$ ——机床丝杠的导程（CA6140 型车床 $L_丝 = 12\text{mm}$）；

$L_工$ ——被加工螺纹的导程（mm）。

在这个平衡式中，通过改变传动链中的传动比 u，就可以得到要加工的螺纹导程。CA6140 型车床车削上述各种螺纹时传动路线表达式为

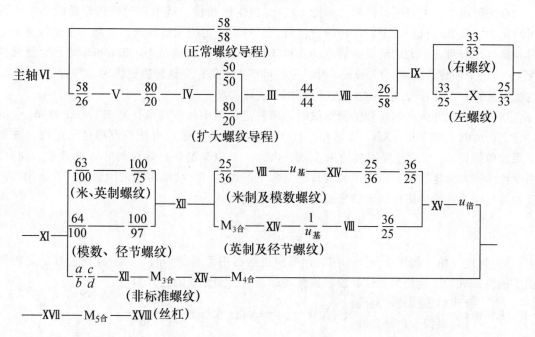

其中 $u_{基}$ 是轴 XⅢ 和轴 XⅣ 之间变速机构的八种传动比，即

$$u_{基1}=\frac{26}{28}=\frac{6.5}{7} \qquad u_{基2}=\frac{28}{28}=\frac{7}{7} \qquad u_{基3}=\frac{32}{28}=\frac{8}{7} \qquad u_{基4}=\frac{36}{28}=\frac{9}{7}$$

$$u_{基5}=\frac{19}{14}=\frac{9.5}{7} \qquad u_{基6}=\frac{20}{14}=\frac{10}{7} \qquad u_{基7}=\frac{33}{21}=\frac{11}{7} \qquad u_{基8}=\frac{36}{21}=\frac{12}{7}$$

上述变速机构是获得各种螺纹的基本机构，称为基本螺距机构或称基本组。$u_{倍}$ 是轴 XⅤ 和轴 XⅦ 之间变速机构的四种传动比，即

$$u_{倍1}=\frac{18}{45}\times\frac{15}{48}=\frac{1}{8} \qquad u_{倍2}=\frac{28}{35}\times\frac{15}{48}=\frac{1}{4}$$

$$u_{倍3}=\frac{18}{45}\times\frac{35}{28}=\frac{1}{2} \qquad u_{倍4}=\frac{28}{35}\times\frac{35}{28}=1$$

上述四种传动比按倍数关系排列，用于扩大机床车削螺纹导程的种数，这个变速机构称为增倍机构或增倍组。

在加工正常螺纹导程时，主轴 Ⅵ 至传动轴 Ⅸ 间的传动比 $u_{正常}=\frac{58}{58}=1$，此时，能加工的最大螺纹导程 $L=12\mathrm{mm}$。如果需要车削导程更大的螺纹时，可将轴 Ⅸ 的滑移齿轮 58 向右移动，使之与轴Ⅷ上的齿轮 26 啮合，从主轴 Ⅵ 至轴 Ⅸ 间的传动比为

$$u_{扩1}=\frac{58}{26}\times\frac{80}{20}\times\frac{50}{50}\times\frac{44}{44}\times\frac{26}{58}=4$$

$$u_{扩2}=\frac{58}{26}\times\frac{80}{20}\times\frac{80}{20}\times\frac{44}{44}\times\frac{26}{58}=16$$

这表明，当车削螺纹传动链其他部分不变时，只做上述调整，便可使螺纹导程比正常导程相应地扩大 4 倍或 16 倍。通常，把上述传动机构称为扩大螺距机构。在 CA6140 型车床上，通过扩大螺距机构所能车削的最大米制螺纹导程为 192mm。

必须指出，扩大螺距机构的传动比 $u_{扩}$，是由主运动传动链中背轮机构齿轮的啮合位置所确定的，而背轮机构一定的齿轮啮合位置，又对应一定的主轴转速，因此，主轴转速一定时，螺纹导程可能扩大的倍数是确定的。具体地说，主轴转速是 10~32r/min 时，导程可扩大 16 倍；主轴转速是 40~125r/min 时，导程可扩大 4 倍；主轴转速更高时，导程不能扩大。这也正好符合大导程螺纹只能在低速时车削的实际需要。

当需要车削非标准螺纹和精密螺纹时，需将进给箱中的齿式离合器 M_3、M_4 和 M_5 全部接合上，此时，轴 XⅡ、XⅣ、XⅦ 和丝杠 XⅧ 联成一体，运动由挂轮直接传给丝杠，被加工螺纹的导程 $L_{工}$ 可通过选配挂轮来实现，因此，可以车削任意导程的非标准螺纹。同时，由于传动链大大地缩短，减少了传动件制造和装配误差对螺纹螺距精度的影响，若选用高精度的齿轮做为挂轮，则可加工精密螺纹。挂轮换置公式为

$$u_{挂}=\frac{a}{b}\times\frac{c}{d}=\frac{L_{工}}{12}$$

3）纵向进给一般用于外圆车削，而横向进给则用于端面车削。为了减少丝杠的磨损和便于操纵，机动进给是由光杠经溜板箱传动的，其传动路线表达式为

$$主轴-\begin{bmatrix}米制螺纹传动路线\\英制螺纹传动路线\end{bmatrix}-XⅦ-\frac{28}{56}-XⅨ(光杠)-\frac{36}{32}\times\frac{32}{56}-$$

$$—M_6(超越离合器)—M_7(安全离合器)—XX—\frac{4}{29}—XXI—$$

$$-\left[\begin{array}{c}\left[\begin{array}{c}-\dfrac{40}{48}M_8\uparrow-\\[2mm]-\dfrac{40}{30}\times\dfrac{30}{48}M_8\downarrow-\end{array}\right]-XXII-\dfrac{28}{80}-XXIII-齿轮(z=12)-齿条-刀架(纵向进给)\\[8mm]\left[\begin{array}{c}-\dfrac{40}{48}M_9\uparrow-\\[2mm]-\dfrac{40}{30}\times\dfrac{30}{48}M_9\downarrow-\end{array}\right]-XXV-\dfrac{48}{48}\times\dfrac{59}{18}-XXVII-刀架(横向进给)\end{array}\right]$$

CA6140 型车床纵向机动进给量有 64 级。其中，当进给运动由主轴经正常螺距米制螺纹传动路线时，可获得范围为 $0.08\sim1.22\mathrm{mm/r}$ 的 32 级正常进给量；当进给运动由主轴经正常螺距英制螺纹传动路线时，可获得 $0.86\sim1.59\mathrm{mm/r}$ 的 8 级较大进给量；若接通扩大螺距机构，选用米制螺纹传动路线，并使 $u_倍=1/8$，可获得 $0.028\sim0.054\mathrm{mm/r}$ 的 8 级用于高速精车的小进给量；而接通扩大螺距机构，采用英制螺纹传动路线，并适当调整增倍机构，可获得范围为 $1.71\sim6.33\mathrm{mm/r}$ 的 16 级供强力切削或宽刃精车之用的加大进给量。

分析可知，当主轴箱及进给箱中的传动路线相同时，所得到的横向机动进给量级数与纵向相同，且横向进给量 $f_横=1/2f_纵$。这是因为横向进给经常用于切槽或切断，容易产生振动，切削条件差，故使用较小进给量。

4) 刀架的快速移动是由装在溜板箱内的快速电动机（0.25kW，2800r/min）驱动的。按下快速移动按钮，启动快速电动机后，由溜板箱中的双向离合器 M_8 和 M_9 控制其纵、横双向快速移动。

刀架快速移动时，可不必脱开机动进给传动链，在齿轮 56 与轴 XX 之间装有超越离合器 M_6，可保证光杠和快速电动机同时传给轴 XX 运动而不相互干涉。

9.1.3　外圆表面的磨削加工

用磨具以较高的线速度对工件表面进行加工的方法称为磨削。磨削加工是一种多刀多刃的高速切削方法，它适用于零件精加工和硬表面的加工。

磨削的工艺范围很广，可以划分为粗磨、精磨、细磨及镜面磨。各种磨削方案所能达到的经济加工精度和表面粗糙度值见表 9-1。

磨削加工采用的磨具（或磨料）具有颗粒小、硬度高、耐热性好等特点，因此可以加工较硬的金属材料和非金属材料，如淬硬钢、硬质合金刀具、陶瓷等；加工过程中同时参与切削运动的颗粒多，能切除极薄极细的切屑，因而加工精度高，表面粗糙度值小。磨削加工作为一种精加工方法，在生产中得到广泛应用。目前，由于强力磨削的发展，也可以直接将毛坯磨削到所需要的尺寸和精度，从而获得了较高的生产率。

1. 砂轮的特性与选择

砂轮是磨削加工中最主要的一类磨具。砂轮是在磨料中加入结合剂，经压坯、干燥和焙烧而制成的多孔体。由于磨料、结合剂及制造工艺等不同，砂轮的特性差别很大，因此对磨削的加工质量、生产率和经济性有着重要影响。砂轮的特性主要是由磨料、粒度、结合剂、硬度、组织、形状和尺寸等因素决定的。

（1）磨料 磨料是砂轮的主要组成成分，它应具有很高的硬度、耐磨性、耐热性和一定的韧性，以承受磨削时的切削热和切削力，同时还应具备锋利的尖角，以利磨削金属。常用磨料代号、特性及适用范围如表9-4所示。

表9-4 常用磨料代号、特性及适用范围

系别	名称	代号	主要成分	显微硬度（HV）	颜色	特性	适用范围
氧化物系	棕刚玉	A	Al_2O_3 91%~96%	2200~2280	棕褐色	硬度高，韧性好，价格便宜	磨削碳钢、合金钢、可锻铸铁、硬青铜
	白刚玉	WA	Al_2O_3 97%~99%	2200~2300	白色	硬度高于棕刚玉，磨粒锋利，韧性差	磨削淬硬的碳钢、高速钢
碳化物系	黑碳化硅	C	SiC>95%	2840~3320	黑色带光泽	硬度高于刚玉，性脆而锋利，有良好的导热性和导电性	磨削铸铁、黄铜、铝及非金属
	绿碳化硅	GC	SiC>99%	3280~3400	绿色带光泽	硬度和脆性高于黑碳化硅，有良好的导热性和导电性	磨削硬质合金、宝石、陶瓷、光学玻璃、不锈钢
高硬磨料	立方氮化硼	CBN	立方氮化硼	8000~9000	黑色	硬度仅次于金刚石，耐磨性和导电性好，发热量小	磨削硬质合金、不锈钢、高合金钢等难加工材料
	人造金刚石	MBD	碳结晶体	10000	乳白色	硬度极高，韧性很差，价格昂贵	磨削硬质合金、宝石、陶瓷等高硬度材料

（2）粒度 粒度是指磨料颗粒尺寸的大小。粒度分为磨粒和微粉两类。对于颗粒尺寸大于40μm的磨料，称为磨粒。用筛选法分级，粒度号以磨粒通过的筛网上每英寸长度内的孔眼数表示。如60#的磨粒表示其大小刚好能通过每英寸长度上有60孔眼的筛网。对于颗粒尺寸小于40μm的磨料，称为微粉。用显微测量法分级，用W和后面的数字表示粒度号，W后的数值代表微粉的实际尺寸。如W20表示微粉实际尺寸为20μm。

砂轮的粒度对磨削表面的粗糙度和磨削效率影响很大。磨粒粗，磨削深度大，生产率高，但表面粗糙度值大。反之，则磨削深度均匀，表面粗糙度值小。所以，粗磨时一般选粗粒度，精磨时选细粒度。磨软金属时，多选用粗磨粒，磨削硬而脆的材料时，则选用较细的磨粒。

磨料粒度的选用见表9-5。

表9-5 磨料粒度的选用

粒度号	颗粒尺寸范围/μm	适用范围	粒度号	颗粒尺寸范围/μm	适用范围
W12~W36	2000~1600 500~400	粗磨、荒磨、切断钢坯、打磨毛刺	W40~W20	40~28 20~14	精磨、超精磨、螺纹磨、珩磨
W46~W80	400~315 200~160	粗磨、半精磨、精磨	W14~W10	14~10 10~7	精磨、精细磨、超精磨、镜面磨
W100~W280	165~125 50~40	精磨、成形磨、刀具刃磨、珩磨	W7~W3.5	7~5 3.5~2.5	超精磨、镜面磨、制作研磨剂等

（3）结合剂 结合剂是把磨粒粘结在一起组成磨具的材料。砂轮的强度、抗冲击性、耐热性及耐腐蚀性，主要取决于结合剂的种类和性质。常用结合剂的种类、性能及适用范围见表9-6。

表9-6 常用结合剂的种类、性能及适用范围

种类	代号	性 能	用 途
陶瓷	V	耐热性、耐腐蚀性好、气孔率大、易保持轮廓、弹性差	应用最广，适用于$v<35m/s$的各种成形磨削、磨齿轮、磨螺纹等
树脂	B	强度高、弹性大、耐冲击、坚固性和耐热性差、气孔率小	适用于$v>50m/s$的高速磨削；可制成薄片砂轮，用于磨槽、切割等
橡胶	R	强度和弹性更高、气孔率小、耐热性差、磨粒易脱落	适用于无心磨的砂轮和导轮、开槽和切割的薄片砂轮、抛光砂轮等
金属	M	韧性和成形性好、强度大、但自锐性差	可制造各种金刚石磨具

（4）硬度 砂轮硬度是指砂轮工作时，磨粒在外力作用下脱落的难易程度。砂轮硬，表示磨粒难以脱落；砂轮软，表示磨粒容易脱落。砂轮的硬度等级见表9-7。

表9-7 砂轮的硬度等级及代号

硬度等级	大级	超软	软			中软		中		中硬			硬		超硬
	小级	超软	软1	软2	软3	中软1	中软2	中1	中2	中硬1	中硬2	中硬3	硬1	硬2	超硬
代号		D E F	G	H	J	K	L	M	N	P	Q	R	S	T	Y

砂轮的硬度与磨料的硬度是两个完全不同的概念。硬度相同的磨料可以制成硬度不同的砂轮，砂轮的硬度主要决定于结合剂性质、数量和砂轮的制造工艺。例如，结合剂与磨粒粘固程度越高，砂轮硬度越高。

砂轮硬度的选用原则是：工件材料硬，砂轮硬度应选用软一些，以便砂轮磨钝磨粒及时脱落，露出锋利的新磨粒继续正常磨削；工件材料软，因易于磨削，磨粒不易磨钝，砂轮应选硬一些。但对于有色金属、橡胶、树脂等软材料磨削时，由于切屑容易堵塞砂轮，应选用较软砂轮。粗磨时，应选用较软砂轮；而精磨、成形磨削时，应选硬一些的砂轮，以保持砂轮必要的形状精度。机械加工中常用砂轮硬度等级为H至N（软2-中2）。

（5）组织 砂轮的组织是指组成砂轮的磨粒、结合剂、气孔三部分体积的比例关系。通常以磨粒所占砂轮体积的百分率来分级。砂轮有三种组织状态：紧密、中等、疏松；细分成0~14号间，共15级。组织号越小，磨粒所占比例越大，砂轮越紧密；反之，组织号越大，磨粒比例越小，砂轮越疏松，见表9-8。

表9-8 砂轮组织分类

组织号	0	1	2	3	4	5	6	7	8	9	10	11	12	13	14
磨粒率(%)	62	60	58	56	54	52	50	48	46	44	42	40	38	36	34
类别	紧密				中等				疏松						
应用	精磨、成形磨				淬火工件、刀具				韧性大和硬度低的金属						

（6）形状与尺寸 砂轮的形状和尺寸是根据磨床类型、加工方法及工件的加工要求来

确定的。常用砂轮名称、形状简图、代号和主要用途见表9-9。

表 9-9　常用砂轮形状、代号和用途

砂轮名称	代号	简图	主要用途
平行砂轮	1	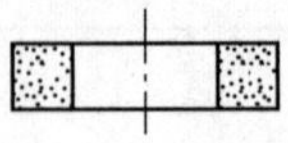	外圆磨、内圆磨、平面磨、无心磨、工具
薄片砂轮	41	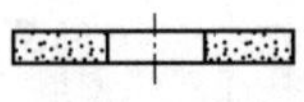	切断及切槽
筒形砂轮	2	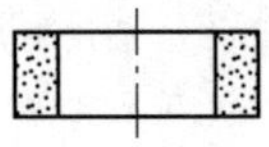	端磨平面
碗形砂轮	11	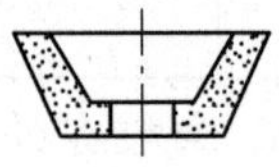	刃磨刀具、磨导轨
蝶形1号砂轮	12a	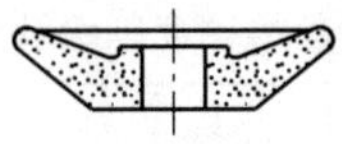	磨铣刀、铰刀、拉刀、磨齿轮
双斜边砂轮	4	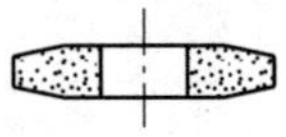	磨齿轮及螺纹
杯形砂轮	6	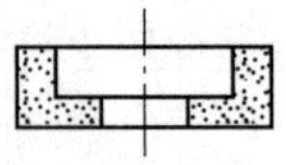	磨平面、内圆、刃磨刀具

砂轮的特性均标记在砂轮的侧面上，其顺序是：形状代号、尺寸、磨料、粒度号、硬度、组织号、结合剂、线速度。例如，外径300mm，厚度50mm，孔径75mm，棕刚玉，粒度60，硬度L，5号组织，陶瓷结合剂，最高工作线速度35 m/s的平行砂轮，其标记为：砂轮 1-300×50×75-A60L5V-35m/s。

2. 外圆磨床的磨削方法

外圆表面磨削一般在外圆磨床或无心外圆磨床上进行，也可采用砂带磨床磨削。在外圆磨床上磨削工件时，轴类零件常用顶尖装夹，其方法与车削时基本相同，但磨床所用顶尖不随工件一起转动。这样，主轴与轴承的制造误差、轴承间隙、顶尖的同轴度误差等就不会反映到工件上，可提高加工精度。盘套类工件则用心轴和顶尖装夹，所用心轴和车削用心轴基本相同，只是形状和位置精度以及表面粗糙度要求较严格。磨削短又无中心孔的轴类工件时，可用三爪自定心卡盘或四爪单动卡盘装夹。

在外圆磨床上常用的磨削方法有：

（1）纵磨法　如图9-7a所示，砂轮高速旋转起切削作用，工件旋转作圆周进给运动，并和工作台一起作纵向往复直线进给运动。工作台每往复一次，砂轮沿磨削深度方向完成一次横向进给，每次进给（背吃刀量）都很小，全部磨削余量是在多次往复行程中完成的。当工件磨削接近最终尺寸时（尚有余量 0.005~0.01mm），应无横向进给光磨几次，直到火花消失为止。纵磨法加工精度和表面质量较高，适应性强，用同一砂轮可磨削直径和长度不同的工件，但生产率低。在单件、小批量生产及精磨中，应用广泛，特别适用于磨削细长轴等刚性差的工件。

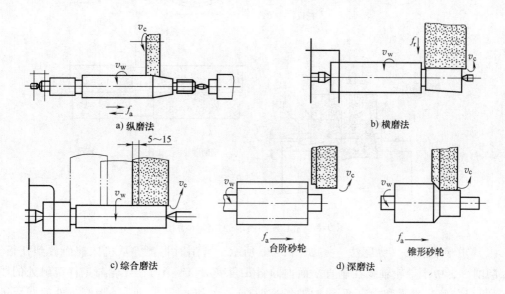

图 9-7 外圆磨床的磨削方法

（2）横磨法（切入法） 如图 9-7b 所示，磨削时，工件不作纵向往复运动，砂轮以缓慢的速度连续或间断地向工件作横向进给运动，直到磨去全部余量。横磨时，工件与砂轮的接触面积大，磨削力大，发热量大而集中，所以易发生工件变形、烧刀和退火。横磨法生产效率高，适用于成批或大量生产中，磨削长度短、刚性好、精度低的外圆表面及两侧都有台肩的轴颈。若将砂轮修整成形，也可直接磨削成形面。

（3）综合磨法 如图 9-7c 所示，先用横磨法将工件分段进行粗磨，相邻之间有 5~15mm 的搭接，每段上留有 0.01~0.03mm 的精磨余量，精磨时采用纵磨法。这种磨削方法综合了纵磨法和横磨法的优点，适用于磨削余量较大（余量 0.7~0.6mm）的工件。

（4）深磨法 如图 9-7d 所示，磨削时，采用较小的纵向进给量（1~2mm/r）和较大的吃刀深度（0.2~0.6mm）在一次走刀中磨去全部余量。为避免切削载荷集中和砂轮外圆棱角迅速磨钝，应将砂轮修整成锥形或台阶形，外径小的台阶起粗磨作用，可修粗些；外径大的起精磨作用，修细些。深磨法可获得较高精度和生产率，表面粗糙度值较小，适用于大批量生产中加工刚性好的短轴。

3. 无心外圆磨床的磨削方法

在无心外圆磨床磨削工件外圆时，工件不用顶尖来定心和支承，而是直接将工件放在砂轮和导轮（用橡胶结合剂做的粒度较粗的砂轮）之间，由托板支承，工件被磨削的外圆面作定位面，如图 9-8a 所示。无心外圆磨床有两种磨削方式。

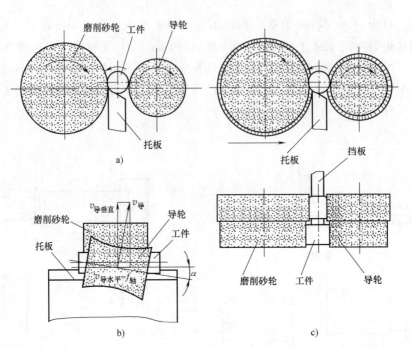

图 9-8 无心外圆磨削的加工示意图

（1）贯穿磨削法（纵磨法）　如图 9-8b 所示，磨削时将工件从机床前面放到托板上，推入磨削区，由于导轮轴线在垂直平面内倾斜 α 角（$\alpha = 1° \sim 6°$），导轮与工件接触处的线速度 $v_导$ 可以分解成水平和垂直两个方向的分速度 $v_{导水平}$ 和 $v_{导垂直}$，$v_{导垂直}$ 控制工件的圆周进给运动；$v_{导水平}$ 使工件作纵向进给。所以工件进入磨削区后，便既做旋转运动，又做轴向移动，穿过磨削区，工件就磨削完毕。α 角增大、生产率高，但表面粗糙度值增大；反之，情况相反。为保证导轮与工件呈线接触状态，需将导轮形状修整成回转双曲面形。这种磨削方法不适用带台阶的圆柱形工件。

（2）切入磨削法（横磨法）　先将工件放在托板和导轮之间，然后由工件（连同导轮）或磨削砂轮横向切入进给，磨削工件表面。这时导轮的中心线仅倾斜很小角度（约 $30'$），以便对工件产生一微小的轴向推力，使它靠住挡板，得到可靠轴向定位，如图 9-8c 所示。切入磨削法适用于磨削有阶梯或成形回转表面的工件，但磨削表面长度不能大于磨削砂轮宽度。

在磨床上磨削外圆表面时，应采用充足的切削液，一般磨削钢件多用苏打水或乳化液；磨削铝件加少量矿物油的煤油；铸铁、青铜件一般不用切削液，而用吸尘器清除尘屑。

4. M1432A 型万能外圆磨床

M1432A 型万能外圆磨床主要用于磨削内外圆柱面、内外圆锥面、阶梯轴轴肩以及端面和简单的成形回转表面等。它属于普通精度级机床，磨削精度可达 IT6 ~ IT7 级，表面粗糙度 Ra 值在 $1.25 \sim 0.08 \mu m$ 之间。这种机床万能性强，但自动化程度较低，磨削效率不高，适用于工具车间，维修车间和单件小批量生产类型。其主参数即最大磨削直径为 320mm。

图 9-9 所示为 M1432A 型万能外圆磨床外形图。由图可见，在床身的纵向导轨上装有工作台，台面上装有头架和尾架，用以夹持不同长度的工件，头架带动工件旋转。工作台由液压传动沿床身导轨往复移动，使工件实现纵向进给运动。工作台由上下两层组成，其上部可

相对下部在水平面内偏转一定的角度（一般不大于±10°），以便磨削锥度不大的圆锥面。砂轮架安装在尾架上，转动横向进给手轮，通过横向进给机构带动尾架及砂轮架作快速进退或周期性自动切入进给。内圆磨头放下时用以磨削内圆（图示处于抬起状态）。

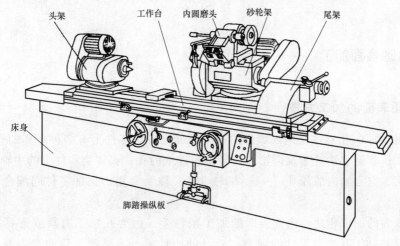

图 9-9　M1432A 型万能外圆磨床

　　图 9-10 所示为万能外圆磨床的典型加工方法。图 9-10a 为纵磨法磨削外圆柱面，图 9-10b 为扳转工作台用纵磨法磨削长圆锥面，图 9-10c 为扳动砂轮架用切入法磨削短圆锥面，图 9-10d 为扳动头架用纵磨法磨削圆锥面，图 9-10e 为用内圆磨具磨削圆柱孔。

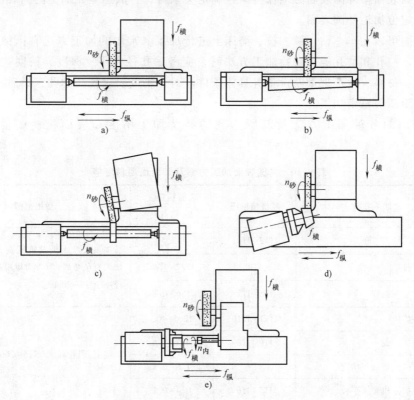

图 9-10　万能外圆磨床典型加工示意图

分析 M1432A 型万能外圆磨床的典型加工方法可知，机床必须具备以下运动：外圆磨和内圆磨砂轮的旋转主运动；工件圆周进给运动；工件（工作台）往复纵向进给运动；砂轮横向进给运动。此外，机床还应有两个辅助运动：砂轮横向快速进退和尾架套筒缩回，以便装卸工件。

9.2 内圆表面加工

9.2.1 内圆表面的加工方法

内圆表面（即内孔）也是组成零件的基本表面之一。零件上有多种多样的孔，如螺钉、螺栓的紧固孔；套筒、法兰盘及齿轮等回转体零件上的孔；箱体类零件上的主轴及传动轴的轴承孔；炮筒、空心轴内的深孔（一般 $l/d \geqslant 10$）；以及常用于保证零件间配合准确性的圆锥孔等。

与外圆表面的加工相比，内圆表面的加工条件差。因为孔加工刀具或磨具的尺寸（直径、长度）受被加工孔本身尺寸的限制，刀具的刚性差，容易产生弯曲变形及振动；切削过程中，孔内排屑、散热、冷却、润滑条件差。因此，孔的加工精度和表面粗糙度都不容易控制。此外，大部分孔加工刀具为定尺寸刀具，刀具直径的制造误差和磨损，将直接影响孔的加工精度。故在一般情况下，加工孔比加工同样尺寸、精度的外圆表面要困难些。当一个零件要求内圆表面与外圆表面必须保持某种确定关系时，一般总是先加工内圆表面，然后再以内圆表面定位加工外圆表面。

内圆表面可以在车、钻、镗、拉、磨床上进行加工。常用的加工方法有：钻孔、扩孔、铰孔、镗孔、拉孔和磨孔等。选择加工方法时，应考虑孔径大小、深度、精度、工件形状、尺寸、重量、材料、生产批量及设备等具体条件。对于精度要求较高的孔，最后还必须经珩磨或研磨及滚压等精密加工。

内圆表面的各种加工方案及其所达到的经济加工精度和表面粗糙度值，详见表 9-10。

表 9-10　内圆表面加工方案及其表面粗糙度值

序号	加工方案	经济精度级	表面粗糙度 Ra 值/μm	适用范围
1	钻	IT12～IT11	12.5	加工未淬火钢及铸铁实心毛坯，也可加工有色金属（但表面粗糙度稍粗糙，孔径小于 15～20mm）
2	钻—铰	IT9	3.2～1.6	
3	钻—铰—精铰	IT8～IT7	1.6～0.8	
4	钻—扩	IT11～IT10	12.5～6.3	同上，但孔径大于 15～20mm
5	钻—扩—铰	IT9～IT8	3.2～1.6	
6	钻—扩—粗铰—精铰	IT7	1.6～0.8	
7	钻—扩—机铰—手铰	IT7～IT6	0.4～0.1	
8	钻—扩—拉	IT9～IT7	1.6～0.1	大批大量生产（精度由拉刀精度决定）

（续）

序号	加工方案	经济精度级	表面粗糙度 Ra 值/μm	适用范围
9	粗镗（或扩孔）	IT12~IT11	12.5~6.3	除淬火钢外各种材料，毛坯有铸出孔或锻出孔
10	粗镗（粗扩）—半精镗（精扩）	IT9~IT8	3.2~1.6	
11	粗镗（扩）—半精镗（精扩）—精镗（铰）	IT8~IT7	1.6~0.8	
12	粗镗（扩）—半精镗（精扩）—精镗—浮动镗刀精镗	IT7~IT6	0.8~0.4	
13	粗镗（扩）—半精镗—磨孔	IT8~IT7	0.8~0.2	主要用于淬火钢，也可用于未淬火钢，但不宜用于有色金属
14	粗镗（扩）—半精镗—粗磨—精磨	IT7~IT6	0.2~0.1	
15	粗镗—半精镗—精镗—金刚镗	IT7~IT6	0.4~0.05	主要用于精度要求高的有色金属加工
16	钻—（扩）—粗铰—精铰—珩磨；钻—（扩）—拉—珩磨；粗镗—半精镗—精镗—珩磨	IT7~IT6	0.2~0.025	精度要求很高的孔
17	以研磨代替上述方案中珩磨	IT6 级以上		

9.2.2　钻削加工

用钻头在实体材料上加工孔的方法称为钻孔；用扩孔钻对已有孔进行扩大再加工的方法称为扩孔；它们统称为钻削加工。钻削加工主要在钻床上进行。钻削加工操作简便，适应性强，应用很广。

1. 钻孔

钻孔最常用的刀具是麻花钻，用麻花钻钻孔的尺寸精度为 IT13~IT11，表面粗糙度 R_a 值为 50~12.5μm，属于粗加工。钻孔主要用于质量要求不高的孔的终加工，例如螺栓孔、油孔等，也可作为质量要求较高孔的预加工。

麻花钻由工具厂专业生产，其常备规格为 $\phi0.1~\phi80mm$。麻花钻的结构主要由柄部、颈部及工作部分组成，如图 9-11 所示。

柄部是钻头的夹持部分，用以传递转矩和轴向力。柄部有直柄和锥柄两种形式，钻头直径小于 12mm 时制成直柄（图 9-11b）；钻头直径大于 12mm 时制成莫氏锥度的圆锥柄（图9-11a）。锥柄后端的扁尾可插入钻床主轴的长方孔中，以传递较大的转矩。

颈部是柄部和工作部分的连接部分，是磨削柄部时砂轮的退刀槽，也是打印商标和钻头规格的地方。直柄钻头一般不制有颈部。

钻头的工作部分包括切削部分和导向部分。切削部分担负主要切削工作，如图 9-11c 所示，切削部分由两条主切削刃、两条副切削刃和一条横刃及两个前刀面和两个后刀面组成。螺旋槽的一部分为前刀面，钻头的顶锥面为主后刀面。导向部分的作用是当切削部分切入工

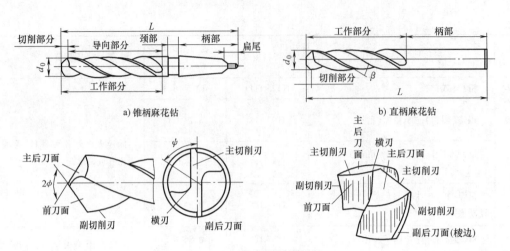

图 9-11　麻花钻的结构

件后起导向作用，也是切削部分的后备部分。导向部分有两条螺旋槽和两条棱边，螺旋槽起排屑和输送切削液作用，棱边起导向、修光孔壁作用。导向部分有微小的倒锥度，即从切削部分向柄部每 100mm 长度上钻头直径 d_0 减少 $0.03 \sim 0.12$mm，以减少与孔壁的摩擦。

麻花钻的主要几何角度有顶角 2ϕ，螺旋角 β，前角 γ_0，后角 α_0 和横刃斜角 ψ 等。这些几何角度对钻削加工的性能、切削力大小，排屑情况等都有直接的影响，使用时要根据不同加工材料和切削要求来选取。

麻花钻虽然是孔加工的主要刀具，长期以来一直被广泛使用，但是由于麻花钻在结构上存在着比较严重的缺陷，致使钻孔的质量和生产率受到很大影响，这主要表现在：

1）钻头主切削刃上各点的前角变化很大，钻孔时，外缘处的切削速度最大，而该处的前角最大，刀刃强度最薄弱，因此，钻头在外缘处的磨损特别严重。

2）钻头横刃较长，横刃及其附近的前角为负值，达 $-55° \sim -60°$。钻孔时，横刃处于挤刮状态，轴向抗力较大。同时横刃过长，不利于钻头定心，易产生引偏，致使加工孔的孔径增大，孔不圆或孔的轴线歪斜等。

3）钻削加工过程是半封闭状态。钻孔时，主切削刃全长同时参加切削，切削刃长，切屑宽，而各点切屑的流出方向和速度各异，切屑呈螺卷状，而容屑槽又受钻头本身尺寸的限制，因而排屑困难，切削液也不易注入切削区域，冷却和散热不好，大大降低了钻头的使用寿命。

针对标准高速钢麻花钻存在的缺陷，在实践中采取了多种措施修磨麻花钻的结构。如修磨横刃，减少横刃长度，增大横刃前角，减小轴向受力状况；修磨前刀面，增大钻心处前角；修磨主切削刃，改善散热条件；在主切削刃后面磨出分屑槽，利于排屑和切削液注入，改善切削条件等。用麻花钻综合修磨而成的新型钻头，即"群钻"。

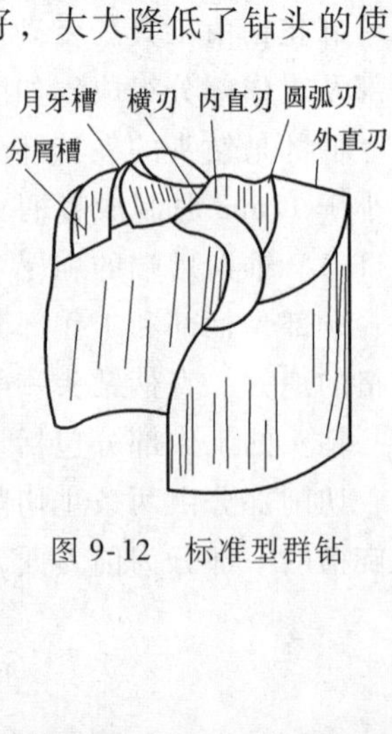

图 9-12 所示是标准型群钻结构，适合于钻削碳素钢和低合金钢。其修磨主要特征为：

图 9-12　标准型群钻

1）将横刃磨短、磨低，改善横刃处的切削条件。

2）将靠近钻心附近的主刃修磨成一段顶角较大的内直刃和一段圆弧刃，以增大该段切削刃前角。同时，对称的圆弧刃在钻削过程中起到定心及分屑作用。

3）在外直刃上磨出分屑槽，改善断屑、排屑情况。

经过综合修磨而成的群钻，切削性能显著改善。钻削轴向力比标准麻花钻降低 35% ~ 50%，转矩降低 10% ~ 30%，切削轻快省力；改善了散热、断屑及冷却润滑条件，耐用度比标准麻花钻提高了 3~5 倍；另外，生产率、加工精度及表面质量都有所提高。

2. 钻深孔

对于孔的深度与直径之比 $l/d=5~10$ 的普通深孔，可以用加长麻花钻加工；对于孔的深度与直径之比 $l/d>5~10$ 的深孔，必须采用特殊结构的深孔钻才能加工。

深孔加工难度大，技术要求高，这是深孔的特点决定的。因此，设计和使用深孔钻时应注意钻头的导向，防止偏斜；保证可靠的断屑和排屑；采取有效的冷却和润滑措施。下面介绍几种常见深孔钻的工作原理与结构特点。

（1）单刃外排屑深孔钻　单刃外排屑深孔钻又称枪钻。主要用于加工直径 $d=3~20mm$，孔深与直径之比 $l/d>100$ 的小深孔。其工作原理如图 9-13 所示。切削时，高压切削液（约为 3.5~10MPa）从钻杆和切削部分的进液孔注入切削区域，以冷却、润滑钻头，切屑经钻杆与切削部分的 V 形槽冲出，因此，称之为外排屑。

枪钻的特点是结构较简单，钻头背部圆弧支承面在切削过程中起导向定位作用，切削稳定，孔的加工直线性好。

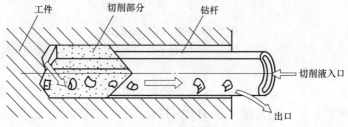

图 9-13　单刃外排屑深孔钻工作原理

（2）错齿内排屑深孔钻　错齿内排屑深孔钻适于加工直径 $d>20mm$，孔深与直径比 $l/d<100$ 的直径较大的深孔，其工作原理如图 9-14 所示。切削时高压切削液（约 2~6MPa）由工件孔壁与钻杆的表面之间的间隙进入切削区，以冷却、润滑钻头切削部分，并利用高压切削液把切屑从钻头和钻管的内孔中冲出。

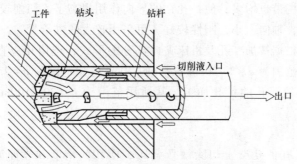

图 9-14　错齿内排屑深孔钻工作原理

　　错齿内排屑深孔钻的切削部分由数块硬质合金刀片交错排列焊接在钻体上，实现了分屑，便于切屑排出；切屑是从钻杆内部排出而不与工件已加工表面接触，所以可获得好的加工表面质量；分布在钻头前端的硬质合金导向条，使钻头支承在孔壁上，实现了切削过程中的导向，增大了切削过程的稳定性。

　　（3）喷吸钻　喷吸钻适用于加工直径 $d=16\sim65mm$，孔深与直径比 $l/d<100$ 的中等直径一般深孔。喷吸钻主要由钻头、内钻管和外钻管三部分组成，钻头部分的结构与错齿内排屑深孔钻基本相同。其工作原理如图 9-15 所示。工作时，切削液以一定的压力（一般为 $0.98\sim1.96MPa$）从内外钻管之间输入，其中 2/3 的切削液通过钻头上的小孔压向切削区，对钻头切削部分及导向部分进行冷却与润滑；另外 1/3 的切削液则通过内钻管上月牙形槽喷嘴喷入内钻管，由于月牙形槽缝隙很窄，喷入的切削液流速增大而形成一个低压区，切削区的高压与内钻管内的低压形成压力差，使切削液和切屑一起被迅速"吸"出，提高了冷却和排屑效果，所以喷吸钻是一种效率高、加工质量好的内排屑深孔钻。

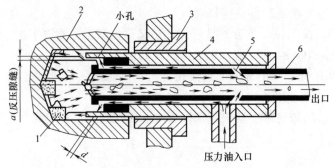

图 9-15　喷吸钻工作原理

1—钻头　2—工件　3—钻套　4—外钻管　5—月牙形槽喷嘴　6—钻管

3. 扩孔

　　扩孔是用扩孔钻对工件上已钻出、铸出或锻出的孔进行扩大加工。扩孔可在一定程度上校正原孔轴线的偏斜，扩孔的精度可达 IT10～IT9，表面粗糙度 R_a 值可达 $6.3\sim3.2\mu m$，属于半精加工。扩孔常用作铰孔前的预加工，对于质量要求不高的孔，扩孔也可作孔加工的最终工序。

　　扩孔用的扩孔钻结构形式分为带柄式和套式两类。如图 9-16 所示，带柄的扩孔钻由工作部分及柄部组成；套式扩孔钻由工作部分及 1：30 锥孔组成。

　　扩孔钻与麻花钻相比，容屑槽浅窄，可在刀体上做出 3～4 个切削刃，可以提高生产率。同时，切削刃增多，棱带也增多，使扩孔钻的导向作用提高了，切削较稳定。此外，扩孔钻没有横刃，钻芯粗大，轴向力小，刚性较好，可采用较大的进给量。

　　选用扩孔钻时应根据被加工孔及机床夹持部分的形式，选用相应直径及形式的扩孔钻。通常直柄扩孔钻适用范围为 $d=3\sim20mm$；锥柄扩孔钻适用范围为 $d=7.5\sim50mm$，套式扩孔钻主要用于大直径及较深孔的扩孔加工，其适用范围为 $d=20\sim100mm$。扩孔余量一般为 $0.5\sim4mm$（直径值）。

4. 铰孔

　　用铰刀从被加工孔的孔壁上切除微量金属，使孔的精度和表面质量得到提高的加工方法，称为铰孔。铰孔是应用较普遍的对中小直径孔进行精加工的方法之一，它是在

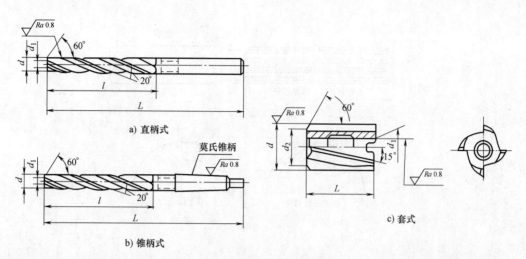

a) 直柄式

b) 锥柄式

c) 套式

图 9-16 扩孔钻类型

扩孔或半精镗孔的基础上进行的。根据铰刀的结构不同，铰孔可以加工圆柱孔、圆锥孔；可以手工操作，也可以在机床上进行。铰孔后孔的精度可达 IT9～IT7，表面粗糙度 Ra 值达 $1.6～0.4\mu m$。

铰刀的结构如图 9-17 所示，铰刀由柄部、颈部和工作部分组成。工作部分包括切削部分和修光部分（标准部分）。切削部分为锥形，担负主要切削工作。修光部分起校正孔径、修光孔壁和导向作用。为减少修光部分刀齿与已加工孔壁的摩擦，并防止孔径扩大，修光部分的后端为倒锥形状。

铰刀可分为手用铰刀和机用铰刀两种。手用铰刀为直柄，如图 9-17a 所示，其工作部分较长，导向性好，可防止铰孔时铰刀歪斜。机用铰刀又分为直柄、锥柄和套式三种，如图 9-17b、c 所示。

选用铰刀时，应根据被加工孔的特点及铰刀的特点正确选用。一般手用铰刀用于小批生产或修配工作，对未淬硬孔进行手工操作的精加工。手用铰刀适用范围为 $d=1～71mm$。

机用铰刀适用于在车床、钻床、数控机床上使用。主要对钢、合金钢、铸铁、铜、铝等工件的孔进行半精加工和精加工。一般机用铰刀的适用范围为 $d=15～50mm$，套式机用铰刀适合于较大孔径的加工，其范围为 $d=23.6～100mm$。

另外，铰刀分为三个精度等级，分别用于不同精度孔的加工（H7、H8、H9）。在选用时，应根据被加工孔的直径、精度和机床夹持部分的形式来选用相应的铰刀。

铰孔生产率高，容易保证孔的精度和表面粗糙度，但铰刀是定值刀具，一种规格的铰刀只能加工一种尺寸和精度的孔，且不宜铰削非标准孔、台阶孔和盲孔。对于中等尺寸以下较精密的孔，钻-扩-铰是生产中经常采用的典型工艺方案。

5. 钻床

钻床主要是用钻头钻削直径不大、精度要求较低的孔，此外还可以进行扩孔、铰孔、攻螺纹等加工的机床。加工时，工件固定不动，刀具旋转形成主运动，同时沿轴向移动完成进给运动。钻床的应用很广，其主要加工方法如图 9-18 所示。

钻床的主要类型有台式钻床、立式钻床、摇臂钻床以及深孔钻床等。

（1）立式钻床 立式钻床是应用较广的一种机床，其主参数是最大钻孔直径，常用的

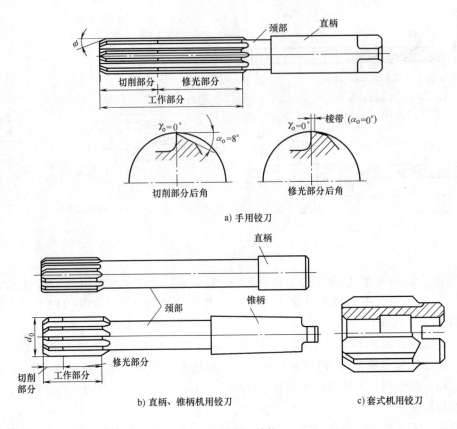

图 9-17　铰刀结构

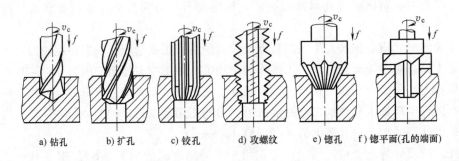

图 9-18　钻床的加工方法

有 25mm、35mm、40mm 和 50mm 等几种。

　　立式钻床的特点是主轴轴线垂直布置，而且位置是固定的。加工时，为使刀具旋转中心线与被加工孔的中心线重合，必须移动工件，因此，立式钻床只适用于加工中、小工件上直径 $d \leqslant 50mm$ 的孔。

　　如图 9-19 所示，立式钻床的外形图。变速箱中装有主运动变速传动机构，进给箱中装有进给运动变速机构及操纵机构。加工时，进给箱固定不动，转动操纵手柄，由主轴随主轴套筒在进给箱中作直线移动来完成进给运动。工作台和进给箱都装在立柱的垂直导轨上，并可上下调整位置，以适应加工不同高度的工件。

　　（2）摇臂钻床　摇臂钻床广泛地用于大、中型零件上直径 $d \leqslant 80mm$ 孔的加工，其外形如图 9-20 所示。主轴箱可以在摇臂上水平移动，摇臂既可以绕立柱转动，又可沿立柱垂直升降。加工时，工件在工作台或机座上安装固定，通过调整摇臂和主轴箱的位置，使主轴中心线与被加工孔的中心线重合。

（3）其他钻床　台钻是一种加工小型工件上孔径 $d = 0.1 \sim 13mm$ 的立式钻床；多轴钻床可同时加工工件上的很多孔，生产率高，广泛用于大批量生产；中心孔钻床用来加工轴类零件两端面上的中心孔；深孔钻床用于加工孔深与直径比 $l/d > 5$ 的深孔。

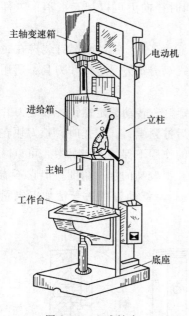

图 9-19　立式钻床

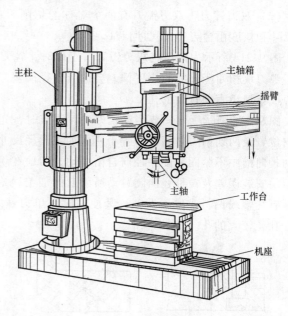

图 9-20　摇臂钻床

9.2.3　镗削加工

镗孔是用镗刀在已加工孔的工件上，使孔径扩大并达到精度和表面粗糙度要求的加工方法。

镗孔是常用的加工孔的方法，其加工范围广泛。一般镗孔的精度可达 IT8 ~ IT7，表面粗糙度 Ra 值可达 $1.6 \sim 0.8 \mu m$；精细镗时，精度可达 IT7 ~ IT6，表面粗糙度 Ra 值为 $0.8 \sim 0.1 \mu m$。根据工件的尺寸形状、技术要求及生产批量的不同，镗孔可以在镗床、车床、铣床、数控机床和组合机床上进行。一般回旋体零件上的孔，多用车床加工；而箱壳类零件上的孔或孔系（即要求相互平行或垂直的若干孔），则可以在镗床上加工。

镗孔不但能校正原有孔的轴线偏斜，而且能保证孔的位置精度，所以，镗削加工适用于加工机座、箱体、支架等外形复杂的大型零件上的孔，且尺寸较大、尺寸精度要求较高、有位置要求的孔和孔系。

1. 镗刀

镗刀有多种类型，按其切削刃数量可分为单刃镗刀、双刃镗刀和多刃镗刀；按其加工表面可分为通孔镗刀、盲孔镗刀、阶梯孔镗刀和端面镗刀；按其结构可分为整体式、装配式和可调式。如图 9-21 所示为单刃镗刀和多刃镗刀的结构。

（1）单刃镗刀　单刃镗刀刀头结构与车刀类似，刀头装在刀杆中，根据被加工孔的大小，通过手工操纵，用螺钉固定刀头的位置。刀头与镗杆轴线垂直，如图 9-21a 所示，可镗通孔；刀头与镗杆倾斜安装，如图 9-21b 所示，可镗盲孔。

单刃镗刀结构简单，可以校正原有孔轴线偏斜和小的位置偏差，适应性较广，可用来进行粗加工、半精加工或精加工。但是，所镗孔径尺寸的大小要靠人工调整刀头的悬伸长度来保证，较为麻烦，加之仅有一个主切削刃参加切削，故生产效率较低，多用于单件小批量生产。

（2）双刃镗刀　双刃镗刀有两个对称的切削刃，切削时径向力可以相互抵消，工件孔径尺寸和精度由镗刀径向尺寸保证。

图 9-21c 所示为固定式双刃镗刀。工作时，镗刀块可通过斜楔、锥销或螺钉装夹在镗杆上，镗刀块相对于轴线的位置偏差会造成孔径误差。固定式双刃镗刀是定尺寸刀具，适用于粗镗或半精镗直径较大的孔。

图 9-21d 所示为可调节浮动镗刀块。调节时，先松开螺钉，转动紧定螺钉，改变刀片的径向位置至两切削刃之间尺寸等于所要加工孔径尺寸，最后拧紧螺钉。工作时，镗刀块在镗杆的径向槽中不紧固，能在径向自由滑动，刀块在切削力的作用下保持平衡对中，可以减少镗刀块安装误差及镗杆径向圆跳动所引起的加工误差，而获得较高的加工精度。但它不能校正原有孔轴线偏斜或位置误差，其使用应在单刃镗之后进行。浮动镗削适于精加工批量较大、孔径较大的孔。

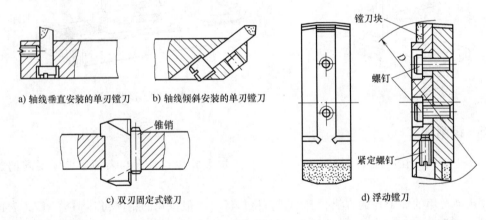

a) 轴线垂直安装的单刃镗刀　　b) 轴线倾斜安装的单刃镗刀

c) 双刃固定式镗刀　　　　　　d) 浮动镗刀

图 9-21　单刃镗刀和多刃镗刀的结构

2. 镗床

镗床主要用于加工尺寸较大且精度要求较高的孔，特别是分布在不同表面上、孔距和位置精度要求很严格的孔系，如箱体、汽车发动机缸体等零件上的孔系加工。镗床工作时，由刀具作旋转主运动，进给运动则根据机床类型和加工条件的不同或者由刀具完成，或者由工件完成。镗床主要类型有卧式镗床、坐标镗床以及金刚镗床等。

（1）卧式镗床　卧式镗床的外形如图 9-22 所示。它主要由床身 10、主轴箱 8、工作台 3、平旋盘 5 和前后立柱 7、2 等组成。主轴箱中装有镗轴 6、平旋盘 5 及主运动和进给运动的变速、操纵机构。加工时，镗轴 6 带动镗刀旋转形成主运动，并可沿其轴线移动实现轴向进给运动；平旋盘 5 只作旋转运动，装在平旋盘端面燕尾导轨中的径向刀架 4 除了随平旋盘一起旋转外，还可带动刀具沿燕尾导轨作径向进给运动；主轴箱 8 可沿前立柱 7 的垂直导轨作上下移动，以实现垂直进给运动。工件装夹在工作台 3 上，工作台下面装有下滑座 11 和上滑座 12，下滑座可沿床身 10 水平导轨作纵向移动，实现纵向进给运动；工作台还可在上滑座的环形导轨上绕垂直轴回转，进行转位；上滑座沿下滑座的导轨作横向移动，实现横向进给。再利用主轴箱上、下位置调节，可使工件在一次装夹中，对工件上相互平行或成一定角度的平面或孔进行加工。后立柱 2 可沿床身导轨作纵向移动，支架 1 可在后立柱垂直导轨上进行上下移动，用以支承悬伸较长的镗杆，以增加其刚性。

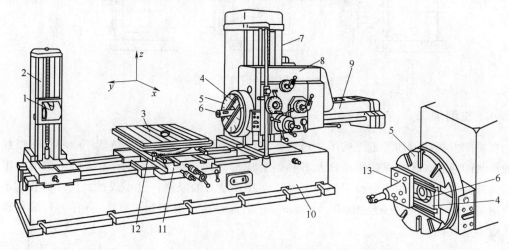

图 9-22　卧式镗床

1—支架　2—后立柱　3—工作台　4—径向刀架　5—平旋盘　6—镗轴　7—前立柱

8—主轴箱　9—后尾筒　10—床身　11—下滑座　12—上滑座　13—刀座

综上所述，卧式镗床的主运动有：镗轴和平旋盘的旋转运动（二者是独立的，分别由不同的传动机构驱动）；进给运动有：镗轴的轴向进给运动，平旋盘上径向刀架的径向进给运动，主轴箱的垂直进给运动，工作台的纵向、横向进给运动；此外，辅助运动有：工作台转位，后立柱纵向调位，后立柱支架的垂直方向调位，主轴箱沿垂直方向、工作台沿纵、横方向的快速调位运动。

卧式镗床结构复杂，通用性较好，除可进行镗孔外，还可进行钻孔、加工各种形状沟槽、铣平面、车削端面和螺纹等。卧式镗床的主参数是镗轴直径。它广泛用于机修车间和工具车间，适用于单件小批量生产。图 9-23 所示为其典型的加工方法。

其中，图 9-23a 为利用装在镗轴上的镗刀镗孔，纵向进给运动 f_1 由镗轴移动完成；图 9-23b 为利用后立柱支架支承长镗杆镗削同轴孔，纵向进给运动 f_3 由工作台移动完成；图 9-23c 为利用平旋盘上刀具镗削大直径孔，纵向进给运动 f_3 由工作台完成；图 9-23d 为利用装在镗轴上的端铣刀铣平面，垂直进给运动 f_2 由主轴箱完成；图 9-23e、f 为利用装在平旋盘径向刀架上的刀具车内沟槽和端面，径向进给运动 f_4 由径向刀架完成。

（2）坐标镗床　该类机床上具有坐标位置的精密测量装置，加工孔时，按直角坐标来精密定位，所以称为坐标镗床。坐标镗床是一种高精度机床，主要用于镗削高精度的孔，特别适用于相互位置精度很高的孔系，如钻模、镗模等的孔系。坐标镗床还可以进行钻、扩、铰孔及精铣加工。此外，还可以作精密刻线、样板划线、孔距及直线尺寸的精密测量等工作。

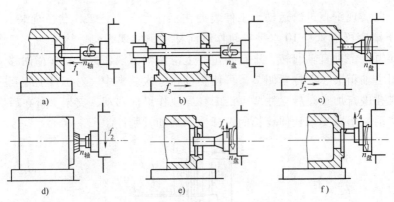

图 9-23　卧式镗床的典型加工方法

9.2.4　拉削加工

在拉床上用拉刀加工工件的工艺过程，称为拉削加工。拉削工艺范围广，不但可以加工各种形状的通孔，还可以拉削平面及各种组合成形表面。图 9-24 所示为适用于拉削加工的典型工件截面形状。由于受拉刀制造工艺以及拉床动力的限制，过小或过大尺寸的孔均不适宜拉削加工（拉削孔径一般为 10～100mm，孔的深径比一般不超过 5），盲孔、台阶孔和薄壁孔也不适宜拉削加工。

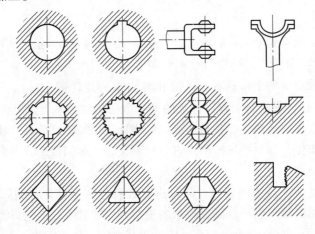

图 9-24　拉削加工的典型工件截面形状

1. 拉刀

根据工件加工面及截面形状不同，拉刀有多种形式。常用的圆孔拉刀结构如图 9-25 所示，其组成部分包括前柄、颈部、过渡锥、前导部、切削部、校准部、后导部和后柄。

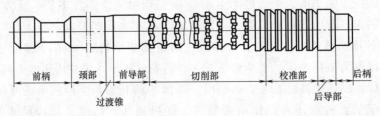

图 9-25　圆孔拉刀的结构

2. 拉孔的工艺特点

拉刀是一种高精度的多齿刀具，由于拉刀从头部向尾部方向其刀齿高度逐齿递增，拉削过程中，通过拉刀与工件之间的相对运动，分别逐层从工件孔壁上切除金属，如图 9-26 所示，从而形成与拉刀的最后刀齿同形状的孔。

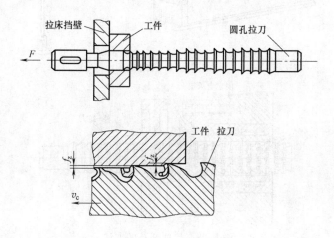

图 9-26 拉刀拉孔过程

拉孔与其他孔加工方法比较，具有以下特点：

（1）生产率高 拉削时，拉刀同时工作的刀齿数多、切削刃总长度长，在一次工作行程中就能完成粗、半精及精加工，机动时间短，因此生产率很高。

（2）可以获得较高的加工质量 拉刀为定尺寸刀具，有校准齿对孔壁进行校准、修光；拉孔切削速度低（$v_c = 2 \sim 8 \mathrm{m/min}$），拉削过程平稳，因此可获得较高的加工质量。一般拉孔精度可达 IT8～IT7 级，表面粗糙度 R_a 值为 $1.6 \sim 0.1 \mu \mathrm{m}$。

（3）拉刀使用寿命长 由于拉削速度低，切削厚度小，每次拉削过程中每个刀齿工作时间短，拉刀磨损慢，因此拉刀耐用度高，使用寿命长。

（4）拉削运动简单 拉削的主运动是拉刀的轴向移动，而进给运动是由拉刀各刀齿的齿升量 f_z（图 9-26）来完成的。因此，拉床只有主运动，而没有进给运动。拉床结构简单，操作方便。但拉刀结构较复杂，制造成本高。拉削多用于大批量生产中。

3. 拉床

拉床按用途可分为内拉床和外拉床，按机床布局可分为卧式和立式。其中，以卧式内拉床应用最为普遍。

图 9-27 所示为卧式内拉床的外形结构。液压缸固定于床身内，工作时，液压泵供给压力油驱动活塞，活塞带动拉刀，连同拉刀尾部活动支承一起沿水平方向左移，装在固定支承上的工件即被拉制出符合精度要求的内孔。其拉力通过压力表显示。

拉削圆孔时，工件一般不需夹紧，只以工件端面支承，因此，工件孔的轴线与端面之间应有一定的垂直度要求。当孔的轴线与端面不垂直时，则需将工件的端面紧贴在一个球面垫板上，如图 9-28 所示，在拉削力作用下，工件连同球面垫板在固定支承板上作微量转动，以使工件轴线自动调到与拉刀轴线一致的方向。

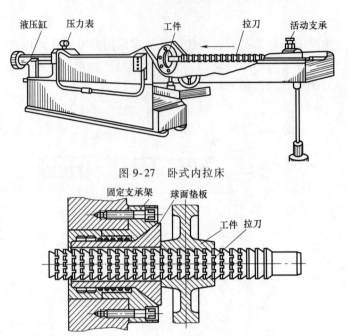

图 9-27　卧式内拉床

图 9-28　拉削圆孔的方法

9.2.5　内圆表面的磨削加工

内圆表面的磨削可以在内圆磨床上进行，也可以在万能外圆磨床上进行。内圆磨床的主要类型有普通内圆磨床、无心内圆磨床和行星内圆磨床。不同类型的内圆磨床其磨削方法是不相同的。

1. 内圆磨削方法

（1）普通内圆磨床的磨削方法　普通内圆磨床是生产中应用最广的一种，如图 9-29 所示为普通内圆磨床的磨削方法。磨削时，根据工件的形状和尺寸不同，可采用纵磨法（图 9-29a）、横磨法（图 9-29b）。有些普通内圆磨床上备有专门的端磨装置，可在一次装夹中磨削内孔和端面（图 9-29c），这样不仅容易保证内孔和端面的垂直度，而且生产效率较高。

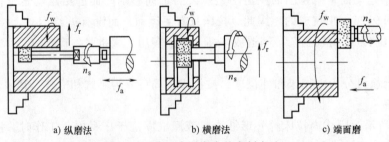

a) 纵磨法　　　　　　　b) 横磨法　　　　　　　c) 端面磨

图 9-29　普通内圆磨床的磨削方法

如图 9-29a 所示，纵磨法机床的运动有：砂轮的高速旋转运动作主运动 n_s；头架带动工件旋转作圆周进给运动 f_w，砂轮或工件沿其轴线往复作纵向进给运动 f_a，在每次（或几次）往复行程后，工件沿其径向做一次横向进给运动 f_r。这种磨削方法适用于形状规则、便于旋转的工件。

横磨法无须纵向进给运动 f_a，如图 9-29b 所示。横磨法适用于磨削带有沟槽表面的孔。

（2）无心内圆磨床磨削　如图 9-30 所示为无心内圆磨床的磨削方法。磨削时，工件支承在滚轮和导轮上，压紧轮使工件紧靠导轮，工件由导轮带动旋转，实现圆周进给运动 f_w。砂轮除了完成主运动 n_s 外，还作纵向进给运动 f_a 和周期性横向进给运动 f_r。加工结束时，压紧轮沿箭头 A 向摆开，以便装卸工件。这种磨削方法适用于大批量生产，外圆表面已精加工的薄壁工件，如轴承套等。

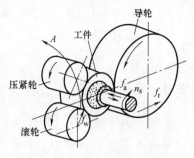

图 9-30　无心内圆磨床的磨削方法

2. 内圆磨削的工艺特点及应用范围

内圆磨削与外圆磨削相比，加工条件较差，内圆磨削有以下一些特点：

1）砂轮直径受到被加工孔径的限制，直径较小。砂轮很容易磨钝，需要经常修整和更换，增加了辅助时间，降低了生产效率。

2）砂轮直径小，使砂轮转速高达每分钟几万转，要达到砂轮圆周速度 25～30m/s 也是十分困难的。由于磨削速度低，因此，内圆磨削比外圆磨削效率低。

3）砂轮轴的直径尺寸较小，而且悬伸较长，刚性差，磨削时容易发生弯曲和振动，从而影响加工精度和表面粗糙度。内圆磨削精度可达 IT8～IT6，表面粗糙度 R_a 值可达 0.8～0.2μm。

4）切削液不易进入磨削区，磨屑排除较外圆磨削困难。

虽然内圆磨削比外圆磨削的加工条件差，但仍然是一种常用的精加工孔的方法。特别适用于淬硬的孔、断续表面的孔（带键槽或花键槽的孔）和长度较短的精密孔加工。

3. 普通内圆磨床

如图 9-31 所示为普通内圆磨床外形图。它主要由床身、工作台、头架、砂轮架和滑鞍等组成。磨削时，砂轮轴的旋转为主运动，头架带动工件的旋转运动为圆周进给运动，工作台带动头架完成纵向进给运动，横向进给运动由砂轮架沿滑鞍的横向移动来实现。磨锥孔时，需将头架转过相应角度。

普通内圆磨床的另一种形式为砂轮架安装在工作台上做纵向进给运动。

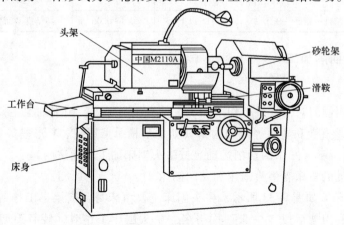

图 9-31　普通内圆磨床

9.3 平面加工

9.3.1 平面加工方法

平面是基础类零件（如箱壳、工作台、床身及支架等）的主要表面，也是回旋体零件的重要表面之一（如端面、台肩面等）。根据平面所起的作用不同，可以将其分为非结合面、结合面、导向面、测量工具的工作平面等。平面的加工方法有车削、铣削、刨削、磨削、拉削、研磨和刮研等。其中，刨削、铣削、磨削是平面的主要加工方法。

由于平面作用不同，技术要求不同，在采用不同的加工方案时，应根据工件的技术要求、毛坯种类、原材料状况以及生产规模等因素进行合理选用，以保证平面加工质量。常用的平面加工方案见表 9-11。

表 9-11　平面加工方案

序号	加工方案	经济精度级	表面粗糙度 R_a 值/μm	适用范围
1	粗车—半精车	IT9	6.3~3.2	回转体零件的端面
2	粗车—半精车—精车	IT8~IT7	1.6~0.8	
3	粗车—半精车—磨削	IT8~IT6	0.8~0.2	
4	粗刨（或粗铣）—精刨（或精铣）	IT10~IT8	6.3~1.6	精度不太高的不淬硬平面
5	粗刨（或粗铣）—精刨（或精铣）—刮研	IT7~IT6	0.8~0.1	精度要求较高的不淬硬平面
6	粗刨（或粗铣）—精刨（或精铣）—磨削	IT7	0.8~0.2	精度要求较高的淬硬或不淬硬平面
7	粗刨（或粗铣）—精刨（或精铣）—粗磨—精磨	IT7~IT6	0.4~0.02	
8	粗铣—拉削	IT9~IT7	0.8~0.2	大量生产，较小平面（精度与拉刀精度有关）
9	粗铣—精铣—精磨—研磨	IT5 以上	0.1~0.06	高精度平面

9.3.2 刨削与插削加工

1. 刨削加工

在刨床上使用刨刀对工件进行切削加工，称为刨削加工。刨削加工主要用于加工各种平面（如水平面、垂直面和斜面等）和沟槽（如 T 形槽、燕尾槽、V 形槽等）。刨削加工的典型表面如图 9-32 所示（图中的切削运动是按牛头刨床加工时标注的）。

刨削加工常见的机床有牛头刨床和龙门刨床。

（1）牛头刨床　如图 9-33 所示，牛头刨床主要由床身、横梁、工作台、滑枕、刀架等组成，因其滑枕和刀架形似"牛头"而得名。牛头刨床工作时，装有刀架的滑枕由床身内部的摆杆带动，沿床身顶部的导轨作直线往复运动，由刀具实现切削过程的主运动。夹具或

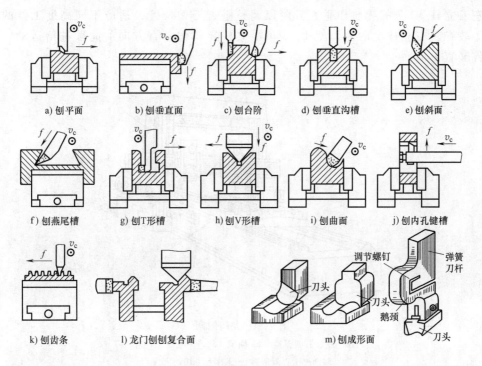

a) 刨平面　　b) 刨垂直面　　c) 刨台阶　　d) 刨垂直沟槽　　e) 刨斜面

f) 刨燕尾槽　　g) 刨T形槽　　h) 刨V形槽　　i) 刨曲面　　j) 刨内孔键槽

k) 刨齿条　　l) 龙门刨刨复合面　　m) 刨成形面

图 9-32　刨削加工的典型表面

工件则安装在工作台上，加工时，工作台带动工件沿横梁上导轨作间歇横向进给运动。横梁可沿床身的垂直导轨上下移动，以调整工件与刨刀的相对位置。刀架还可以沿刀架座上的导轨上下移动（一般为手动），以调整刨削深度，在加工垂直平面和斜面作进给运动时。调整转盘，可以使刀架左右旋转，以便加工斜面和斜槽。

　　牛头刨床的刀具只在一个运动方向上进行切削，刀具在返回时不进行切削，空行程损失大，滑枕在换向的瞬间，有较大的冲击惯性，因此主运动速度不能太高；加工时通常只能单刀加工，所以它的生产效率比较低。牛头刨床的主参数是最大刨削长度。它适用于单件小批量生产或机修车间，用来加工中、小型工件的平面或沟槽。

　　（2）龙门刨床　如图 9-34 所示是龙门刨床的外形图，因它具有一个"龙门"式的框架而得名。龙门刨床工作时，工件装夹在工作台 9 上，随工作台沿床身 10 的水平导轨作直线往复运动以实现切削过程的主运动。装在横梁 2 上的垂直刀架 5、6 可沿横梁导轨作间歇的横向进给运动，

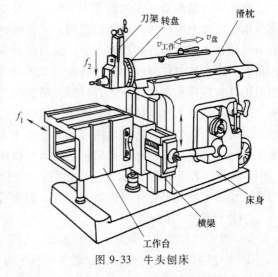

图 9-33　牛头刨床

用以刨削工件的水平面，垂直刀架的溜板还可使刀架上下移动，作切入运动或刨竖直平面。此外，刀架溜板还能绕水平轴调整至一定角度位置，以加工斜面或斜槽。横梁 2

可沿左右立柱 3、7 的导轨作垂直升降以调整垂直刀架位置，适应不同高度工件的加工需要。装在左右立柱上的侧刀架 1、8 可沿立柱导轨作垂直方向的间歇进给运动，以刨削工件竖直平面。

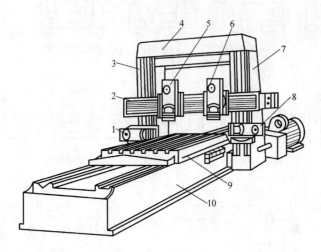

图 9-34 龙门刨床

1、8—左、右侧刀架 2—横梁 3、7—立柱 4—顶梁

5、6—垂直刀架 9—工作台 10—床身

与牛头刨床相比，龙门刨床具有尺寸大、动力大、结构复杂、刚性好、工作稳定、工作行程长、适应性强和加工精度高等特点。龙门刨床的主参数是最大刨削宽度。它主要用来加工大型零件的平面，尤其是窄而长的平面，也可以加工沟槽或在一次装夹中同时加工数个中、小型工件的平面。

（3）刨刀 刨刀的结构与车刀相似，其几何角度的选取原则也与车刀基本相同。但因刨削过程中有冲击，所以刨刀的前角比车刀约小 5°~6°；而且刨刀的刃倾角也应取较大的负值，以使刨刀切入工件时产生的冲击力作用在离刀尖稍远的切削刃上。刨刀的刀杆截面比较粗大，以增加刀杆刚性和防止折断。如图 9-35 所示，刨刀刀杆有直杆和弯杆之分，直杆刨刀刨削时，如遇到加工余量不均或工件上的硬点时，切削力的突然增大将增加刨刀的弯曲变形，造成切削刃扎入已加工表面，降低了已加工表面的精度和表面质量，也容易损坏切削刃（图 9-35a）。若采用弯杆刨刀，当切削力突然增大时，刀杆产生的弯曲变形会使刀尖离开工件，避免扎入工件（图 9-35b）。

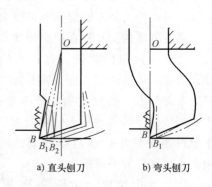

a) 直头刨刀   b) 弯头刨刀

图 9-35 刨刀刀杆形状

（4）刨削加工的工艺特点

1）刨床结构简单，调整、操作方便；刨刀制造、刃磨、安装容易，加工费用低。

2）刨削加工切削速度低，加之空行程所造成的损失，生产率一般较低。但在加工窄长面和进行多件或多刀加工时，刨削的生产效率并不比铣削低。

3）刨削特别适宜加工尺寸较大的 T 形槽、燕尾槽及窄长的平面。

2．插削加工

插削和刨削的切削方式基本相同，只是插削是在竖直方向上进行切削。因此，可以认为插床是一种立式的刨床。图 9-36 所示是插床的外形图。插削加工时，滑枕 2 带动插刀沿垂直方向作直线往复运动，实现切削过程的主运动。工件安装在圆工作台 1 上，圆工作台可实现纵向、横向和圆周方向的间歇进给运动。此外，利用分度装置 5，圆工作台还可进行圆周分度。滑枕导轨座 3 和滑枕一起可以绕销轴 4 在垂直平面内相对立柱倾斜 0°~8°，以便插削斜槽和斜面。

插床的主参数是最大插削长度。插削主要用于单件、小批量生产中加工工件的内表面，如方孔、多边形孔和键槽等。在插床上加工内表面，比刨床方便，但插刀刀杆刚性差，为防止"扎刀"，前角不宜过大，因此加工精度比刨削低。

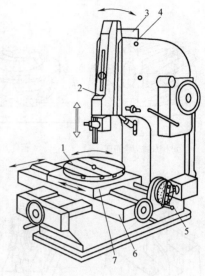

图 9-36 插床
1—圆工作台 2—滑枕 3—滑枕导轨座
4—销轴 5—分度装置 6—床鞍 7—溜板

9.3.3 铣削加工

1．铣削加工的工艺范围及特点

铣削加工是利用多刃回转体刀具在铣床上对工件表面进行加工的一种切削加工方法。它可以加工水平面、垂直面、斜面、沟槽、成形表面、螺纹和齿形等，也可以用来切断材料。因此，铣削加工的工艺范围相当广泛，也是平面加工的主要方法之一。铣削加工的典型表面及加工方法如图 9-37 所示。

与其他平面加工方法相比较，铣削的工艺特点是：

1）铣刀是典型的多刃刀具，加工过程有几个刀齿同时参与切削，总的切削宽度较大；铣削时的主运动是铣刀的旋转，有利于进行高速切削，故铣削的生产效率高于刨削加工。

2）铣削加工范围广，可以加工刨削无法完成或难以加工的表面。例如，可铣削周围封闭的凹平面、圆弧形沟槽、具有分度要求的小平面和沟槽等。

3）铣削过程中，就每个刀齿而言是依次参加切削，刀齿在离开工件的一段时间内，可以得到一定的冷却。因此，刀齿散热条件好，有利于减少铣刀的磨损，延长了使用寿命。

4）由于是断续切削，刀齿在切入和切出工件时会产生冲击，而且每个刀齿的切削厚度也时刻在变化，这就引起切削面积和切削力的变化。因此，铣削过程不平稳，容易产生振动。

5）铣床、铣刀比刨床、刨刀结构复杂，铣刀的制造与刃磨比刨刀困难，所以铣削成本比刨削高。

6）铣削与刨削的加工质量大致相当，经粗、精加工后都可达到中等精度。但在加工大平面时，刨削后无明显接刀痕，而用直径小于工件宽度的端铣刀铣削时，各次走刀间有明显的接刀痕，影响表面质量。

铣削加工既适用于单件小批量生产，也适用于大批量生产。

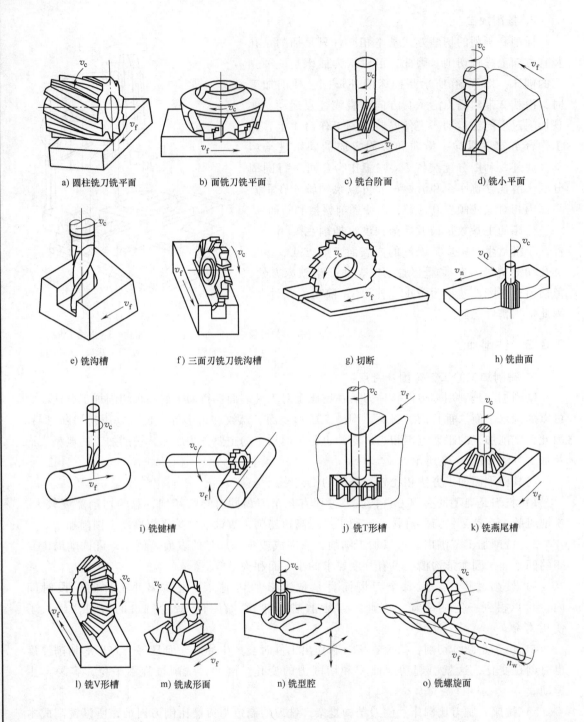

a) 圆柱铣刀铣平面　　　b) 面铣刀铣平面　　　c) 铣台阶面　　　d) 铣小平面

e) 铣沟槽　　　f) 三面刃铣刀铣沟槽　　　g) 切断　　　h) 铣曲面

i) 铣键槽　　　j) 铣T形槽　　　k) 铣燕尾槽

l) 铣V形槽　　　m) 铣成形面　　　n) 铣型腔　　　o) 铣螺旋面

图 9-37　铣削加工的典型表面及加工方法

2. 铣床及附件

铣床是用铣刀进行切削加工的机床，它的用途极为广泛。在铣床上采用不同类型的铣刀，配备万能分度头、回转工作台等附件，可以完成图 9-37 所示的各种典型表面加工。

铣床工作时的主运动是主轴部件带动铣刀的旋转运动，进给运动是由工作台在三个互相垂直方向的直线运动来实现的。由于铣床上使用的是多齿刀具，切削过程中存在冲击和振动，这就要求铣床在结构上应具有较高的静刚度和动刚度。

铣床的类型很多，主要有卧式升降台铣床、立式升降台铣床、工作台不升降铣床、龙门铣床和工具铣床；此外，还有仿形铣床、仪表铣床和各种专门化铣床（如键槽铣床、曲轴铣床）等。随着机床数控技术的发展，数控铣床、镗铣加工中心的应用也越来越普遍。

（1）万能卧式升降台铣床　万能卧式升降台铣床是指主轴轴线呈水平布置的，工作台可以作纵向、横向和垂直运动，并可在水平平面内调整一定角度的铣床。图9-38所示是一种应用最为广泛的万能卧式升降台铣床外形图。

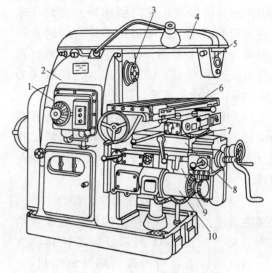

图 9-38　万能卧式升降台铣床

1—主轴变速机构　2—床身　3—主轴　4—悬梁
5—刀杆支架　6—工作台　7—回转盘　8—床鞍
9—升降台　10—进给变速机构

加工时，铣刀装夹在刀杆上，刀杆一端安装在主轴3的锥孔中，另一端由悬梁4右端的刀杆支架5支承，以提高其刚度。驱动铣刀作旋转主运动的主轴变速机构1安装在床身2内。工作台6可沿回转盘7上的燕尾导轨作纵向运动，回转盘7可相对于床鞍8绕垂直轴线调整至一定角度（±45°），以便加工螺旋槽等表面。床鞍8可沿升降台9上的导轨作平行于主轴轴线的横向运动，升降台9则可沿床身2侧面导轨作垂直运动。进给变速机构10及其操纵机构都置于升降台内。这样，用螺栓、压板、机床用平口虎钳或专用夹具装夹在工作台6上的工件，便可以随工作台一起在三个方向实现任一方向的位置调整或进给运动。

卧式升降台铣床结构与万能卧式升降台铣床基本相同，但卧式升降台铣床在工作台和床鞍之间没有回转盘，因此工作台不能在水平面内调整角度。这种铣床除了不能铣削螺旋槽外，可以完成和万能卧式升降台铣床一样的各种铣削加工。万能卧式升降台铣床及卧式升降台铣床的主参数是工作台面宽度。它们主要用于中、小零件的加工。

（2）立式升降台铣床　立式升降台铣床与卧式升降台铣床的主要区别仅在于它的主轴是垂直布置的，可用各种端铣刀（亦称面铣刀）或立铣刀加工平面、斜面、沟槽、台阶、齿轮、凸轮以及封闭的轮廓表面等。图9-39所示为常见的一种立式升降台铣床外形图，其工作台、床鞍及升降台与卧式升降台铣床相同。立铣头可在垂直平面内旋转一定的角度，以扩大加工范围，主轴可沿轴线方向进行调整或做进给运动。

（3）龙门铣床　龙门铣床是一种大型高效能通用机床，主要用于加工各类大型工件上的平面、沟槽，它不仅可以对工件进行粗铣、半精铣，也可以进行精铣加工。图9-40所示为具有四个铣头的中型龙门铣床。四个铣头分别安装在横梁和立柱上，并可单独沿横梁或立柱的导轨做调整位置的移动。每个铣头即是一个独立的主运动部件，又能由铣头主轴套筒带动铣刀主轴沿轴向实现进给运动和调整位置的移动，根据加工需要每个铣头还能旋转一定的角度。加工时，工作台带动工件作纵向进给运动，其余运动均由铣头实现。由于龙门铣床的刚度和抗振性比龙门刨床好，它允许采用较大切削用量，并可用几个铣头同时从不同方向加工几个表面，机床生产效率高，在大批量生产中得到了广泛应用。龙门铣床的主参数是工作台面宽度。

（4）铣床附件　升降台式铣床配备有多种附件，用来扩大工艺范围。其中回转工作台（圆工作台）和万能分度头是常用的两种附件。

1）回转工作台安装在铣床工作台上，用来装夹工件，以铣削工件上的圆弧表面或沿圆周分度。如图 9-41 所示，用手轮转动方头，通过回转工作台内部的蜗杆蜗轮机构，

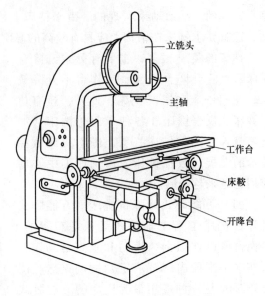

图 9-39　立式升降台铣床

使转盘转动，转盘的中心为圆锥孔，供工件定位用。利用 T 形槽、螺钉和压板将工件夹紧在转盘上。传动轴和铣床的传动装置相连接，可进行机动进给。扳动手柄可接通或断开机动进给。调整挡铁的位置，可使转盘自动停止在所需的位置上。

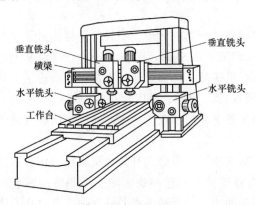

图 9-40　龙门铣床

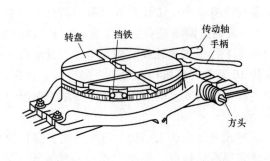

图 9-41　回转工作台

2）图 9-42 所示为 FW250 型（夹持工件最大直径为 250mm）万能分度头的外形。万能分度头最基本的功能是使装夹在分度头主轴顶尖与尾座顶尖之间或夹持在卡盘上的工件，依次转过所需的角度，以达到规定的分度要求。它可以完成以下工作：由分度头主轴带动工件绕其自身轴线回转一定角度，完成等分或不等分的分度工作，用以铣削方头、六角头、直齿圆柱齿轮、键槽及花键等的分度工作；通过配备挂轮，将分度头主轴与工作台丝杠联系起来，组成一条以分度头主轴和铣床工作台纵向丝杠为两末端件

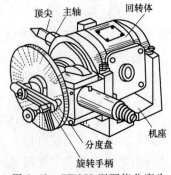

图 9-42　FW250 型万能分度头

的内联系传动链，用以铣削各种螺旋表面、阿基米德螺线凸轮等；用卡盘夹持工件，使工件

轴线相对于铣床工作台倾斜一定角度，以铣削与工件轴线相交成一定角度的沟槽、平面、直齿锥齿轮、齿轮离合器等。

3. 铣刀的类型及应用

铣刀为多齿回转刀具，其每一个刀齿都相当于一把车刀固定在铣刀的回转面上。铣刀刀齿的几何角度和切削过程，都与车刀或刨刀基本相同。铣刀按其用途可分为加工平面用铣刀、加工沟槽用铣刀及加工成形面用铣刀等类型。通用规格的铣刀已标准化，一般均由专业工具厂制造。以下介绍几种常用铣刀的特点及适用范围。

（1）圆柱铣刀 如图 9-37a 所示，圆柱铣刀一般都是用高速钢整体制造，直线或螺旋线切削刃分布在圆周表面上，没有副切削刃。螺旋形的刀齿切削时是逐渐切入和脱离工件的，所以切削过程较平稳。主要用于卧式铣床铣削宽度小于铣刀长度的狭长平面。

（2）面铣刀（端铣刀） 如图 9-37b 所示，面铣刀主切削刃分布在圆柱或圆锥面上，端面切削刃为副切削刃。按刀齿材料可分为高速钢和硬质合金两大类，多制成套式镶齿结构。镶齿面铣刀刀盘直径一般为 $\phi75 \sim \phi300mm$，最大可达 $\phi600mm$，主要用在立式或卧式铣床上铣削台阶面和平面，特别适合较大平面的铣削加工。用面铣刀加工平面，同时参加切削的刀齿较多，又有副切削刃的修光作用，使加工表面粗糙度值小。硬质合金镶齿面铣刀可实现高速切削（$100 \sim 150m/min$），生产效率高，应用广泛。

（3）立铣刀 如图 9-37c、d、e、h 所示，立铣刀一般有 3~4 个刀齿组成，圆柱面上的切削刃是主切削刃，端面上分布着副切削刃，工作时只能沿着刀具的径向进给，不能沿着铣刀轴线方向作进给运动。它主要用于铣削凹槽、台阶面和小平面，还可以利用靠模铣削成形表面。

（4）三面刃铣刀 三面刃铣刀可分为直齿三面刃和错齿三面刃，它主要用在卧式铣床上铣削台阶面和凹槽。如图 9-37f 所示，三面刃铣刀除圆周具有主切削刃外，两侧面也有副切削刃，从而改善了两端面切削条件，提高了切削效率，减小了表面粗糙度值。错齿三面刃铣刀，圆周上刀齿呈左右交错分布，和直齿三面刃铣刀相比，它切削较平稳、切削力小、排屑容易，故应用较广。

（5）锯片铣刀 如图 9-37g 所示，锯片铣刀很薄，只有圆周上有刀齿，侧面无切削刃，用于铣削窄槽和切断工件。为了减小摩擦和避免夹刀，其厚度由边缘向中心减薄，使两侧面形成副偏角。

（6）键槽铣刀 如图 9-37i 所示，它的外形与立铣刀相似，不同的是它在圆周上只有两个螺旋刀齿，其端面刀齿的刀刃延伸至中心，因此在铣两端不通的键槽时，可作适量的轴向进给。它主要用于加工圆头封闭键槽。铣削加工时，先径向进给达到槽深，然后沿键槽方向铣出键槽全长。

如图 9-37 所示，其他还有角度铣刀（图 9-37l）、成形铣刀（图 9-37m、n）、T 形槽铣刀（图 9-37j）、燕尾槽铣刀（图 9-37k），头部形状根据加工需要可以是圆锥形、圆柱形球头、圆锥形球头的模具铣刀（图 9-37n）和螺旋面铣刀（图 9-37o）等。

4. 铣削用量

（1）铣削用量要素 铣削时调整机床用的参量称为铣削要素，也称为铣削用量要素，其内容为：

1）铣削速度 v_c 是铣刀最大直径处切削刃的线速度，单位为 m/min。其值可用下式计

算，即

$$v_c = \pi dn / 1000$$

式中　v_c——铣削速度，单位为 m/min；

　　　d——铣刀直径，单位为 mm；

　　　n——铣刀转速，单位为 r/min。

2）铣削进给量有三种表示方法：

每齿进给量 f_z：铣刀每转过一个刀齿时，工件与铣刀沿进给方向的相对位移量，单位是 mm/齿。

每转进给量 f：铣刀每转一转时，工件与铣刀沿进给方向的相对位移量，单位是 mm/r。

进给速度 v_f：单位时间（每分钟）内，工件与铣刀沿进给方向的相对位移量，单位是 mm/min。

f_z、f、v_f 三者的关系是 $v_f = fn = f_z zn$

式中　z——铣刀刀齿数。

铣削加工规定三种进给量是根据生产需要确定的，其中 v_f 用于机床调整及计算加工工时；每齿进给量 f_z 则用来计算切削力、验算刀齿强度。一般铣床铭牌上的进给量是用进给速度 v_f 标注的。

3）背吃刀量 a_p 是指平行于铣刀轴线测量的切削层尺寸，单位为 mm。周铣时 a_p 是已加工表面宽度，端铣时 a_p 是切削层深度。

4）侧吃刀量 a_e 是指垂直于铣刀轴线测量的切削层尺寸，单位为 mm。周铣时 a_e 是切削层深度，端铣时 a_e 是已加工表面宽度。

（2）铣削用量的选择　铣削用量应根据工件材料、加工精度、铣刀耐用度及机床刚度等因素进行选择。首先选定铣削深度（背吃刀量 a_p），其次是每齿进给量 f_z，最后确定铣削速度 v_c。

表 9-12 和表 9-13 为铣削用量推荐值，供参考。

表 9-12　粗铣每齿进给量 f_z 的推荐值

刀　具		材　料	推荐进给量/（mm/齿）
高速钢	圆柱铣刀	钢	0.1~0.15
		铸铁	0.12~0.20
	面铣刀	钢	0.04~0.06
		铸铁	0.15~0.20
	三面刃铣刀	钢	0.04~0.06
		铸铁	0.15~0.25
硬质合金铣刀		钢	0.1~0.20
		铸铁	0.15~0.30

表 9-13　铣削速度 v_c 的推荐值

工件材料	铣削速度/（mm/min）		说　明
	高速钢铣刀	硬质合金铣刀	
20	20~45	150~190	①粗铣时取小值，精铣时取大值
45	20~35	120~150	②工件材料强度和硬度高时取小值，反之取大值
40Cr	15~25	60~90	
HT150	14~22	70~100	③刀具材料耐热性好时取大值，反之取小值
黄铜	30~60	120~200	
铝合金	112~300	400~600	
不锈钢	16~25	50~100	

5. 铣削方式

（1）周铣　用圆柱铣刀的圆周齿进行铣削的方式，称为周铣。周铣有逆铣和顺铣之分。

1）如图 9-43a 所示，铣削时，铣刀每一刀齿在工件切入处的速度方向与工件进给方向相反，这种铣削方式称为逆铣。逆铣时，刀齿的切削厚度从零逐渐增大至最大值。刀齿在开始切入时，由于刀齿刃口有圆弧，刀齿在工件表面打滑，产生挤压与摩擦，使这段表面产生冷硬层，至滑行一定程度后，刀齿方能切下一层金属层。下一个刀齿切入时，又在冷硬层上挤压、滑行，这样不仅加速了刀具磨损，同时也使工件表面粗糙值增大。

由于铣床工作台纵向进给运动是用丝杠螺母副来实现的，螺母固定，由丝杠带动工作台移动，由图 9-43a 可见，逆铣时，铣削力 F 的纵向铣削分力 F_x 与驱动工作台移动的纵向力方向相反，这样使得工作台丝杠螺纹的左侧与螺母齿槽左侧始终保持良好接触，工作台不会发生窜动现象，铣削过程平稳。但在刀齿切离工件的瞬时，铣削力 F 的垂直铣削分力 F_x 是向上的，对工件夹紧不利，易引起振动。

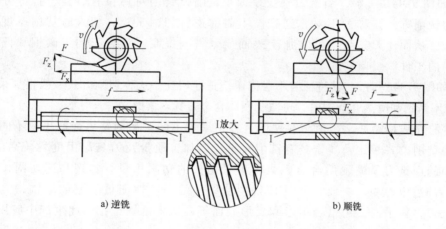

a）逆铣　　　I放大　　　b）顺铣

图 9-43　周铣方式

2）如图 9-43b 所示，铣削时，铣刀每一刀齿在工件切入处的速度方向与工件进给方向相同，这种切削方式称为顺铣。顺铣时，刀齿的切削厚度从最大逐步递减至零，没有逆铣时的滑行现象，已加工表面的加工硬化程度大为减轻，表面质量较高，铣刀的耐用度比逆铣高。同时铣削力 F 的垂直分力 F_z，始终压向工作台，避免了工件的振动。

顺铣时，切削力 F 的纵向分力 F_x 始终与驱动工作台移动的纵向力方向相同。如果丝杠螺母副存在轴向间隙，当纵向切削力 F_x 大于工作台与导轨之间的摩擦力时，会使工作台带动丝杠出现左右窜动，造成工作台进给不均匀，严重时会出现打刀现象。粗铣时，如果采用顺铣方式加工，则铣床工作台进给丝杠螺母副必须有消除轴向间隙的机构，否则宜采用逆铣方式加工。

（2）端铣　用端铣刀的端面齿进行铣削的方式，称为端铣。如图 9-44 所示，铣削加工时，根据铣刀与工件相对位置的不同，端铣分为对称铣和不对称铣两种。不对称铣又分为不对称逆铣和不对称顺铣。

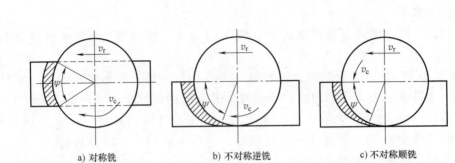

a) 对称铣　　　　　　　　b) 不对称逆铣　　　　　　　　c) 不对称顺铣

图 9-44　端铣方式

1）如图 9-44a 所示，铣刀轴线位于铣削弧长的对称中心位置，铣刀每个刀齿切入和切离工件时切削厚度相等，称为对称铣。对称铣削具有最大的平均切削厚度，可避免铣刀切入时对工件表面的挤压、滑行，铣刀耐用度高。对称铣适用于工件宽度接近面铣刀的直径，且铣刀刀齿较多的情况。

2）如图 9-44b 所示，当铣刀轴线偏置于铣削弧长的对称位置，且逆铣部分大于顺铣部分的铣削方式，称为不对称逆铣。不对称逆铣切削平稳，切入时切削厚度小，减小了冲击，从而使刀具耐用度和加工表面质量得到提高。适合于加工碳钢和低合金钢以及较窄的工件。

3）如图 9-44c 所示，其特征与不对称逆铣正好相反。这种切削方式一般很少采用，但用于铣削不锈钢和耐热合金钢时，可减少硬质合金刀具剥落磨损。

上述的周铣和端铣，是由于在铣削过程中采用不同类型的铣刀而产生的不同铣削方式。两种铣削方式相比，端铣具有铣削较平稳，加工质量及刀具耐用度均较高的特点，且端铣用的面铣刀易镶硬质合金刀齿，可采用大的切削用量，实现高速切削，生产率高。但端铣适应性差，主要用于平面铣削。周铣的铣削性能虽然不如端铣，但周铣能用多种铣刀，铣平面、沟槽、齿形和成形表面等，适应范围广，因此生产中应用较多。

9.3.4　平面磨削加工

对于精度要求高的平面以及淬火零件的平面加工，需要采用平面磨削方法。平面磨削主要在平面磨床上进行。平面磨削时，对于形状简单的铁磁性材料工件，采用电磁吸盘装夹工件，操作简单方便，能同时装夹多个工件，而且能保证定位面与加工面的平行度要求。对于形状复杂或非铁磁性材料的工件，可采用精密平口虎钳或专用夹具装夹，然后用电磁吸盘或真空吸盘吸牢。

1. 平面磨削方式

根据砂轮工作面的不同，平面磨削分为周磨和端磨两类。

（1）周磨　如图 9-45a、b 所示，它是采用砂轮的圆周面对工件平面进行磨削。这种磨削方式，砂轮与工件的接触面积小，磨削力小，磨削热小，冷却和排屑条件较好，而且砂轮磨损均匀。

（2）端磨　如图 9-45c、d 所示，它是采用砂轮端面对工件平面进行磨削。这种磨削方式，砂轮与工件的接触面积大，磨削力大，磨削热多，冷却和排屑条件差，工件受热变形大。此外，由于砂轮端面径向各点的圆周速度不相等，砂轮磨损不均匀。

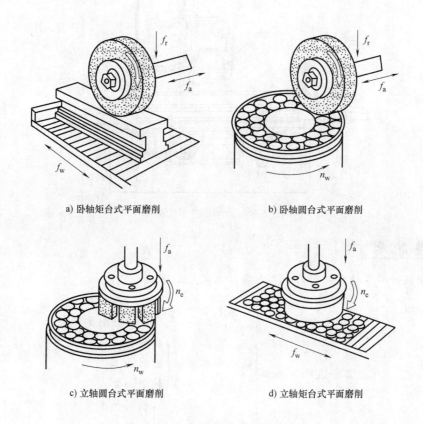

a) 卧轴矩台式平面磨削　　　　　　　　b) 卧轴圆台式平面磨削

c) 立轴圆台式平面磨削　　　　　　　　d) 立轴矩台式平面磨削

图 9-45　平面磨削加工示意图

2. 平面磨床的类型及特点

根据平面磨床工作台的形状和砂轮工作面的不同，普通平面磨床可分为四种类型：卧轴矩台式平面磨床（图 9-45a）；卧轴圆台式平面磨床（图 9-45b）；立轴圆台式平面磨床（图 9-45c）；立轴矩台式平面磨床（图 9-45d）。

上述四种平面磨床中，用砂轮端面磨削的平面磨床与用砂轮圆周面磨削的平面磨床相比，由于端面磨削的砂轮直径往往比较大，能同时磨削出工件的宽度和面积比较大，同时砂轮悬伸长度短，刚性好，可采用较大的磨削用量，生产效率较高。但砂轮散热、冷却、排屑条件差，所以加工精度和表面质量不高，一般用于粗磨。而用圆周面磨削的平面磨床，加工质量较高，但这种平面磨床生产效率低，适合于精磨。圆台式平面磨床和矩台式平面磨床相比，由于圆台式是连续进给，生产效率高，适用于磨削小零件和大直径的环行零件端面，不能磨削长零件。矩台式平面磨床，可方便磨削各种常用零件，包括直径小于工作台面宽度的环行零件。生产中常用的是卧轴矩台式平面磨床和立轴圆台式平面磨床。如图 9-46 所示是卧轴矩台式平面磨床外形图。工作台沿床身纵向导轨的往复直线进给运动，由液压传动或手动进行调整。工件用电磁吸盘夹具装夹在工作台上。砂轮架可沿滑座的燕尾导轨作横向间歇进给（或手动或液动）。滑座和砂轮架一起可沿立柱的导轨作间歇的垂直切入运动（手动）。砂轮主轴由内装式异步电动机直接驱动。

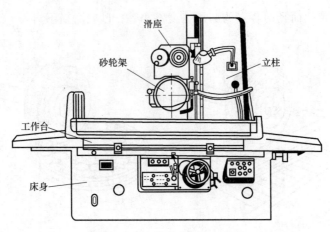

图 9-46　卧轴矩台平面磨床

 本 章 小 结

本章重点讲解了典型表面的加工方法，现汇总如下：

$$各种表面的加工 \begin{cases} 外圆表面的加工方法 \begin{cases} 车削加工 \\ 磨削加工 \end{cases} \\ \\ 孔的加工方法 \begin{cases} 钻削加工 \\ 镗削加工 \\ 拉削加工 \end{cases} \\ \\ 平面的加工方法 \begin{cases} 刨削加工 \\ 铣削加工 \\ 磨削加工 \end{cases} \end{cases}$$

思考题与习题

9-1　外圆表面常用的加工方法有哪些？如何选用？

9-2　砂轮的特征主要取决于哪些因素？如何进行选择？

9-3　外圆磨削有哪几种方式？各有何特点？各适用于什么场合？

9-4　简述无心外圆磨削的特点及磨削方法。

9-5　简述 M1432A 型万能外圆磨床具备哪些运动？

9-6　万能外圆磨床上磨削锥面有哪几种方法？各适用于何种场合？机床应如何调整？

9-7　内圆表面常用的加工方法有哪些？如何选用？

9-8　标准高速钢麻花钻由哪几部分组成？切削部分包括哪些几何参数？

9-9　标准麻花钻的缺点是什么？

9-10　试分析钻孔、扩孔和铰孔三种孔加工方法的工艺特点，并说明这三种孔加工工艺之间的联系。

9-11　试分析比较外排屑、内排屑和喷吸式深孔钻的工作原理、优缺点和使用范围。

9-12　镗削加工有何特点？常用的镗刀有哪几种类型？其结构和特点如何？

9-13　卧式镗床有哪些成形运动？说明它能完成哪些加工工作。

9-14　试述拉削工艺特点和应用。

9-15　拉削有时要将工件端面靠在球面垫上，为什么？

9-16　常用圆孔拉刀的结构由哪几部分组成？各部分起什么作用？

9-17　试述内圆磨削的工艺特点及应用范围。

9-18　试述刨削的工艺特点和应用。

9-19　常用刨床有哪几种？它们的应用有何不同？

9-20　试述铣削加工的工艺范围及特点。

9-21　常用铣床及铣床附件有哪几种？各自的主要用途是什么？

9-22　铣削为什么比其他切削加工方法容易产生振动？

9-23　端铣与周铣，逆铣与顺铣各有何特点？应用如何？

9-24　试分析磨平面时，端磨法与周磨法各自的特点。

9-25　平面磨床有哪几种类型？常用的是哪种类型？

9-26　电磁吸盘装夹工件有何优点？磨削非磁性材料及薄片工件平面时，应如何装夹？

第10章　机械零件选材及其工艺方法的选择

学习重点

机械零件的失效形式和选材原则；零件成形工艺选择的一般原则；零件热处理的技术条件。

学习难点

轴杆类零件、齿轮类零件和箱体类零件的选材及工艺分析。

学习目标

1. 掌握机械零件的失效形式和选材原则。
2. 掌握零件成形工艺选择的一般原则。
3. 掌握零件热处理的技术条件。
4. 掌握典型零件的选材及工艺分析。

10.1　机械零件的失效形式和选材原则

10.1.1　机械零件的失效形式

任何机器零件或结构件都具有一定的功能，如在载荷、温度、介质等作用下保持一定的几何形状和尺寸，实现规定的机械运动，传递力和能量等。如果零件在使用过程中，由于尺寸、形状或材料的组织与性能发生变化而失去设计所要求的效能，即为失效。零件失效的具体表现为：完全破坏而不能工作；严重损伤不能安全工作；虽能工作，但已不能完成规定的功能。零件的失效，特别是那些没有明显征兆的失效，往往会带来巨大的损失，甚至导致重大事故。

一般机器零件常见的失效形式有以下三种：

（1）断裂　包括静载荷或冲击载荷下的断裂、疲劳断裂、应力腐蚀破裂等。断裂是材料最严重的失效形式，特别是在没有明显塑性变形的情况下突然发生的脆性断裂，往往会造成灾难性事故。

（2）表面损伤　包括过量磨损、表面腐蚀、表面疲劳（点蚀）等。机械零件磨损过量后，工作环境就会恶化，甚至不能正常工作而报废。磨损不仅消耗材料，损坏机器，而且耗费大量能源。

（3）过量变形　包括过量的弹性变形、塑性变形和蠕变等。不论哪种过量变形，都会造成零件（或工具）尺寸和形状的改变，影响它们的正确使用位置，破坏零件或部件间相互配合的关系，使机器不能正常工作，甚至造成事故。如高压容器的紧固螺栓发生过量塑性变形而伸长，会导致容器渗漏；车床主轴在工作过程中，发生过量的弹性变形、弯曲变形，不仅振动加剧，使轴和轴承配合不良，而且会造成加工零件质量的下降。

引起零件失效的原因很多，涉及零件的结构设计、材料的选择与使用、加工制造、装配及维护保养等方面。而合理选用材料就是从材料应用上去防止或延缓失效的发生。

10.1.2 机械零件的选材原则

选材合理性的标志应是在满足零件使用要求的条件下，最大限度地发挥材料的潜力，做到物尽其用，既要考虑提高材料强度的使用水平，同时也要减少材料的消耗和降低加工成本。因此，要做到合理选材，对设计人员来说，必须进行全面的分析及综合考虑，一般是从其使用性能、工艺性能和经济性等几个方面考虑。

1. 材料的选用应满足零件的使用性能要求

材料的使用性能是保证零件具备规定功能的必要条件，是选择材料时应首先考虑的因素。由于零件都要承受一定的载荷，力学性能就是机械零件对材料最重要的性能要求。在选材时，首先要正确地判断零件要求哪类性能，然后再确定主要的性能指标。具体方法如下：

（1）分析零件的工作条件 工作条件包括：零件的受力情况，如载荷的类型、形式、分布及大小等；零件的工作环境，如介质、工作温度等；零件的特殊性能要求，如电性能、磁性能和热性能等。在分析工作条件的基础上确定零件的使用性能。

（2）进行零件失效分析 零件最关键的性能指标通常要根据零件的失效形式来确定，因此，要分析同类零件的失效形式，为准备确定零件使用性能提供可靠的依据。如弹簧零件的主要失效形式是弹性丧失或疲劳断裂，其主要使用性能应是弹性极限、疲劳极限，所以应以弹簧弹性极限和疲劳强度为主要指标来设计、制造弹簧。

（3）确定主要的性能指标 在分析零件工作条件和失效形式的基础上，确定零件的主要使用性能指标，作为零件选材的基本出发点。表 10-1 为几种典型零件的工作条件及主要性能指标。

表 10-1 几种典型零件的工作条件及主要性能指标

零件名称	工作条件	关键性能指标
重要螺栓	交变拉应力	R_e、σ_{bb}、HBW
重要传动齿轮	交变弯曲应力、交变接触压应力、冲击载荷、齿面受摩擦	R_e、σ_{bb}、HRC、接触疲劳强度
曲轴、轴类	交变弯曲应力、扭曲压应力、冲击载荷、颈部摩擦	R_m、σ_{bb}、HRC
弹簧	交变应力、振动	σ_e、R_e/R_m、σ_{bb}
滚动轴承	点接触下的交变应力、滚动摩擦	R_m、σ_{bb}、HRC

在确定材料的性能指标后，可在有关设计手册中查阅有关数据，选择几种满足性能要求的材料。

2. 材料的工艺性能应满足加工要求

材料的工艺性能表示材料加工的难易程度；任何零件都是由所选材料经过加工制造而成的，因此材料工艺性能的好坏也是选材时必须考虑的重要问题。所选材料应具有良好的工艺性能，以利于在一定生产条件下，方便、经济地得到合格的产品。

材料的工艺性能主要包括铸造性能、锻造性能、焊接性能、热处理性能和切削加工性能等。并不是要求某一材料具备所有的工艺性能，而是满足所要求的工艺性能就足够了。

　　对于尺寸较大,形状较复杂的零件,就要求材料具有良好的铸造性能或焊接性能,在结构上也要适应铸造或焊接的要求。

　　当零件用冷拔工艺制造时,应考虑材料的塑性,并考虑形变后的强化对材料力学性能的影响。

　　对于需要切削加工的零件,应考虑材料的切削加工性能。

　　材料的工艺性能在某些情况下甚至成为选择材料的主导因素。如汽车发动机箱壳,对它的力学性能要求并不高,多数金属材料都能满足要求,但由于箱体内腔结构复杂,毛坯只能采用铸件。为了方便、经济地铸造出合格的箱体铸件,必须采用铸造性能良好的材料。在大量生产时,更应要求材料具备良好的工艺性能。

3. 选材时应充分考虑经济性能

　　选材时应注意降低零件的总成本。零件的总成本包括材料本身的价格、加工费、管理费及其他费用(如成品的维修费等)。据资料统计,在一般的工业部门中,材料的价格要占产品价格的 30%~70%。因此,在保证使用性能的前提下,应尽可能选用价格低、货源充足、加工方便的材料,以取得最大的经济效益,提高产品在市场上的竞争力。

　　在选用材料时,还应立足于本地或国内的资源,考虑国内的生产和供应情况。对于同一企业来说,所选用的材料种类、规格应尽量少而集中,以便于采购和管理,减少不必要的附加费用。

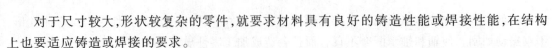 10.2　零件成形工艺选择的一般原则

　　除了少数性能要求不高的零件以外,大多数机械零件都要通过铸造、锻压或焊接等成形工艺制成毛坯,然后再经切削加工制成成品。因此,零件成形工艺的选择是否合理,不仅影响每个零件甚至整部机械的制造质量和使用性能,对零件的工艺制造过程,生产周期和成本也有很大的影响。表 10-2 列出了常用毛坯成形的生产方法及相关内容的比较,可供参考。

表 10-2　常用毛坯成形的生产方法及其相关内容比较

生产方法 比较内容	铸造	锻造	冲压	焊接	型材
成形特点	液态成形	固态下塑性变形		借助金属原子间的扩散和结合	固态下切削
对原材料工艺性能要求	流动性好,收缩率小	塑性好,变形抗力小		强度好,塑性好,液态下化学稳定性好	
适用材料	铸铁,铸钢,有色金属	中碳钢,合金结构钢	低碳钢和有色金属薄板	低碳钢和低合金结构钢,铸铁,有色金属	碳钢,合金钢,有色金属
适宜的形状	形状不受限,可相当复杂,尤其是内腔形状	自由锻件简单,模锻件可较复杂	可较复杂	形状不受限	简单,一般为圆形或平面
适宜的尺寸与重量	砂型铸造不受限	自由锻不受限,模锻件<150kg	不受限	不受限	中、小型

（续）

生产方法 比较内容	铸造	锻造	冲压	焊接	型材
毛坯的组织和性能	砂型铸造件晶粒粗大、疏松、缺陷多、杂质排列无方向性。铸铁件力学性能差，耐磨性和减振性好；铸钢件力学性能较好	晶粒细小，较均匀、致密，可利用流线改善性能，力学性能好	组织细密，可产生纤维组织。利用冷变形强化，可提高强度和硬度，结构刚性好	焊缝区为铸态组织，熔合区及过热区有粗大晶粒，内应力大；接头力学性能达到或接近母材	取决于型材的原始组织和性能
毛坯精度和表面质量	砂型铸造件精度低和表面粗糙（特种铸造较高）	自由锻件精度较低，表面较粗糙；模锻件精度中等，表面质量较好	精度高，表面质量好	精度较低，接头处表面粗糙	取决于切削方法
材料利用率	高	自由锻件低，模锻件中等	较高	较高	较高
生产成本	低	自由锻件较高，模锻件较低	低	中	较低
生产周期	砂型铸造较短	自由锻短，模锻长	长	短	短
生产率	砂型铸造低	自由锻低，模锻较高	高	中、低	中、低
适宜的生产批量	单件和成批（砂型铸造）	自由锻单件小批，模锻成批、大量	大批量	单件、成批	单件、成批
适用范围	铸铁件用于受力不大，或承压为主的零件，或要求减振、耐磨的零件；铸钢件用于承受重载而形状复杂的零件，如床身、立柱、箱体、支架和阀体等	用于承受重载、动载或复杂载荷的重要零件，如主轴、传动轴、杠杆和曲轴等	用于板料成形的零件	用于制造金属结构件，或组合件和零件的修补	一般中、小型简单件

毛坯成形的工艺方法，包括选择毛坯材料、类别和具体的制造方法。不同的材料具有完全不同的工艺性能。选择毛坯成形工艺时必须考虑以下原则：

1. 保证零件的使用要求

成形后的毛坯制成零件后,应满足其使用要求。零件的使用要求包括对零件形状和尺寸的要求,以及工作条件对零件性能的要求。例如,机床的主轴和手柄,虽同属轴类零件,但其承载及工作情况不同。主轴是机床上的关键零件,尺寸、形状和加工精度要求很高,受力复杂,在长期使用过程中只允许发生极微小的变形,因此,应选用45钢或40Cr等具有良好综合力学性能的材料,经锻造制坯和严格的切削加工和热处理制成;而机床手柄,尺寸、形状等要求不高,受力也不大,故选用低碳钢棒料或普通灰铸铁为成形毛坯,经过简单的切削加工即可制成,不需要热处理。有时,即使同一类零件,由于使用要求不同,从选择材料到选择成形方法和加工方法可以完全不同。因此,在确定毛坯类别时,必须首先考虑工作条件对零件的使用要求。

2. 降低制造成本,满足经济性要求

一个零件的制造成本包括其本身的材料费以及所消耗的燃料费、动力费用、人工费、各项折旧费和其他辅助费用等分摊到该零件上的份额。在选择毛坯的类别和具体的加工方法时,通常是在保证零件使用要求的前提下,把几个可供选择的方案从经济性上进行分析、比较,从中选择成本较低的方案。

在单件、小批量生产的条件下,应选用常用材料、通用的设备和工具、低精度、低生产效率的毛坯成形加工方法,使毛坯生产周期短,节省生产准备时间和工艺装备的设计制造费用。虽然单件产品消耗的材料及工时多些,但总的成本还是比较低的。

在大批量生产的条件下,应选用专用材料、专用设备和工具以及高精度、高生产效率的毛坯生产方法,这样,虽然增加了费用,但材料的总消耗量和切削加工工时会大幅度降低,总的成本也较低。因此,单件、小批量生产时,对于铸件应优先选用灰铸铁和手工砂型铸造方法;对于锻件应优先选用碳素结构钢和自由锻方法;在生产急需时,应优先选用低碳钢和手工电弧焊方法制造焊接结构毛坯。在大批量生产中,对于铸件应采用机器造型的铸造方法,锻件应优先选用模型锻造方法,焊接件应优先选用低合金高强度结构钢材料和自动、半自动的埋弧焊、气体保护焊等方法制造毛坯。

3. 考虑实际生产条件

根据使用性能要求和制造成本分析所选定的毛坯成形方法是否能实现,还必须考虑企业的实际生产条件。应首先分析本企业的设备条件和技术水平能否满足毛坯制造方案的要求,如不能满足要求,能否通过外协或外购来解决。

上述三条原则是相互联系的,考虑时应在保证使用要求的前提下,力求做到质量好、成本低和制造周期短。

10.3 零件热处理的技术条件

热处理是机械制造过程中的重要工序。正确分析和理解热处理的技术条件,合理安排零件加工工艺路线中的热处理工序,对于改善金属材料的切削加工性能,保证零件的质量,满足使用性能要求,具有重要意义。

对于需要热处理的零件,设计者应根据零件的性能要求,在图样上标明所用材料的牌号,注明热处理的技术条件,以供热处理生产和检验时使用。

热处理技术条件的内容包括:零件的最终热处理方法,热处理后应达到的力学性能指标

（仅需标注出硬度值）等。但对于某些力学性能要求较高的重要零件，如曲轴、连杆、齿轮等，还应标出强度、塑性等指标，有的还应提出对金相显微组织的要求。对于渗碳件还应标注出渗碳、淬火、回火后的硬度（表面和心部）、渗碳的部位（全部或局部）、渗碳层深度等。对于表面淬火零件，在图样上应标出淬硬层的硬度、深度和淬硬部位，有的还应提出对显微组织及限制变形的要求（如孔的变形量）。

在图样上标注热处理技术条件时，可用文字对热处理条件加以简要说明，也可用国家标准（GB/T 12603—2005）规定的热处理工艺分类及代号来表示。热处理技术条件一般标注在零件图标题栏上方的技术要求中。在标注硬度值时应允许有一个变动范围；一般布氏硬度范围在 30~40 个单位，洛氏硬度范围在 5 个单位左右。例如，"正火 210~240HBW""淬火 40~45HRC"。

图 10-1 为热处理技术条件在零件图上的标注示例。表 10-3 为热处理工艺分类及代号。

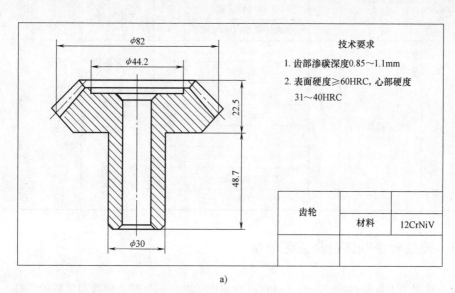

a)

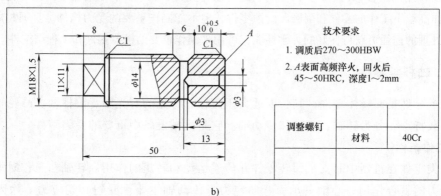

b)

图 10-1　热处理技术条件在零件图上的标注示例

表 10-3 热处理工艺分类及代号

工艺	代号	工艺类型	代号	名称	代号	加热方法	代号
热处理	5	普通热处理	1	退火	1	加热炉	1
				正火	2		
				淬火	3		
				淬火、回火	4	感应加热	2
				调质	5		
				稳定化处理	6	火焰加热	3
				固溶处理	7		
				固溶处理与时效	8		
		表面热处理	2	表面淬火、回火	1	电阻加热	4
				物理气相沉积	2		
				化学气相沉积	3	激光加热	5
				等离子化学气相沉积	4		
热处理	5	化学热处理	3	渗碳	1	电子束加热	6
				碳氮共渗	2		
				渗氮	3	等离子加热	7
				氮碳共渗	4		
				渗其他金属	5	其他	8
				渗金属	6		
				多元素共渗	7		
				溶渗	8		

⟳ 10.4 典型零件的选材及工艺分析

目前所使用的工程材料中，高分子材料适合制作受力小、减振、耐磨和密封的零件。陶瓷材料适合制作高温下工作的零件和耐磨、耐蚀零件，但不能制作重要的受力构件。金属材料通过合金化、热处理的途径可获得良好的力学性能，可用来制作重要的机器零件和工程结构件。

10.4.1 轴杆类零件

轴杆类零件是回转体零件，其长度远大于直径，常见的有光轴、阶梯轴、凸轮轴和曲轴等；按承载特点可分为转轴、心轴和传动轴。它是机械设备中重要的受力零件。

1. 工作条件

轴杆类零件在机器中起支承回转零件并传递运动和转矩的作用。转轴在工作时承受弯曲和扭转应力的复合作用；心轴只承受弯曲应力；传动轴主要承受扭转切应力。除固定心轴外，所有作回转运动的轴所受应力都是对称循环变化的，即在交变应力状态下工作。

轴在花键、轴颈等部位和与其配合的零件（如轮上有花键孔或滑动轴承）之间有摩擦磨损，此外，轴还会受到一定程度的过载和冲击。

2. 主要失效形式

由于受力复杂，轴的尺寸、结构和载荷差别很大，因此，轴的失效较多。主要存在有以下几种：

1）断裂，大多是疲劳断裂。

2）轴的相对运动表面的过度磨损。

3）发生过量扭转或弯曲变形（包括弹性和塑性变形）。

4）有时还可能发生腐蚀失效。

3. 使用性能要求

为满足工作条件的要求，具有足够抵抗失效的能力，轴杆类零件的材料应具备如下性能要求：

1）具有高的强度，足够的刚性及良好的韧性，以防止断裂及过量变形。

2）具有较高的疲劳强度，防止疲劳断裂。

3）在相对运动的摩擦部位，如轴颈、花键等处，应具有较高的硬度和耐磨性。

4. 选材及热处理

轴的材料主要使用碳素结构钢和合金结构钢，一般是以锻件或轧制型材为毛坯。

1）轻载、低速、不重要的轴，可选用 Q235、Q255、Q275 等碳素结构钢，这类钢通常不进行热处理。

2）受中等载荷而且精度要求一般的轴类零件，常用优质碳素结构钢，常选 45 钢。为改善其力学性能，一般要进行正火或调质处理。要求轴颈等处耐磨时，还可进行表面淬火和低温回火。

3）受较大载荷或要求精度高的轴以及处于强烈摩擦或高、低温等恶劣条件下工作的轴，应选用合金钢，常用 20Cr、40MnB、40Cr 等。根据合金钢的种类及轴的性能，应采用调质、表面淬火、渗碳、碳氮共渗、淬火、低温回火等热处理，以充分发挥合金钢的潜力。

近年来，球墨铸铁和高强度铸铁已越来越多地作为制造轴的材料，如内燃机曲轴、普通机床的主轴等，其热处理方法主要是退火、正火、调质及表面淬火等。

5. 典型轴类零件的选材、热处理及工序安排

（1）机床主轴　机床主轴承受中等载荷作用、中等转速并承受一定的冲击。一般选用 45 钢制造，经调质处理后轴颈或锥孔处再进行表面淬火。载荷较大时，选用 40Cr 钢制造。

机床主轴的工艺路线为：下料→锻造→正火→粗切削加工→调质→半精切削加工→局部表面淬火、低温回火→粗磨→精磨。

正火可细化晶粒，调整硬度，改善切削加工性能；调质可得到好的综合力学性能和疲劳强度；局部表面淬火和低温回火可得到局部的高硬度和耐磨性。

有些机床主轴如万能铣床主轴，可用球墨铸铁代替 45 钢来制造。对于要求高精度、高稳定性及高耐磨性的主轴，如镗床主轴，往往用 38CrMoAlA 钢制造，经调质处理后再渗氮。

（2）内燃机曲轴　曲轴是内燃机中形状复杂而又非常重要的零件之一，它在工作时受汽缸中周期性变化的气体压力、曲轴连杆机构的惯性力、扭转和弯曲应力及扭转振动和冲击力的作用。通常根据内燃机转速不同选用不同的材料，低速内燃机曲轴用正火的 45 钢或球墨铸铁制造；中速内燃机曲轴选用调质 45 钢或球墨铸铁、调质中碳低合金钢，如 40Cr、45Mn2 等钢制造；高速内燃机曲轴选用高强度合金钢 35CrMo、42CrMo 制造。

内燃机曲轴工艺路线为：下料→锻造→正火→粗切削加工→调质→半精加工→轴颈表面淬火、低温回火→粗磨→精磨。

各热处理工序的作用与上述机床主轴的相同。

目前常采用球墨铸铁来代替45钢制造曲轴，其工艺路线一般为：铸造→正火、高温回火→机加工→轴颈表面淬火、低温回火→粗、精磨。

这类曲轴保证质量的关键在于铸造，先保证球化良好无铸造缺陷，然后再经正火增加组织中的珠光体数量和细化珠光体片，以提高强度、硬度及耐磨性；高温回火主要是为了消除正火风冷所造成的内应力。

10.4.2　齿轮类零件

齿轮是各类机械、仪表中应用最广的传动零件，其作用是传递转矩、改变运动速度和运动方向，有的齿轮仅起分度定位作用。齿轮的转速可以相差很大，齿轮的直径可以从几毫米到几米，工作环境也可有很大差别。

1. 工作条件

齿轮工作的关键部位是齿根与齿面。齿根承受最大的交变弯曲应力，并有应力集中存在，在起动、换挡或啮合不均匀时还承受冲击和过载；齿面承受脉动接触压应力和滚动、滑动摩擦。此外，润滑油的腐蚀及外部硬质磨粒的侵入等，都可加剧齿轮工作条件的恶化。

2. 主要失效形式

（1）轮齿折断　其中多数为疲劳断裂，主要是由于轮齿根部所受的弯曲应力超过材料的抗弯强度引起的。过载断裂是由于短时过载或过大冲击所引起的，多发生在淬透的硬齿面齿轮或脆性材料制造的齿轮上。

（2）齿面点蚀　齿面受大的脉动接触压应力，因表面疲劳而使齿面表层产生点状、小片剥落的破坏。

（3）齿面磨损　齿面间滚动和滑动摩擦或外部硬质颗粒的侵入，使齿面产生磨粒磨损、粘着磨损或正常磨损现象。

（4）齿面塑性变形　主要因齿轮强度不够和齿面硬度较低，在低速、重载起动、过载频繁的齿轮中容易产生。

3. 主要性能要求

由于齿轮受力和损坏形式的复杂性，为了保证齿轮的正常运转，防止早期失效，对齿轮材料主要有如下性能要求：

1）齿面有高的硬度和耐磨性。

2）齿面具有高的接触疲劳强度和齿根具有高的弯曲疲劳强度。

3）轮齿的心部要有足够的强度和韧性。

另外，在齿轮副中，两齿轮齿面硬度应有一定的差值，因小齿轮受载次数多，故应比大齿轮硬度高些。一般差值为：软齿面30~50HBW。

4. 选材及热处理

齿轮材料绝大多数是钢质材料（包括铸钢），某些开式传动的低速齿轮可用铸铁材料，特殊情况下还可用非铁金属和工程塑料。

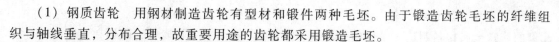

（1）钢质齿轮　用钢材制造齿轮有型材和锻件两种毛坯。由于锻造齿轮毛坯的纤维组织与轴线垂直，分布合理，故重要用途的齿轮都采用锻造毛坯。

钢质齿轮按齿面硬度分为硬齿面齿轮和软齿面齿轮，齿面硬度≤350HBW 的为软齿面齿轮；齿面硬度>350HBW 的为硬齿面齿轮。

1）轻载、低速或中速、冲击力小、精度较低的一般齿轮，选用中碳钢如 Q255、45、50Mn 等钢制造，常用正火或调质等热处理制成软齿面齿轮，正火硬度为 160~200HBW；调质硬度一般为 200~280HBW，不超过 350HBW。因硬度适中，精切齿廓可在热处理后进行，工艺简单，成本低，但承载能力不高，常用于机械中一些不重要的齿轮。

2）中载、中速、承受一定冲击载荷、运动较为平稳的齿轮，选用中碳钢或合金钢，如 45、50Mn、40Cr、42SiMn 等钢，也可采用 55Tid、60Tid 等低淬透性钢。其最终热处理采用高频或中频淬火及低温回火，制成硬齿面齿轮，齿面硬度可达 50~55HRC。齿轮心部保持正火或调质状态，具有较好的韧性。机床中绝大多数齿轮都是这种类型的齿轮。

3）重载、高速或中速，且受较大冲击载荷的齿轮，选用低碳合金渗碳钢或碳氮共渗钢，如 20Cr、20CrMnTi、20CrNi、18Cr2Ni4WA 钢等。其热处理采用渗碳、淬火、低温回火，齿轮表面获得 58~63HRC 的高硬度，因淬透性较高，齿轮心部有较高的强度和韧性。这种齿轮表面的耐磨性、抗接触疲劳强度和齿根的抗弯及心部的抗冲击能力都比表面淬火的齿轮高，但热处理变形大，精度要求较高时，最后要磨齿。它适用于工作条件较为恶劣的汽车、拖拉机的变速箱和后桥上的齿轮。

4）精密传动齿轮或磨齿有困难的硬齿面齿轮（如齿圈），主要的要求是精度高，热处理变形小，宜采用氮化钢，如 35CrMo、38CrMoAlA 钢等。热处理采用调质及氮化处理，氮化后齿面硬度高达 65~70HRC，热稳定性好，并有一定的抗蚀性。其缺点是硬化层薄，不耐冲击，故不适用于载荷频繁变动的重载齿轮，而多用于载荷平稳、润滑良好的精密传动齿轮或磨齿困难的内齿轮。

近年来，由于软氮化和离子氮化工艺的发展，使工艺周期缩短，选用钢种变宽，选用氮化处理的齿轮逐渐增多。

（2）铸钢齿轮　某些直径较大、形状复杂并受一定冲击载荷的齿轮，难以锻造成形，需要采用铸钢制作。常用的碳素铸钢为 ZG270-500、ZG310-570、ZG340-640 等，载荷较大的采用合金铸钢，如 ZG40Cr、ZG35CrMo、ZG42MnSi 钢等。此类齿轮的热处理，通常是在切削加工前进行正火或退火，目的是消除铸造内应力，改善性能和组织的均匀性，以提高切削加工性能。一般要求不高、转速较慢的铸钢齿轮可在退火或正火处理后应用；要求耐磨性较高的，可进行表面淬火。

（3）铸铁齿轮　一般开式齿轮多用灰铸铁制造。灰铸铁组织中的石墨能提高润滑作用，减摩性较好，不易咬合，而且切削加工性能好，成本低；其缺点是抗弯强度低、性脆，不耐冲击。它只是用于制造一些轻载、低速、不受冲击并且精度要求低的齿轮。用于制造齿轮的灰铸铁有 HT200、HT250、HT300 等。在闭式齿轮中，有用球墨铸铁（QT600-3、QT450-10等）代替铸钢的趋势。

铸铁齿轮在铸后一般进行去应力退火、正火、回火处理，硬度在 170~290HBW 之间，为提高耐磨性还可进行表面淬火。

（4）非铁金属材料齿轮 在仪表中或接触腐蚀性介质的轻载齿轮，常用一些抗腐蚀、耐磨的非铁金属材料制造，常用的有黄铜、铝青铜、硅青铜、锡青铜，硬铝和超硬铝，可制作质量小的齿轮。

（5）工程塑料齿轮 在仪表、小型机械中的轻载、无润滑条件下工作的小齿轮，可以用工程塑料制造，常用的有尼龙、聚碳酸酯、夹布压层热固性树脂等。工程塑料具有密度小、摩擦因数小、减振、工作噪声小的优点；其缺点是强度低，工作温度不高，所以它不能用做较大载荷的齿轮。

5. 典型齿轮的选材、热处理及工序安排

（1）机床齿轮 机床齿轮工作平稳、无强烈冲击、中等转速、受载荷不大，对齿轮心部强度和韧性的要求不高，一般选用 40 钢或 45 钢制造。经正火或调质处理后再经高频感应加热表面淬火，齿面硬度可达 52HRC 左右，齿心硬度为 220～250HBW，完全可满足性能要求。对于一部分性能要求较高的齿轮，可用中碳低合金钢，如 40Cr、40MnB 等钢制造，齿面硬度达到 58HRC，心部强度和韧性也有所提高，毛坯采用锻造为宜。

机床齿轮的加工工艺路线为：下料→锻造→正火→粗切削加工→调质→半精加工→高频感应表面淬火、低温回火→精磨。

（2）汽车、拖拉机齿轮 汽车、拖拉机齿轮的工作条件比机床齿轮恶劣，受力较大，超载与起动、制动和变速时受冲击频繁，对耐磨性、弯曲疲劳强度、接触疲劳强度、心部强度和韧性等性能要求较高，用碳钢或中碳低合金钢经高频感应加热表面淬火已不能满足使用要求，选用合金渗碳钢，如 20CrMnTi、20CrMnMo、20MnVB 等钢，较适宜。这类钢经正火处理后再渗碳淬火处理，表面硬度可达 58～62HRC，心部硬度可达 35～45HRC。

汽车、拖拉机齿轮的加工工艺路线为：下料→锻造→正火→粗、半精切削加工→渗碳、淬火、低温回火→喷丸→精磨→最终检验。

此工艺路线中热处理工序的作用是：

1）正火主要是为了消除毛坯的锻造应力，获得良好的切削性能；均匀组织，细化晶粒，为以后的热处理作好组织准备。

2）渗碳是为了提高齿轮表面碳的含量，以保证淬火后得到高硬度和良好耐磨性的高碳马氏体组织。

3）淬火是为了使齿轮表面有高硬度，同时使心部获得足够的强度和韧性。

4）喷丸是清除齿轮表面的氧化皮，使齿面形成压应力，提高其疲劳强度。

10.4.3 箱体类零件

1. 结构和工作条件

箱体类零件结构较复杂，有不规则的外形和内腔，且壁厚不均匀。这类零件包括各种机械设备的机身、底座、支架、横梁、工作台，以及齿轮箱、轴承座、阀体、泵体等。重量从几千克至数十吨，工作条件也相差很大。其中，基础零件如机身、底座等，以承压为主，并受冲击和振动；有些机械的机身、支架往往同时承受压、拉和弯曲应力的联合作用，或者还受冲击载荷。

2. 使用要求和材料的选用

箱体零件一般受力不大，但要求有良好的刚度和密封性。通常都以铸件为毛坯，且以铸造性能良好、价格低廉，并有良好耐压、耐磨和减振性能的铸铁为主；受力复杂或受较大冲击载荷的零件，则采用铸钢件；受力不大，要求自重或要求导热性良好的，则采用铸造铝合金件；受力很小，要求自重轻等，可考虑工程塑料件。在单件生产或工期要求紧的情况下，或受力较大，形状简单，尺寸较大时，也可采用焊接件。

3. 时效或热处理

如选用铸钢件，为了消除粗晶粒组织、偏析及铸造应力，对铸钢件应进行完全退火或正火；对铸铁件一般要进行去应力退火或时效处理；对铝合金铸件，应根据成分不同，进行退火或淬火时效处理。

4. 典型零件的加工

图 10-2 所示为中等尺寸的减速器箱体。由图可以看出，其上有三对精度要求较高的轴承孔，形状复杂。该箱体要求有较好的刚度、减振性和密封性，轴承孔承受载荷较大，故该箱体材料选用 HT250，采用砂型铸造，铸造后应进行去应力退火。单件生产也可用焊接件。

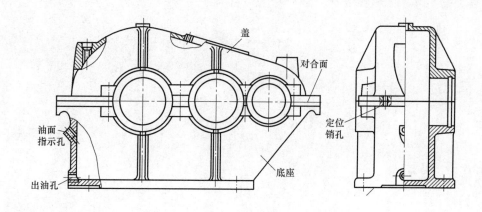

图 10-2 减速器箱体

该箱体的工艺路线为：铸造毛坯→去应力退火→划线→切削加工。其中去应力退火是为了消除铸造内应力，稳定尺寸，减少箱体在加工和使用过程中的变形。

本章小结

本章重点介绍了机械零件的失效形式和选材原则；零件成形工艺选择的一般原则；零件热处理的技术条件；轴杆类零件、齿轮类零件和箱体类零件的选材及工艺分析。

思考题与习题

10-1 零件选材的一般原则是什么？它们之间的相互关系如何？

10-2 什么是零件的失效？一般机械零件的失效方式有哪几种？

10-3 零件选材的经济性应从哪几个方面考虑？

10-4 热处理的技术条件包括哪些内容？如何在零件图上标注？

10-5 下列各种要求的齿轮，各应选择何种材料和毛坯类型？

1）承受载荷不大的低速大型齿轮，小批量生产。

2）承受强烈摩擦和冲击、中等载荷、中速的中等尺寸齿轮，成批生产。

3）承受载荷大，无冲击、尺寸小的齿轮，大量生产。

4）低噪声、小载荷、尺度中等的齿轮，成批生产。

10-6 为什么轴类零件一般采用锻件毛坯，而箱体类零件多采用铸件毛坯？

10-7 汽车、拖拉机变速箱齿轮多采用渗碳钢制造，而机床变速箱齿轮多采用中碳钢制造，为什么？

10-8 某齿轮要求具有良好的综合力学性能，表面硬度 50~55HRC，用 45 钢制造，加工工艺路线为：下料→锻造→热处理→粗加工→热处理→精加工→热处理→精磨。试说明工艺路线中各个热处理工序的名称和目的。

第11章 实习实训

11.1 车工实习

1. 目的和要求

1）了解车削加工的工艺特点及加工范围。

2）熟悉卧式车床的组成、编号和操作规范等。

3）能正确使用常用的刀具、量具及辅具，在老师的指导下，能掌握正确的刀具刃磨方法。

4）掌握车削加工的基本方法。

5）能按图样加工简单零件。

2. 安全知识

1）工作前要穿好工作服，长头发要压入安全帽内，不允许戴手套操作。

2）两人共用一台车床时，只能一人操作，并注意他人的安全。

3）开机前，要检查各手柄的位置是否正确，确认正常后才允许开机。

4）开机后，人不能靠近正在加工的工件，更不能触摸和测量加工工件。

5）工件和刀具装夹要牢固，卡盘扳手使用完毕后及时取下，否则不能开机。

6）变换车床主轴转速时必须停机，以防损坏车床。

7）工作时精神要集中，不准在车床运转时离开或干其他的工作，离开车床必须停机。

8）一旦遇到事故发生时，不要惊慌，立即关闭车床电源。

9）工作结束后，将床鞍摇至床尾一端，各转动手柄放在空档位置上，关闭电源，清除切屑，擦净车床，加油润滑，以保持良好的工作环境。

3. 基本知识

（1）车削加工的特点及加工范围

1）车削加工的特点：车削是以工件的旋转运动为主运动，车刀纵向或横向移动为进给运动的一种切削加工方法。

2）车削加工范围：凡具有回转表面的工件，都可以用车削的方法进行加工。另外，还可绕制弹簧。车削加工的工件尺寸公差等级一般为 IT11～IT7 级，表面粗糙度 $Ra = 12.5～1.6\mu m$。

（2）切削用量 在切削过程中的切削速度（v）、进给量（f）和背吃刀量（a_p）总称为切削用量。合理选择切削用量对提高生产效率和切削质量有着密切的关系。

4. 实习操作

（1）车床操作练习 熟悉主轴转速、刀具进给量和背吃刀量的调节方法。主轴转速的挂挡可根据主轴箱上的指示牌和在老师的指导下进行，挂挡一次不成功，旋转卡盘再试，不能蛮干，以免损坏拨叉或齿轮等。

在车削工件时，要准确地控制背吃刀量，熟练地使用中滑板和小滑板的刻度盘。

中滑板的刻度盘紧固在丝杠轴头上，中滑板和丝杠螺母紧固在一起。当中滑板手柄带着刻度盘转一圈时，丝杠也转一圈，这时螺母带着中滑板移动一个螺距。所以中滑板移动的距离可根据刻盘上的格数来计算，即

$$刻度盘每转一格刀架移动的距离（mm）= 丝杠螺距/刻度盘格数$$

例如 CA6140 车床中滑板丝杠螺距 $P=5\text{mm}$，横刀架的刻度盘等分为 200 格，故每转一格横刀架移动的距离为 $5÷200\text{mm} = 0.025\text{mm}$。

刻度盘转一格，刀架带着车刀移动 0.025mm，由于工件是旋转的，所以工件上被切下的厚度是背吃刀量的 2 倍，也就是工件直径改变了 0.05mm。圆形截面的工件，其加工余量都是对直径而言的，测量工件尺寸也是按直径进行的，因此，中滑板刻度盘进刀时，通常将每格读作 0.05mm。

加工外圆时，车刀向工件中心径向移动为进刀，远离中心为退刀；加工内孔时恰好相反。进刻度时，如果刻度盘手柄转过了头，或试切后发现尺寸不对而需将车刀退回时，由于丝杠与螺母有间隙，刻度盘不能直接退回到所需的刻度，而是要反转约一圈后再转至所需位置。

小滑板刻度盘主要用于控制工件轴线方向的尺寸。小滑板移动多少尺寸，工件的长度尺寸就改变多少。

（2）刃磨车刀　车刀用钝后，需重新刃磨，才能得到其合理的几何角度和形状。通常，车刀是在砂轮机上手工刃磨的。常用的磨刀有氧化铝和碳化硅两类。氧化铝砂轮呈白色，韧性好，比较锋利，但磨粒硬度稍低，适用于高速钢和碳素工具钢刀具的刃磨。碳化硅砂轮呈绿色，磨粒硬度高，切削性能好，但较脆，适用于硬质合金刀具的刃磨。砂轮的粗细用粒度号表示，刃磨车刀的一般有 36、60、80 和 120 等级别。粒度号愈大，则表示组成砂轮的磨粒愈细，反之则愈粗。粗磨车刀选用粗砂轮，精磨车刀应选用细砂轮。

刃磨时，人要站在砂轮的侧面（以防止砂轮崩裂伤人），磨刀时最好戴防护镜。双手握稳车刀，轻轻接触砂轮，用力均匀，不能用力过猛，以免挤碎砂轮造成事故。利用砂轮的圆周进行磨削，经常左右移动，使砂轮磨耗均匀，防止出现沟槽。不要用砂轮侧面刃磨，以免受力后使砂轮破碎。磨硬质合金车刀时，不能沾水，以防刀片收缩变形而产生裂纹；磨高速钢车刀时，则必须沾水冷却，使磨削温度下降，防止刃口变软。磨好后要随手关闭电源。刃磨车刀的步骤如图 11-1 所示。

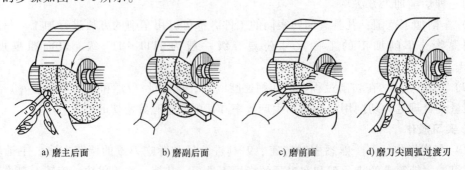

a) 磨主后面　　　　b) 磨副后面　　　　c) 磨前面　　　　d) 磨刀尖圆弧过渡刃

图 11-1　车刀的刃磨步骤

1）磨主后面：按主偏角大小把刀柄向左偏斜，并将刀头向上翘，使主后面自下而上慢慢接触砂轮（图11-1a）。

2）磨副后面：按副偏角大小把刀柄向右偏斜，并将刀头向上翘，使副后面自下而上慢慢接触砂轮（图11-1b）。

3）磨前面：先把刀柄尾部下倾，再按前角大小倾斜前面，使主切削刃与刀柄底面平行或倾斜一定角度，再使前面自下而上慢慢接触砂轮（图11-1c）。

4）磨刀尖圆弧过渡刃：刀尖向上翘，使过渡刃有后角，为防止圆弧刃过大，需轻靠或轻摆刃磨（图11-1d）。

经过刃磨的车刀，用油石加少量机油对切削刃进行研磨，直到车刀表面光洁看不出痕迹为止。这样可以使刀刃锋利，提高刀具寿命。

（3）安装车刀 车刀安装的正确与否，直接影响到加工质量和车刀的正常工作。安装方法如图11-2所示。

1）刀尖必须对准工件中心，若刀尖高于工件轴线，会使车刀的实际后角减小，车刀后面与工件之间摩擦增大；刀尖低于工件轴线，会使车刀的实际前角减小，切削不顺利。

2）刀柄轴线应与工件轴线垂直，否则会使主偏角和副偏角的数值发生变化。

3）合理调整刀垫的片数，不能过多。刀尖伸出的长度应小于车刀刀杆厚度的2倍，以免产生振动而影响加工质量，甚至会使车刀损坏。

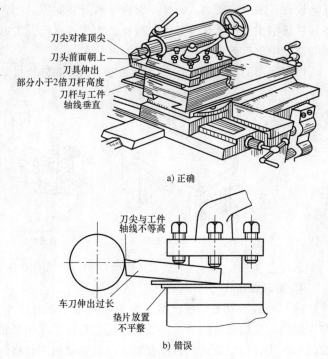

a) 正确

b) 错误

图11-2 车刀的安装

4）夹紧车刀的紧固螺栓，至少拧紧两个并交替拧紧，拧紧后扳手要及时取下，以免发生安全事故。

11.2 钳工实习

1. 目的和要求

1）熟悉钳工工作的作用和特点。

2）能正确使用钳工常用的工具和量具。

3）熟悉钳工的基本操作方法，能按图样独立加工零件。

4）熟悉装配的概念及简单机器或部件的装拆方法，能完成装拆工作。

2. 安全知识

除参照车工实习安全知识外，还应注意以下几点：

1）使用钳工工具如榔头、錾子等时，要注意安全，以免伤人。

2）清理切屑要用刷子，不要用手直接清除，更不能用嘴吹。

3）工作场地要保持清洁，做到文明生产，使用的工具、量具、工件应摆放整齐。

3. 基本知识

钳工主要是利用各种手工工具、钻床和砂轮机等完成零件的加工，部件、机器的装配和调试，以及各类机械零件的维护与维修等工作。基本操作有划线、錾削、锉削、钻孔、扩孔、铰孔、刮削、研磨、铆接、钣金下料及装配等。

尽管钳工工作大部分是手工操作，生产效率低，工人操作技术水平要求高，但目前在机械制造业中仍起着十分重要的作用。

钳工常用的设备有工作台、台虎钳、钻床和砂轮机等，如图 11-3 所示。

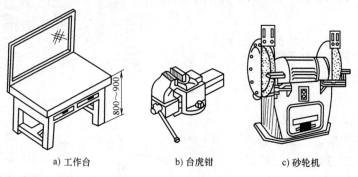

a) 工作台   b) 台虎钳   c) 砂轮机

图 11-3   钳工常用设备

4. 实习操作

（1）划线   在毛坯或已加工表面上按照要求的尺寸，划出线条以标志加工界限的工序称为划线。划线的目的是：检查毛坯尺寸和校正几何形状，确定工件表面加工余量，确定加工位置，还可检查毛坯是否符合要求，避免采用不合格的毛坯造成机械加工中的浪费现象。

（2）划线过程

1）准备工作：按图样检查毛坯尺寸和校对几何形状。为了使线条清晰，在毛坯表面涂上加有胶质和干燥剂的白垩水，钢制零件的已加工表面涂硫酸铜溶液。

2）选定基准：划线从选定基准开始，用以确定其他要加工面的位置。

① 凡工件表面已划好的各种线，如中心线、水平线、垂直线等都可作为基准，工件已加工的边，也可作为基准。

② 如工件有已加工表面，就以它为基准。如工件不是全表面加工，就以不加工的表面为基准。如工件内外表面都未加工，就以外表面为基准。如工件上有孔、凸部、壳面，就以它们为基准。

3）工件定位：一般工件定位用三点支承法，如图 11-4 所示。

用已加工面为基准的工件定位，可放置在平板上，圆柱形工件用 V 形块定位。

4）划线

① 平面划线与平面作图方法类似。用划针、划规、钢直尺、角尺等在工件表面上划出几何图形的线条。对于常用的外形，可用样板划线法。

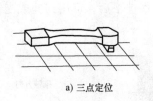
a) 三点定位

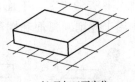
b) 已加工面定位

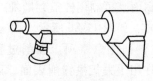
c) V形块定位

图 11-4 工件定位

② 立体划线常用的方法有两种：

a. 工件固定不动。适用于大件，精度较高，生产率较低时。

b. 工件翻转移动。适用于中小件，精度较低，生产率较高时。在实际工作中，也采用中间方法，特别是中小件加工情况，工件固定在划线方箱上，划线方箱可翻转，这样兼有两种方法的优点，如图 11-5 所示。

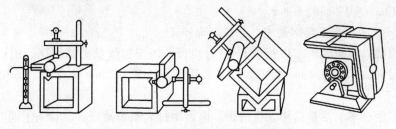

图 11-5 用方箱 V 槽、转台划线

（3）锉削 用锉刀对工件进行切削的方法称为锉削。它是钳工中主要的工序。锉削用于：锉外平面、曲面，锉内外角及复杂表面，锉沟槽、内孔，锉配合表面等。锉削精度可达 IT7～IT8，表面粗糙度值 Ra 为 $1.6～0.8\mu m$。

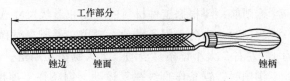

图 11-6 锉刀

1）锉刀。典型锉刀如图 11-6 所示，由 w_C 为 $1.0\%～1.3\%$ 的优质碳素工具钢制成，经热处理淬硬。表面上刻有齿纹。锉刀就是用这些齿纹切削金属的。齿纹有单纹、双纹等形式，齿纹的间距大小称为锉刀的粗细。粗锉齿距为 $0.8～2.5mm$，细锉齿距为 $0.38～0.7mm$，光锉齿距为 $0.13～0.33mm$。

锉刀的大小一般用长度表示，有 100mm、150mm、200mm、250mm、300mm、350mm 等规格。

锉刀的种类按断面形状分类，主要有平锉、半圆锉、圆锉、方锉和三角锉等。

根据工件形状，来选定锉刀断面形状，如图 11-7 所示。根据工件材料、加工余量、表面粗糙度要求，来选定齿纹与齿的粗细。根据工件的大小，选定锉刀长度。

2）锉削方法。粗锉时，常用直锉法或交叉锉法，如图 11-8a 所示。交叉锉法不

图 11-7 锉刀的选用

仅效率高而且可利用锉痕判断加工部分是否锉平。当平面基本锉平后，可用细锉或光锉以推锉法修光，如图 11-8b 所示。摆锉法用于锉削圆弧面和倒角。

3）锉削注意事项。锉削过程中，不许用手去抚摸锉削表面，以免再锉时锉刀打滑。也不许用嘴去吹切屑，以防飞进眼睛。不能使用无柄锉刀。

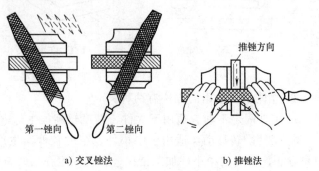

a) 交叉锉法　　　　b) 推锉法

图 11-8　锉削方法

（4）锯削　用手锯切断材料或在工件上锯缝的工序称为锯削。锯削精度低，常需进一步加工。

手锯的锯条尺寸：长、宽、厚为 300mm × 13mm × 0.6mm。用 w_C 为 0.75% ~ 1.0% 的碳素工具钢制成，经热处理淬硬。

锯齿的粗细以齿距表示。齿距 1.6mm 为粗齿，用于锯削低碳结构钢、铝、纯铜、塑料及厚实断面材料。齿距 1.2mm 为中齿，属通用类。齿距 0.8mm 为细齿，适用于锯削硬材料、薄壁件。

为了提高生产率，尽量选用大值齿距。但齿距过大锯齿易崩落，锯条上同时工作的齿数不应少于 2~4 个。

锯削前，要根据工件材料的硬度和形状尺寸选择锯齿的粗细。

起锯时，为防止锯条滑动，要用左手拇指靠稳锯条；工件和锯条间的角度要适宜，一般为 15°左右，太小锯条易滑动，太大锯齿易崩落，如图 11-9 所示。

锯削时，锯条作直线往复运动，锯条往复速度为约 50 次/min，对硬材料应适当降低。当锯缝发生歪扭时，不可强扭，以防折断锯条，应把工件转 90°或 180°，重新再锯。在锯削中途如换用新锯条，也应转 180°重新再锯。

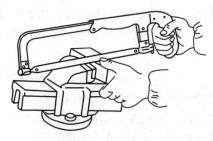

图 11-9　锯削

（5）錾削　用锤子打击錾子，用錾刃对工件进行切削的方法称为錾削。錾削用于在工件上錾去多余的层块或錾断材料和錾削各种沟槽等。錾削每次削去的厚度为 1~2mm，精度不高，表面也比较粗糙。

常用的錾子有阔錾、狭錾和油槽錾，如图 11-10 所示。

錾子是用碳素工具钢制成的，刃口局部经热处理淬硬，其余部位则不需淬硬。

錾子的握法如图 11-11 所示，正握法是重錾削时的握法，反握法是轻錾削时的握法。

（6）刮削　用刮刀从工件表面上的高点处刮去薄层屑片的方法称为刮削。很多机器滑动面的精密配合，工具和量具的精密表面都是靠刮削来保证的。

刮削用于精密的平面、曲面加工。平面工件的加工余量为 0.1~0.4mm，曲面为 0.05~0.35mm。

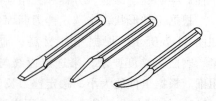

图 11-10　錾子种类

刮削后工件的平面度误差为 0.005mm 左右。表面粗糙度 Ra 值可达 $0.2\sim0.4\mu m$。

刮削后表面的精度通常是以研点法来检验，如图 11-12 所示。刮削表面的精度以 $25mm^2$ 的面积内，贴合点的数量与分布疏密程度来表示。

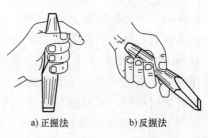

a) 正握法　　b) 反握法

图 11-11　錾子的握法

1）刮刀。刮削平面的刮刀有直头和弯头两种。曲面刮刀有三角刮刀和匙形刮刀两种，如图 11-13 所示。

2）平面刮法。平面刮削有三个步骤：

① 粗刮。工件表面有加工痕迹，已生锈或余量大于 0.05mm 时，宜用长刮刀施较大压力，直到高起的点子在 25mm×25mm 平面上有 4 处时为止。

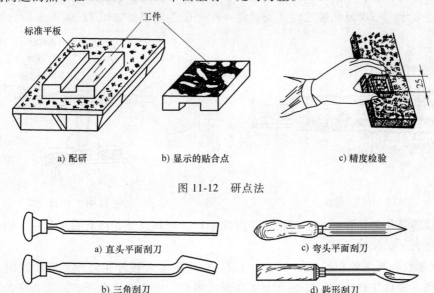

a) 配研　　　　　　b) 显示的贴合点　　　　　　c) 精度检验

图 11-12　研点法

a) 直头平面刮刀　　　　　　c) 弯头平面刮刀

b) 三角刮刀　　　　　　d) 匙形刮刀

图 11-13　刮刀

刮削质量一般以 25mm×25mm 刮削面积均匀分布的研合点的多少来表示。研合点越多，点子越小分布越均匀，则刮削质量越好。

② 细刮。粗刮后表面平面度误差还较大，应进行细刮。细刮时，选用较短刮刀，施较小压力，进行短行程的刮削。使表面平面度误差得到改善，高点数目增加到 9~16 点，已符合一般要求。

③ 精刮。用拉刮刀进行，与推刮相反。它的刮削运动不是前推而是后拉，将高点逐点刮去。经反复多次，满足要求为止，高点数目一般为 20~25 点。

3）弧面刮法。粗刮时，用匙根部；细刮时用端部；一般则用匙形中央部。圆弧刮刀的前角 γ_0 是可变的。如 $\gamma_0=0$，则刮削量大，但会产生凹痕。有较小的负前角时，可使高点均匀分散。负前角较大，刮削量小，则表面光滑。

4）刮花。许多零件、量具、工具的表面上常需刮花，典型的花纹有斜纹和燕尾纹。

（7）研磨　用研具使磨料从工件表面磨切极细金属层的方法称为研磨。精度达

0.001mm，表面粗糙度 Ra 值达 $0.1 \sim 0.25\mu m$，甚至可达镜面。研磨主要是为扩大零件的接触面或制造高精度、高表面质量的表面，研磨工作一般应在 IT6～IT7 级或表面粗糙度 Ra 值达 $0.8\mu m$ 的基础上进行。研磨工艺是将掺有润滑剂的磨膏涂在工件或研具表面上，在它们作相对滑动时磨去表面不平的地方。

研磨过程中，每颗磨粒等于一个切削刃在进行切削，如图 11-14 所示。

（8）攻螺纹和套螺纹　用丝锥在孔壁上切出内螺纹的方法称攻螺纹。用板牙在圆杆上切出外螺纹的方法称套螺纹。丝锥和板牙都是用 w_C 为 $1.0\% \sim 1.2\%$ 的优质碳素工具钢或合金工具钢制成的。

图 11-14　磨粒切削

1）攻螺纹。丝锥的形状如图 11-15 所示。每种尺寸的丝锥由两只合成一组，分别为头锥和二锥。头锥有一段斜度，约到第八牙才是全牙。二锥约二、三牙后全牙。如攻通孔螺纹时，头锥能一次完成。攻螺纹如图 11-16 所示。

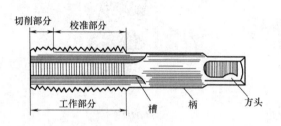

图 11-15　丝锥

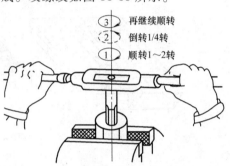

图 11-16　攻螺纹

攻螺纹前必须先钻孔。由于丝锥工作时除了切削金属以外，还有挤压作用，因此，钻孔的孔径应略大于螺纹的内径。

2）套螺纹。板牙的形状如图 11-17 所示。板牙应装入板牙架使用。套螺纹时，用板牙有斜锥的部分套住工件，应保持板牙与工件轴线垂直，以免造成乱牙或崩裂板牙的刃口。和攻螺纹一样，每转过一圈后，要反转 1/4 圈，以便断屑。套螺纹如图 11-18 所示。

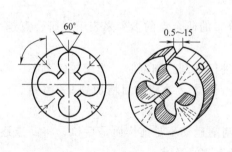

图 11-17　板牙

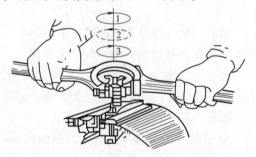

图 11-18　套螺纹

（9）装配　任何一台机器都是由许多零件组合而成的，将零件按技术要求组装起来，并经过调整、检验和试机使之成为机器的生产过程称为装配。装配是机器制造的最后阶段，它是保证机器达到各种技术指标的关键。装配工作好坏直接影响机器的质量，因此，在机械制造业中占有重要地位。

1）装配方法。为了保证机器的工作性能和精度，达到零部件相互配合的要求，根据产品结构、生产条件和生产批量不同，装配方法可分为以下几种：

① 互换装配法。在装配时各配合零件不经修配、选择或调整即可达到规定的装配精度要求的方法，称为互换装配法。互换装配法具有操作简单、装配质量好、生产效率高、更换零件方便等优点。

由于零件的制造精度较高，只适用于组成件数少、精度要求不高或批量大的生产中。

② 分组装配法。将零件的制造公差放大到经济可行的程度，并按公差范围分成若干组，然后对应的各组配件进行装配，以达到规定的配合要求的方法。适用于装配精度高、配合件的组成数少或成批生产时。

③ 修配装配法。装配时，根据实际测量的结果用修配方法改变某个配合零件的尺寸，以消除零件的累积误差，达到规定的装配精度的方法。适用于单件、小批量生产。

④ 调整装配法。装配时，通过调整一个或几个零件的位置或尺寸，以消除零件的累积误差，达到装配要求的方法。适用于由于磨损引起配合间隙变化的结构。

2）典型零部件的装配

① 螺纹联接装配。用螺纹联接零部件是一种常用可拆式的固定联接方法，如图11-19所示。它具有结构简单、联接可靠、装拆方便、成本低廉等优点，因此，在机械制造中应用广泛。

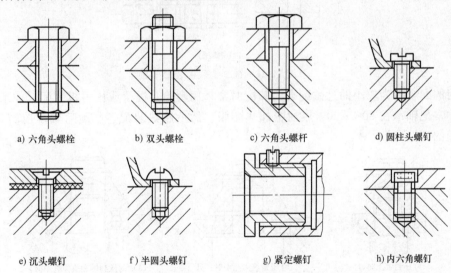

a) 六角头螺栓　　　b) 双头螺栓　　　c) 六角头螺杆　　　d) 圆柱头螺钉

e) 沉头螺钉　　　f) 半圆头螺钉　　　g) 紧定螺钉　　　h) 内六角螺钉

图11-19　螺纹联接形式

装配时，螺纹联接应能用手将螺母自由旋入，螺母与零件贴合平整。当装配成组螺钉、螺母时，为保证贴合面受力均匀，应按一定的顺序分二次或三次旋紧，如图11-20所示。为防止松动，可加弹簧或止推垫圈等防松装置。装配时常用的工具有扳手、旋钉螺具等。

② 键、销联接装配。齿轮等传动件常用键联接来传递运动及扭矩，如图11-21a所示。选取的键长应与轴上键槽相配，键底面与键槽底部接触，而键两侧则应有一定的过盈量。装配轮毂时，键顶面与轮毂间有一定间隙，但与键两侧配合不允许松动。销联接主要用于零件装配时定位，有时用于联接零件并传递运动，如图11-21b所示。常用的有圆柱销和圆锥销。销轴与孔配合不允许有间隙。

③ 滚动轴承的装配。滚动轴承装配如图11-22所示。滚动轴承的内圈与轴颈，外圈与

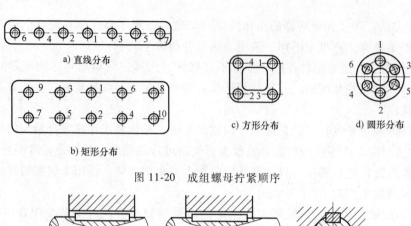

a) 直线分布

b) 矩形分布

c) 方形分布

d) 圆形分布

图 11-20　成组螺母拧紧顺序

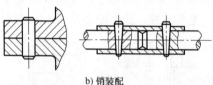

a) 键装配

b) 销装配

图 11-21　键、销联接装配

机体之间的配合多为较小的过盈配合。装配时常采用套筒、锤子或压力机装配。如果过盈量较大时，常把轴承在80%~90%热油中加热膨胀，然后趁热装配。装配后轴承应转动灵活，并有合理的间隙。

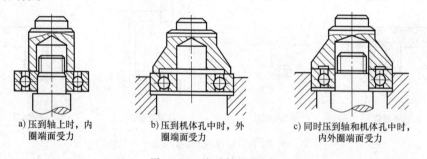

a) 压到轴上时，内
圈端面受力

b) 压到机体孔中时，外
圈端面受力

c) 同时压到轴和机体孔中时，
内外圈端面受力

图 11-22　滚动轴承装配

3) 轴系组件、部件及总装配

① 装配工艺过程。首先研究和熟悉产品图样及技术要求，搞清产品结构及零件之间相互联接的关系与作用，然后准备工具及待装配的零件，将零件清洗后按组件装配、部件装配、总装配的顺序进行装配。装配完毕经过调试、检测达到技术要求后，经涂装及包装成为合格产品。

② 轴系的组件装配。为使产品装配工作按一定的顺序进行，一般采用装配单元系统图来说明产品的装配过程。

③ 部件装配。将若干零件、组件装配在一个基础零件上，形成一个独立的部分的操作

称为部件装配。例如，车床主轴箱装配、进给箱的装配。

④ 总装配。将若干零件、组件及部件装配在一个基础零件上，形成功能完整的产品的操作称为总装配。例如，车床上各部件与床身基础件的装配属于总装配。

4）装配新工艺。传统的流水线装配仍主要依靠人工或人工与机械结合进行。随着计算机技术与自动化技术的高速发展，较大批量或大量生产中的装配工艺也有了很大发展。这种发展主要表现在整个装配过程中，越来越少的人工参与，自动化程度的大幅度提高。

刚性装配流水线主要依赖机械自动化、液压自动化、气动自动化及电气自动化等得以实现。这种装配方法具有生产效率高、质量稳定、人工参与少等许多优点，其主要缺点是难以对变更的产品作出快速的适应。目前，刚性装配流水线在较大批量生产的汽车发动机、柴油机、减速器等外形、性能变化均不大的产品的装配中应用较为广泛。

柔性装配流水线主要依赖先进的计算机技术与多种自动化技术的结合，如数控技术、其他程控技术、装配工业机器人技术、焊接机器人技术、光学技术、电气技术及多种自动化检测技术等。现代化的柔性装配流水线极少或没有直接人工参与，其不但具有刚性装配流水线所具有的所有优点，而且对产品的变更具有快速的适应能力。目前，柔性装配流水线已在汽车装配、家用电器装配等领域获得了成功的应用。

11.3 刨工实习

1. 目的和要求

1）熟悉刨床设备和附件的性能、用途和使用方法。

2）熟悉刨床的加工范围和加工方法。

3）能熟练操作牛头刨床，会加工各种平面类零件。

2. 安全知识

除参照执行车工实习安全技术要求外，还应注意如下几点：

1）工作时，禁止站在工作台前方，以防止切屑与工件落下伤人。

2）工件和刨刀必须装夹牢固，以防发生事故。

3）开动刨床后，不允许操作者离开机床，禁止开机测量工件，以防发生人身事故。

4）工作结束后，应将牛头刨床的工作台移到横梁的中间位置，使滑枕停在床身的中部。

3. 实习操作

（1）装夹工件 在刨床上装夹工件的方法有以下几种：

1）用平口钳装夹工件。平口钳是一种通用工具，使用时先把平口钳钳口找正并固定在工作台上，然后安装工件。有时还要检查平口钳本身的精度，才能保证工件的加工精度。

2）在工作台上装夹工件。用于大型工件或形状特殊而平口钳难以安装的工件。装夹工件以前，必须清除其上的所有杂质。工件应沿机床工作台纵向装夹，并尽可能使它位于工作台中央。这样既能提高工作效率，又能保证工件的加工精度。

按照工件形状选择夹紧方法，一般有四种情况，如图11-23所示。

3）用专用夹具安装工件。这种方法是较完善的装夹方法，它能保证工件的准确性，又装夹迅速，不需花费时间找正，多用于批量生产。

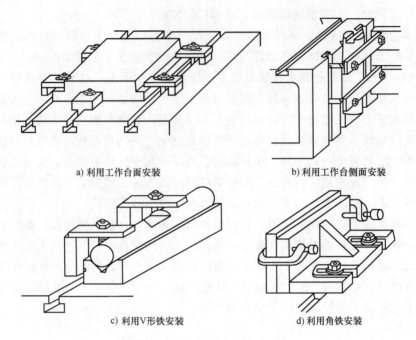

a) 利用工作台面安装   b) 利用工作台侧面安装

c) 利用V形铁安装   d) 利用角铁安装

图 11-23　在工作台上装夹工作

（2）选择和安装刨刀　刨刀与车刀相似，只是在刨削时受冲击和振动，因此，刨刀截面尺寸较大，大部分都做成弯头，以免在碰到加工表面不平时，切削刃能向后抬起，离开工件表面，避免损坏刀具和工件。

刨刀的选择，一般根据工件材料和加工要求来确定。例如，加工铸铁工件时，通常采用钨钴类硬质合金刀头；加工钢制工件时，一般采用高速钢弯头刀。

刨刀安装在刀夹内时，应注意以下事项：

1）刨削平面时，刀架和刀座都应在中间垂直的位置上，如图 11-24 所示。

2）刨刀在刀架上不能伸出太长，以免在加工时发生振动或折断。直头刨刀伸出的长度，一般不宜超过刀杆厚度的 1.5~2 倍。弯头刨刀可以伸出稍长一些，一般稍长于弯头部分的长度。

3）在安装刨刀和卸刨刀时，用一只手扶住刨刀，另一只手从上向下或倾斜向下用力扳动刀夹螺栓，夹紧或松开刨刀。

（3）调整刨床和选择切削用量　当工件和刨刀安装正确后，就可以根据刨削工件的表面长度和装夹位置，调整刨床滑枕的行程长度及位置，工作台的高低位置，滑枕行程长度和前后位置。滑枕的行程位置、行程长度在调整中不能超过极限位置，工作台的横向移动也不能超过极限位置，以防滑枕和工作台在导轨上脱落。

选择背吃刀量，应根据工件的加工余量，尽可能在两次或三次走刀中达到图样要求的尺寸。如分两次走刀时，第一

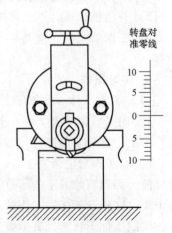

转盘对准零线

图 11-24　刨削平面时刨刀的正确安装

次粗刨后留 0.3~0.5mm 的精加工余量，第二次精刨到所需尺寸。如果加工面的质量要求较高，刨后还需磨削或刮削等。

进给量应根据机床的功率、工件的刚性、夹紧的可靠性、工件的精度要求及材料的硬度、刀具材料等来决定。如机床的功率大、刚度好、工件材料软，则进给量可取得大一些。如加工面质量要求较高，或选用的刀尖圆弧半径较小，则进给量可取得小些。

进给速度可根据背吃刀量和进给量的大小，查表或根据经验选择切削速度。当背吃刀量和进给量较大时，切削速度应选小一些；反之应选大一些。

（4）刨平面

1）装夹工件。对形状简单、尺寸较小的工件，可用平口钳装夹工件。在加工前，先把平口钳安装在工作台上，再把工件装夹在平口钳上。

2）刨刀的选择及安装。选用平面刨刀，并按图11-24所示方法，将刨刀正确安装在刀架上。

3）调整刨床。根据切削速度来确定滑枕每分钟往复的次数 n。再根据装夹好的工件长度和位置，调整滑枕的行程长度和行程起始位置。

4）对刀试切。开车对刀，使刀尖轻轻地擦在加工表面上，观察切削位置是否合适。如不合适，需停机重新调整行程起始位置和行程长度，合适后进行刨削。

5）刨削步骤见表11-1。

表 11-1 刨削步骤

步 骤	简 图	说 明
刨①面	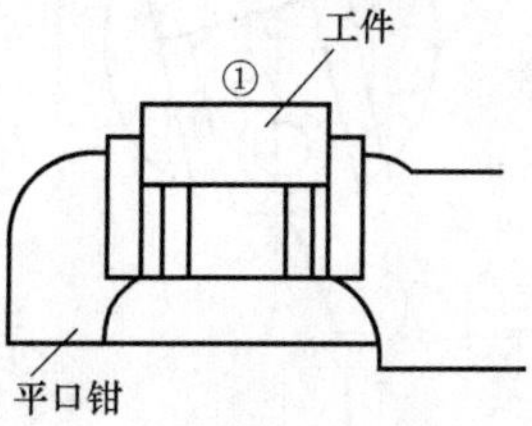	先刨大面①，作为刨后其他面的精基准
刨②面	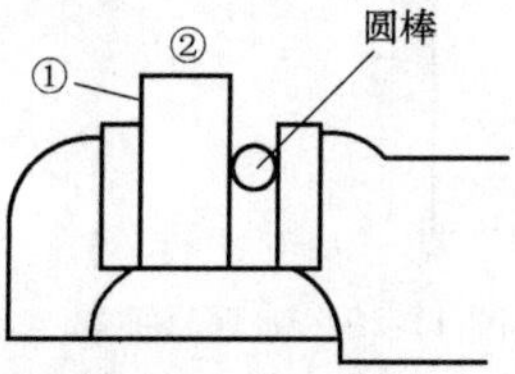	以①面紧贴在固定钳口上，并用圆棒（或撑板）压紧，刨出相邻面②，使用圆棒的目的是为了保证①面正确定位，避免活动钳口的影响，同时也可以用圆棒垫放在不同高度上，可微调工件垂直度
刨③面	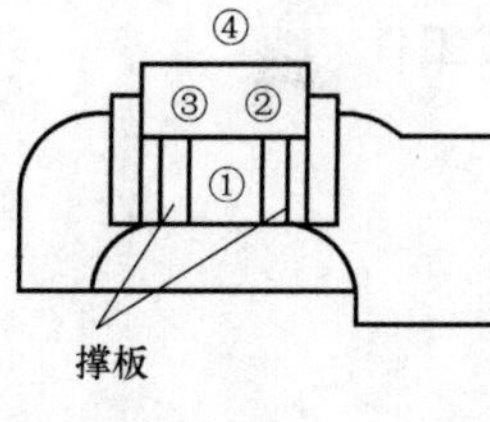	翻身，②面向下，按上述方法使①面紧贴固定钳口夹紧时，用锤子轻轻敲正工件，使②面垫块贴紧，刨出③面

（续）

步 骤	简 图	说 明
刨④面 a 法	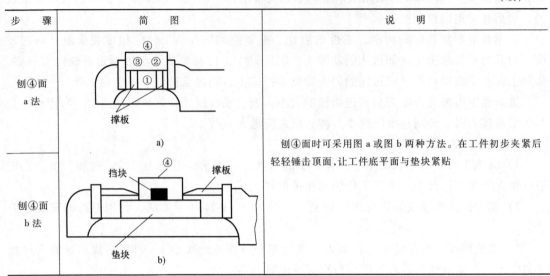 撑板 a)	刨④面时可采用图 a 或图 b 两种方法。在工件初步夹紧后轻轻锤击顶面，让工件底平面与垫块紧贴
刨④面 b 法	挡块 ④ 撑板 垫块 b)	

6）工件的测量方法。测量长度尺寸用游标卡尺；测量垂直角常用直角尺检验。

（5）刨垂直面　刨垂直面是指用垂直走刀来加工垂直平面的方法。刨垂直面必须采用偏刀。安装偏刀时，刨刀伸出的长度应大于整个刨削面的高度。

刨削时，刀架转盘位置应对准零线，并将刀座扳转一定的角度。扳转刀座时，其上端必须向离开工件加工表面的方向偏转，如图11-25所示。如果垂直面高度在10mm 以下时，就不一定扳转刀座。

（6）刨斜面　方法与刨削垂直面基本相同，只是刀架转盘必须扳转一定的角度。

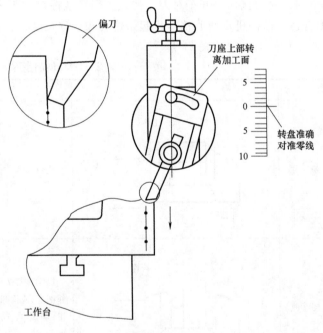

图 11-25　刨垂直面

当工件很长或较薄时，采用斜装工件水平走刀法刨削斜面，生产效率比较高。斜装工件可按划线找正工件、用斜垫铁、转动工作台和用夹具斜装工件。

11.4　铣工实习

1. 目的和要求

1）熟悉铣削设备的组成及附件的性能和使用方法。

2）熟悉铣削的加工范围和工艺特点。

3）能独立操作铣床，掌握平面和简单沟槽的加工技术。

4）掌握万能分度头的使用方法。

2. 安全知识

除参照执行车工实习安全技术外，还需要注意如下几点：

1）工件必须装夹牢固，以防事故发生。

2）开动铣床后，不允许操作者离开机床，切削时禁止用手去触摸刀具和工件，更不能开机测量工件。

3）用分度头等分工件时，必须等铣刀完全离开工件后才能转动分度头手柄。

3. 实习操作

（1）铣刀的种类　铣刀是一种多刃刀具，每个刀齿相当一把车刀。它的种类很多，按刀齿在刀体的圆柱面上或端面上的不同，可分为圆柱铣刀、端铣刀和三面刃铣刀。按照铣刀外形和用途可分为立铣刀、键槽铣刀、半月键槽铣刀、圆盘铣刀、锯片铣刀、角度铣刀和成形铣刀等。

（2）铣刀的安装

1）在卧式铣床上安装圆柱铣刀或圆盘铣刀，其安装步骤如图 11-26 所示。

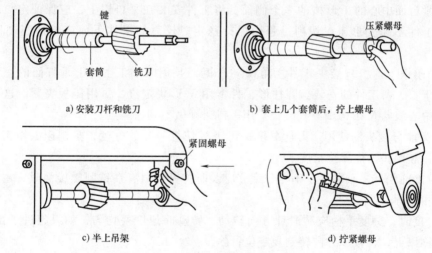

a) 安装刀杆和铣刀　　　　　　b) 套上几个套筒后，拧上螺母

c) 半上吊架　　　　　　　　　d) 拧紧螺母

图 11-26　安装圆柱铣刀的步骤

2）在立式铣床上安装立铣刀，如图 11-27 所示。铣刀的柱柄插入弹簧套的光滑圆孔中，用螺母压弹簧套的端面，弹簧套的外锥挤紧在夹头体的锥孔中将铣刀夹住。通过更换弹簧套和在弹簧套内加上不同内径的套筒，这种夹头可以安装 $\phi20mm$ 以内的柱柄立铣刀。锥柄铣刀可直接安装在铣床主轴的锥孔中或使用过渡锥套（图 11-27b）。

3）安装铣刀时应注意的问题：

① 安装前要把刀杆、固定环和铣刀擦拭干净，防止污物影响刀具安装精度。

② 应尽量使铣刀靠近主轴轴承，吊架尽量靠近铣刀，以提高刀杆的刚度。安装铣刀时，应使铣刀旋转方向与刀齿切削刃方向一致。

③ 铣刀装好后，先把吊架装好，再紧固螺母，压紧铣刀，防止刀杆弯曲。

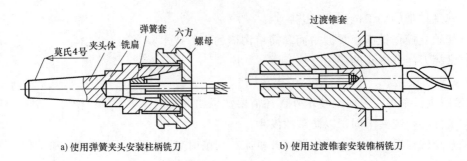

a) 使用弹簧夹头安装柱柄铣刀　　　　　　　　　b) 使用过渡锥套安装锥柄铣刀

图 11-27　立铣刀的安装

④ 安装铣刀后，缓慢转动主轴，检查铣刀径向圆跳动量。最后还要检查紧固螺母是否拧紧。

（3）工件的安装

1）直接在工作台上装夹工件。用压板直接在工作台上装夹工件，适用于尺寸较大或形状特殊的工件的夹紧。装夹工件时，要注意垫铁高度适当，压紧力作用点要靠近工件切削部位。

2）用平口钳装夹工件。为了保证平口钳在工作台上有正确的位置，应把平口钳底面的定位键靠紧台面中心的 T 形槽的一个侧面。将工件安装在平口钳上，应保证定位准确，夹紧可靠，工件不易变形，在切削过程中保持稳定。较薄的工件下面应垫适当高度的平行垫铁。

3）用角铁（弯板）装夹工件。角铁（弯板）是用来加工工件上垂直面的一种通用工具，适用于长、薄工件的安装。圆柱形工件常用 V 形块定位，再用压板夹紧。这种方法能保证工件中心线与 V 形槽中心线重合。用平口钳则做不到这一点。

（4）万能分度头的使用　万能分度头可进行任意等分的分度，是铣床的精密附件，必须正确使用和维护才能保持精度。

1）分度前松开主轴紧固手柄，分度完应及时拧紧，只有在铣削螺旋面时，主轴作连续转动才不用紧固。

2）分度时，分度手柄应顺时针方向转动，转动时速度要均匀，如果超过了预定位置，应反转半圈以上，再按原方向转到规定位置。

3）分度时，定位销应慢慢插入孔内，切勿让定位销自动弹入。

4）安装分度头时不得随意敲打。经常保持清洁并做好润滑工作，存放时应将外漏的加工表面涂防锈油。

（5）铣平面　铣削图 11-28 所示的矩形体工件，毛坯各面加工余量为 5mm。

1）熟悉图样。加工前应仔细看清图样，了解工件的材料、加工部位和加工要求等，并检查工件毛坯尺寸是否符合要求，然后确定铣削方法和步骤。

从加工质量和效率方面考虑，采用硬质合金端铣刀在立式铣床上铣削。

2）铣刀的选择与安装。为保证一次进给铣完一个表面，铣刀直径按工件宽度的 1.2~1.5 倍选取，铣刀的结构如图 11-29 所示，为机械夹固式端铣刀。

安装时，刀头伸出刀体外的距离不要太长，以免产生振动；刀体、刀头要夹紧牢固，以免产生振动或刀头飞出伤人；最后将端铣刀装在短刀杆上，再把刀杆装在主轴孔内。

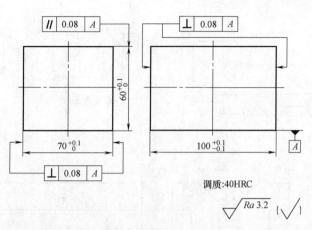

图 11-28 铣削

3）工件的装夹。采用平口钳装夹工件，先把平口钳装在工作台上，再把工件装夹在平口钳上，如图 11-30 所示。

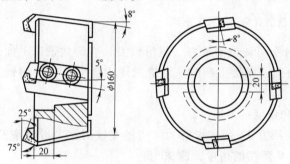

图 11-29 铣刀的结构图

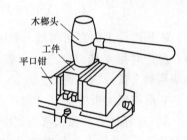

图 11-30 在机床用平口钳上装夹工件

4）选择铣削用量。根据表面粗糙度的要求，一次切去 5mm，而达到 $Ra = 3.2\mu m$ 是比较困难的，因此分粗铣和精铣两次完成。

① 确定铣削背吃刀量 a_p：粗铣 $a_p = 4.5mm$；精铣 $a_p = 0.5mm$。

② 确定进给量 f_z：粗铣 $f_z = 0.05mm/r$；精铣 $f_z = 0.1mm/r$。

③ 确定铣削速度 v_c：粗铣 $v_c = 70m/min$，精铣 $v_c = 120m/min$。

5）试切铣削。在铣平面时，一般应先试铣一刀，然后测量铣削平面与基准面的尺寸和平行度，与侧面的垂直度。

铣削平面与基准面的尺寸控制是由机床工作台升降手柄的转动实现的。根据工件的测量尺寸与要铣削的尺寸差值来确定手动升降手柄转过的刻度值。

试切后的铣削平面与基准面不平行时，如图 11-31 所示，工件的 A 处厚度大于 B 处的厚度，可在 A 处下面垫入适当的纸片或铜片，然后再试切，直至调整到平行为止。

铣削的平面与侧面不垂直时，可在侧面与固定钳口间垫纸片或铜片。当铣削平面与侧面交角大于 90°时，铜片应垫在下面（图 11-32a）；如两个面交角小于 90°，则应垫在上面（图 11-32b）。

（6）铣削直角沟槽和 V 形槽　铣削图 11-33 所示工件的直角沟槽和 V 形槽，其各表面已加工，即以图 11-28 所示工件为坯料进行铣削。

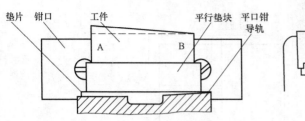

图 11-31 校正工件平行度

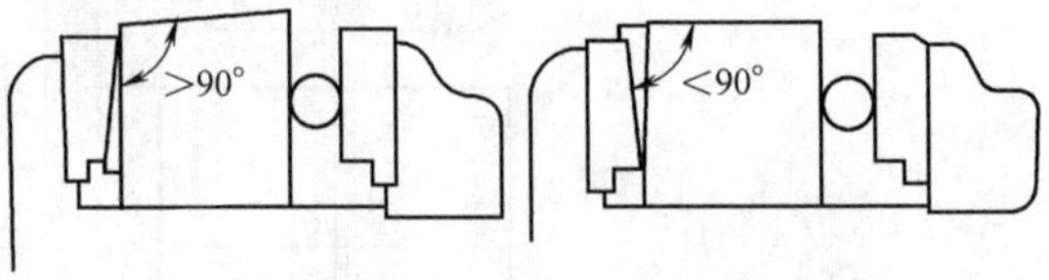

图 11-32 校正工件垂直度

a) 交角>90°　　　　b) 交角<90°

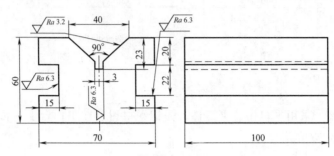

图 11-33 铣削直角沟槽和 V 形槽

　　矩形工件上的直角沟槽一般用硬质合金可转位槽铣刀（盘形铣刀）在卧式铣床上加工。单件生产时用立铣刀（三面刃铣刀）加工；成批生产时，窄槽用硬质合金可转位槽铣刀，宽槽用组合铣刀进行铣削。

　　V 形槽用尖齿槽铣刀（锯片铣刀）和角度铣刀加工。

　　1）选择铣刀。根据槽的宽度选用直径为 22mm、齿数为 4 齿的立铣刀；尖齿槽铣刀的宽度为 3mm 或以上；角度铣刀的角度为 V 形槽的角度，即 90°角。

　　2）装夹工件。与铣削正六面体的装夹方法相同，把工件夹在平口钳上。

　　3）选择铣削用量。由于槽的深度较深，虽然表面粗糙度值较大，切削量也较大，除利用尖齿槽铣刀铣削退刀槽需一次铣削外，其余部分均需多次铣削，故也可分粗铣和精铣进行铣削。

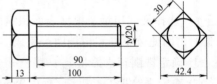

图 11-34 铣削四方头螺栓

　　（7）铣四方头螺栓　铣削图 11-34 所示四方头螺栓，以 45 钢圆棒料为坯料，在端面、外圆及螺纹均经车削后，在卧式铣床上利用万能分度头铣四方头。

　　铣削方法有如下几种：

　　1）分度头主轴处于水平位置，三爪自定心卡盘装夹工件，用三面刃铣刀铣出一个平面后，分度头分度，将工件转 90°，铣另一平面，直至铣出四方头为止。

　　2）分度头主轴处于垂直位置，三爪自定心卡盘装夹工件，用三面刃铣刀铣出一个平面后，分度头分度，将工件转 90°，铣另一平面，直至铣出四方头为止。

　　3）分度头主轴处于垂直位置，三爪自定心卡盘装夹工件，用组合铣刀铣四方头。具体方法是用两把相同的三面刃铣刀同时铣两个面，如图 11-35 所示，然后用

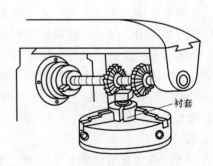

图 11-35 用组合铣刀铣四方头

分度头分度，将工件旋转 90°，再铣出另外两个平面。

11.5 磨工实习

1. 目的和要求

1）了解砂轮的特性和选择、使用方法。

2）了解常用磨床的组成及各部分的作用。

3）熟悉磨削的加工范围和加工方法。

4）能够在磨床上正确安装工件，独立完成外圆磨削和平面磨削的加工。

2. 安全知识

除参照执行车工实习安全技术外，还应注意以下几点：

1）开机前仔细检查砂轮有无裂纹，固定砂轮的螺母是否拧紧，开机后空转 2min，才能正常工作。

2）更换砂轮时，必须调好位置后才能开机。

3）砂轮是在高速旋转中工作的，因此禁止面对砂轮站立。

4）磨削时不能吃刀过猛，以防烧伤零件、砂轮破裂，造成设备故障或人身事故。

3. 实习操作

（1）砂轮的静平衡调整

1）砂轮进行静平衡前，必须把砂轮法兰盘内孔、环形槽内、平衡块、平衡心轴和平衡架导轨等擦干净。

2）平衡架的两根圆柱导轨应校正到水平位置，砂轮进行静平衡时，平衡心轴轴线应与平衡架导轨轴线垂直。

3）不断调整平衡块，如将砂轮转到任意位置时，砂轮都能停住，则砂轮的静平衡完毕。

4）安装新砂轮时，砂轮要进行两次静平衡。第一次粗平衡后装上磨床，使用金刚石刀修整砂轮外圆和端面，卸下后再进行第二次精平衡。

（2）砂轮的安装和拆卸

1）安装砂轮前，应核对所选砂轮的性能、形状和尺寸，检查砂轮是否有裂纹。

2）砂轮孔与砂轮轴或台阶法兰间应有一定的间隙，以免磨削时主轴受热膨胀而把砂轮胀裂。

3）用法兰盘装夹砂轮时，两法兰盘直径必须相等，其尺寸一般为砂轮直径的一半，不得小于砂轮直径的三分之一。

4）紧固砂轮法兰盘时，螺母不能扳得太紧，以防把砂轮压碎。

5）拆卸砂轮时，要注意螺母旋松的方向，不能搞错，以防把砂轮压碎。

（3）开空车练习

1）砂轮的转动和停止。

2）头架主轴的转动和停止。

3）工作台的往复运动。

4）砂轮架的横向快退或快进。

5）尾架顶尖的运动。

（4）工件的装夹　工件装夹得是否准确、可靠，直接影响工件的精度和表面粗糙度。

1）在外圆磨床上装夹工件。

① 用前、后顶尖装夹工件，如图 11-36a 所示，是外圆磨床上最常见的一种装夹方法。其特点是装夹迅速方便，加工精度高。

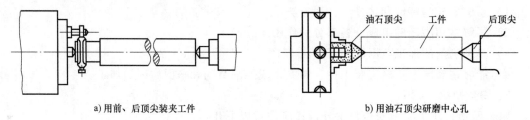

a) 用前、后顶尖装夹工件　　　　　　　b) 用油石顶尖研磨中心孔

图 11-36　顶尖装夹工件的方法

装夹前，工件的中心孔均要精心修研，以提高其几何形状精度和降低表面粗糙度值。当中心孔较大、修研精度较高时，必须选用油石顶尖或铸铁顶尖作前顶尖，如图 11-36b 所示。修研时，头架旋转，工件不动，研好一端再研另一端。

② 用心轴装夹。磨削套类零件外圆时，常以内孔作定位基准，把零件套在心轴上，心轴再装夹在磨床的前、后顶尖上。

③ 用卡盘装夹。磨削端面上不能打中心孔的短工件时，可用三爪卡盘或四爪卡盘装夹。

④ 用卡盘或顶尖装夹。当工件较长，一端能打中心孔，另一端不能打中心孔时，可一端用顶尖，另一端用卡盘装夹工件。

2）用平面装夹工件。在平面磨床上装夹钢、铸铁等磁性材料工件时，工件一般都用电磁吸盘装夹。

（5）磨削外圆

1）磨削外圆的操作练习。在磨床上用纵向磨削法磨削外圆的步骤：

① 擦净工件两端中心孔，检查中心孔是否圆整光滑，否则必须经过研磨。

② 调整头、尾架位置，使前后顶尖间的距离与工件长度相适应。

③ 在工件的一端装上适当的夹头，两中心孔加入润滑脂后，把工件装在两顶尖之间，调整尾架顶尖的弹簧压力到适当。

④ 调整行程挡块位置，防止砂轮撞击工作台肩或夹头。

⑤ 调整头架主轴转速，测量工件尺寸，确定磨削余量。

⑥ 开动磨床，使砂轮和工件转动，当砂轮接触到工件时，开始放切削冷却液。

⑦ 调整背吃刀量后，进行试磨削，边磨削边调整锥度，直至锥度误差被消除。

⑧ 进行粗磨，工件每往复一次，背吃刀量为 0.01~0.025mm。

⑨ 进行精磨，每次背吃刀量为 0.005~0.015mm，直至达到尺寸精度。

⑩ 进行光磨，精磨至最后尺寸时，砂轮无横向进给，工件纵向往复几次，直至火花消失为止。

⑪ 检验工件尺寸及表面粗糙度。

2）磨削外圆的操作要点

① 起动砂轮要点动，然后逐步进入旋转。

② 对接触点要细心，砂轮要慢慢靠近工件。

③ 精磨前一般要修整砂轮。

④ 磨削过程中，工件的温度会有所提高。应放置 24 小时以后再进行测量。

（6）平面磨削　平面磨削的步骤如下：

1）先把工件擦净放置在平面磨床的电磁工作台上，通电使工件被牢固地吸紧，也可以用夹具安装工件。

2）调整工作台的纵向行程，保证磨削时砂轮能超出工件适当的距离。

3）开动砂轮的旋转运动，使砂轮慢慢垂直下降，直到砂轮与工件表面轻微接触。

4）调整背吃刀量，选择纵向进给速度和横向进给速度，开始粗磨。

5）根据工件尺寸调整磨削用量，最后精磨到工件的设计尺寸。

6）关闭电源，以保证工件的精度。

（7）结合生产实际进行磨削练习

1）磨削工件外圆表面，其尺寸如图 11-37 所示。磨削步骤如下：

① 磨削 $\phi60$ 外圆。

② 磨削右端 $\phi40$ 外圆。

③ 磨削右端轴肩。

④ 磨削左端 $\phi40$ 外圆。

⑤ 磨削左端轴肩。

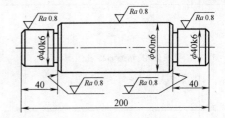

图 11-37　磨削工件外圆表面

2）操作要点：

① 正确操纵机床，注意磨头垂直进给手轮的进退方向，以防弄错，使工件报废。

② 要充分使用磨削液，以防工件表面被烧伤而影响加工质量。

③ 为防止平板磨削后产生弯曲变形，可采用上下表面多次互为定位基准进行磨削。

④ 装夹时，为防止磁盘吸力不足，工件两端可加挡铁。

⑤ 粗略测量厚度时用高度尺，精确测量时用千分尺。测量后的精加工切削余量，利用磨头的垂直升降手轮上的刻度控制磨削吃刀量。

3）磨削加工的综合训练。如图 11-38 所示轴套，材料为 45 调质钢，磨削前已经过半精加工，除孔 $\phi25$、$\phi40^{+0.027}_{0}$ 和外圆 $\phi45^{0}_{-0.017}$ 及台阶端面外，都已加工至尺寸精度。要求内、外圆同心及孔与端面互相垂直。磨削时，为了保证位置精度的要求，应尽量在一次安装中完成全部加工。如不能做到，则应先加工孔，然后以孔定位，用心轴装夹，加工外圆表面和台阶端面。图示轴套的磨削加工，为了保证孔

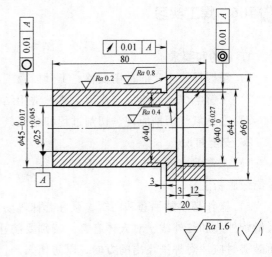

图 11-38　套类零件

$\phi25$ 的加工精度，安排了粗、精磨两个步骤。可在万能外圆磨床上进行，具体步骤见表 11-2。

表 11-2 轴套零件磨削加工步骤

步骤	加工内容	加工简图	刀 具
1	以 $\phi45_{-0.017}^{\ 0}$ 外圆定位，将工件夹持在三爪卡盘中，用百分表找正。粗磨 $\phi25$ 内孔。留精磨余量 0.04~0.06mm		使用磨内孔砂轮，尺寸为（12mm×6mm×4mm）
2	更换砂轮，粗、精磨 $\phi40$ 内孔		使用磨内孔砂轮，尺寸为（25mm×10mm×6mm）
3	更换砂轮，精磨 $\phi25$ 孔		使用磨内孔砂轮，尺寸为（12mm×6mm×4mm）
4	以 $\phi25$ 内孔定位。用心轴安装，粗、精磨 $\phi45_{-0.017}^{\ 0}$ 外圆及台阶面达到要求		使用磨外圆砂轮，尺寸为（300mm×40mm×127mm）

11.6 焊工实习

1. 目的和要求

1）掌握焊接生产的常用设备、工具以及工艺过程。

2）了解电焊条的组成与作用，熟悉常用结构钢焊条的种类、牌号及应用。

3）熟悉氧气切割原理、切割过程和金属气割条件。

2. 安全知识

1）工作前应检查电焊机是否接地，电缆、焊钳绝缘是否完好，操作应穿绝缘胶鞋或站在绝缘底板上。

2）操作必须戴手套和面罩，系好套袜等防护用具，防止弧光伤害和烫伤，电弧发射出大量紫外线和红外线，对人体有害，特别要防止弧光照射眼睛。刚焊完的工件用手钳夹持，而敲渣时应注意焊渣飞出的方向，以防伤人。

3）不得将焊钳放在工作台上，以免短路烧坏电焊机。发现电焊机或线路发热烫手时，应立即停止工作。

4）氧气瓶不得撞击和高温烘晒，不得沾上油脂或其他易燃物品。

5）乙炔瓶和氧气瓶要隔开一定距离放置，在其附近严禁烟火。

6）在焊、割过程中若遇到回火，应迅速关闭氧气阀，然后关闭乙炔阀，等待处理。

7）焊接工作场所应通风良好，以防药皮分解出的有害气体在操作者周围聚集，影响人体健康。

8）切忌用肉眼直接观看弧光，引弧前应观察周围情况，以免弧光伤害自己和其他人。

9）焊接结束后应切断电源，消除现场可能存在的残余火种后方可离开。

3. 实习操作

（1）手工电弧焊操作技术

1）引弧。引弧就是使焊条和工件之间产生稳定的电弧。引弧时，将焊条端部与工件表面接触，形成短路，然后迅速将焊条提起 2~4mm，电弧即可引燃。

根据焊条末端与焊条接触过程不同，引弧方法分为敲击法（也叫直击法）和划擦法两种，如图 11-39 所示。划擦法类似擦火柴，先将焊条末端对准焊件，然后将焊条在焊件表面划一下即可；直击法是将焊条垂直地触及工件表面后立即提起，并与焊条保持一定距离，即可引燃电弧。划擦法不易粘条适于初学者采用，但有时会在焊件表面形成一道划痕，影响外观。

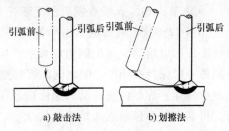

图 11-39 引弧方法

引弧时应注意，焊条提起动作要快，否则大的短路电流将使接触点金属熔化，焊条容易粘在工件上。如发生粘条，可将焊条左右摇动后拉开，若拉不开，则要松开焊钳，切断焊接电路，待焊条稍冷后再作处理。

有时焊条与工件瞬时接触后不能引弧，往往是焊条端部的药皮妨碍了导电，只要将包住焊芯的药皮敲掉即可。焊条与工件瞬时接触后，提起不能太高，否则电弧会点燃后又熄灭。

2）运条。焊接时，焊条相对焊缝所做的各种动作的总称叫做运条。为了维持电弧稳定燃烧，形成良好的焊缝，焊条必须保持三个基本运动，如图 11-40 所示。

一是焊条向熔池方向不断送进，送进速度应等于焊条的熔化速度，以使弧长维持不变。电弧长度合适，则发出"油煎"声；电弧过长，则呼呼作响，飘摇不定，且飞溅大，易断弧；电弧过短，则声、光均弱，易短路粘条。二是焊条的横向摆动，焊条以一定的运动轨道周期地向焊缝左右摆动，以获得一定宽度的焊缝；三是焊条沿焊接方向向前运动，其速度也就是焊接速度。焊接速度对焊接质量影响很大。焊接速度太快，则电弧来不及熔化足够的焊条与母材金属，会产生未焊透或焊缝较窄；焊接速度太慢，则会造成焊缝过高、过宽、外形不整齐，且薄板时容易烧穿。

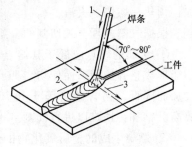

图 11-40 焊条运动
1—向下送进 2—沿焊接方向移动
3—横向摆动

3）焊缝的收尾。焊缝收尾时，为了不出现尾坑，焊条应停止向前移动，而一个方向旋转，自下而上地慢慢拉断电弧，以保证结尾处成形良好。

4）焊前的点固。为了固定两工件的相对位置，焊接前要进行定位焊，通常为点固，如图 11-41 所示。如工件较长，可每隔 300mm 左右，点固一个焊点。

5）焊后清理。用钢丝刷、清渣锤等工具把焊渣和飞溅物等清理干净。

（2）气焊和气割

1）气焊基本操作方法。气焊的基本操作有点火、调节火焰、焊接和熄火等几个步骤。

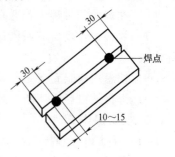

图 11-41　焊前点固

① 点火。点火时，先把氧气阀门略微打开，以吹掉气路中的残留杂物，然后打开乙炔阀门，点燃火焰。这时的火焰是碳化焰。若有放炮声或者火焰点燃后即熄灭，则应减少氧气或放掉不纯的乙炔，再行点火。

② 调节火焰。火焰点燃后，逐渐开大氧气阀门，将碳化焰调整成中性焰。

③ 平焊焊接。气焊时，右手握焊炬，左手拿焊丝。在焊接开始时，为了尽快地加热和熔化工件形成熔池，焊炬倾角应大些，接近于垂直工件，如图 11-42 所示。正常焊接时，焊炬倾角一般保持在 40°~50° 之间。焊接结束时，则应将倾角减小一些，以便更好地填满弧坑及避免焊穿。焊炬向前移动的速度应能保证工件熔化，并保持熔池具有一定大小，焊件熔化后，再将焊丝适量地点入熔池内熔化。

④ 熄火。工件焊完熄火时，应先关乙炔阀门，再关氧气阀门，以免发生回火和减少烟尘。

2）气割基本知识。气割是根据高温的金属能在纯氧中燃烧的原理进行的，它与气焊有着本质不同的过程，即气焊是熔化金属，而气割则是金属在纯氧中的燃烧。

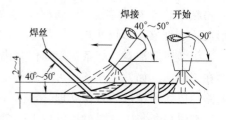

图 11-42　焊炬倾角

气割时，先用火焰将金属预热到燃点，再用高压氧使金属燃烧，并将燃烧所生成的氧化物熔渣吹走，形成切口，如图 11-43 所示。金属燃烧时放出大量的热，又预热待切割的部分，所以，切割的过程实际上就是重复进行下面的过程：预热—燃烧—去渣。

根据气割原理，被切割的金属应具备下列条件：

① 金属的燃点应低于其熔点，否则在切割前金属已熔化，不能形成整齐的切口而使切口凹凸不平。钢的熔点随含碳量的增加而降低，当含碳量等于 0.7% 时，钢的熔点接近于燃点，故高碳钢和铸铁难以进行气割。

② 燃烧生成的金属氧化物的熔点应低于金属本身的熔点，且要流动性好，以便氧化物能及时熔化并被吹掉。铝的熔点（660℃）低于其氧化物 Al_2O_3 的熔点（2050℃），铬的熔点（1550℃）低于其氧化物 Cr_2O_3 的熔点（1990℃），故铝合金和不锈钢不具备气割条件。

③ 金属燃烧时能放出大量的热，而且金属本身的导热性

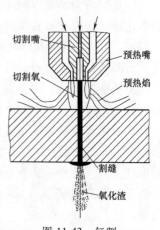

图 11-43　气割

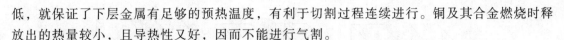

低，就保证了下层金属有足够的预热温度，有利于切割过程连续进行。铜及其合金燃烧时释放出的热量较小，且导热性又好，因而不能进行气割。

综上所述，能满足上述条件的金属材料是低碳钢、中碳钢和部分低合金钢。

气割时，用割炬代替焊炬，其余设备与气焊时相同。割炬的构造如图11-44所示。割炬与焊炬相比，增加了输送切割氧气的管道和阀门，其割嘴的结构与焊嘴也不相同。割嘴的出口有两条通道，其周围的一圈是乙炔与氧的混合气体出口，中间的通道为切割氧的出口，两者互不相通。

与其他切割方法比较，气割最大的优点是灵活方便，适应性强，它可在任意位置和任意方向，切割任意形状和任意厚度的工件。气割设备简单，操作方便，生产率高，切口质量好，但对金属材料的适用范围有一定的限制。由于低碳钢和低合金钢是应用最广的材料，所以用于气割也非常普遍。

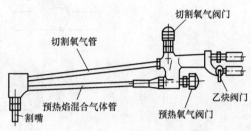

图 11-44 割炬

3）气割的基本操作技术

① 气割前的准备。先将割件表面切口两侧30~50mm内的铁锈、油污清理干净，并在割件下面用耐火砖垫空，以便排放熔渣，不能把割件直接放在水泥地上进行气割。

② 点火。点火并将火焰调整到中性焰。然后打开切割氧开关，增大氧气流量，使切割氧流的形状为笔直而清晰的圆柱体，并有适当长度，关闭切割氧开关，准备气割。

③ 气割。气割时双脚成"八"字形蹲在割件一旁，右手握住割炬手柄，并以右手的拇指和食指控制预热氧调节阀，以便调整预热火焰和发生回火时及时切断预热氧气，左手的拇指和食指控制切割氧的调节阀，其余三指平稳地托住混合气管，以便掌握方向。气割开始时，首先预热割件边缘至亮红色达到燃点，再将火焰略微移动到边缘以外，同时慢慢打开切割氧开关。当看到熔渣被氧气流吹掉，应开大切割氧调节阀，待听到割件下面发出"噗、噗"的声音表明已被割透，此时，可按一定速度向前切割。

④ 停割。切割临近终点时，割嘴应朝切割相反的方向倾斜一些，以利于割件下部提前割透，使割缝收尾处比较整齐。切割结束时，应迅速关闭切割氧调节阀，并抬起割炬，再关闭乙炔调节阀，最后关闭预热氧调节阀。

4）常见焊接缺陷及焊接变形

① 常见焊接缺陷。在焊接生产过程中，由于材料（焊件材料、焊条及焊剂等）选择不当，焊前准备工作（清理、装配、焊条烘干及工件预热等）做得不好，焊接规范不合适或操作方法不正确等原因，焊缝有时会产生缺陷。

常见的焊接缺陷如图11-45所示。其中裂纹、未焊透、夹渣等缺陷会严重降低焊缝的承载能力。重要的工件必须通过焊后检验来发现和消除这些缺陷。

② 焊接变形。焊接时，工件局部受热，温度分布极不均匀，焊缝及其附近的金属被加热到高温时，受周围温度较低部分的金属所限制，不能自由膨胀，而冷却以后就要发生纵向（沿焊缝长度方向）和横向（垂直焊缝方向）的收缩，引起整个工件的变形。

焊接变形的主要形式有：纵向变形、横向变形、角变形、弯曲变形和翘曲变形等，如图11-46所示。

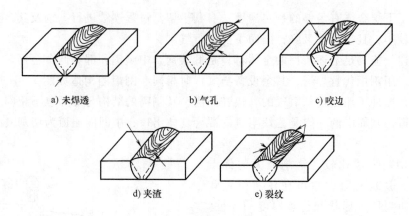

a) 未焊透　　　　　　　b) 气孔　　　　　　　c) 咬边

d) 夹渣　　　　　　　　e) 裂纹

图 11-45　常见的焊接缺陷

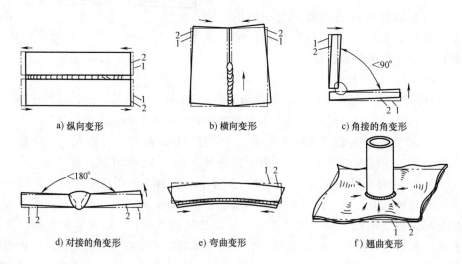

a) 纵向变形　　　　　　b) 横向变形　　　　　　c) 角接的角变形

d) 对接的角变形　　　　e) 弯曲变形　　　　　　f) 翘曲变形

图 11-46　焊接变形的主要形式

（3）实习操作

1）手工电弧焊操作（用 4~6mm 厚、150mm×40mm 的两块钢板，焊一条 150mm 的对接平焊缝）。要求能正确选择焊接电流、焊条直径，掌握焊接方法，独立完成。

钢板对接平焊步骤见表 11-3。

表 11-3　钢板对接平焊步骤

步　骤	附　图	说　明
备料		划线，用剪切或气割等方法下料，校正
选料及加工坡口		钢板厚 4~6mm，不用加工坡口
焊前清理	清理范围 20~30	清除焊缝周围的铁锈和油污

（续）

步　骤	附　图	说　明
装配、点固	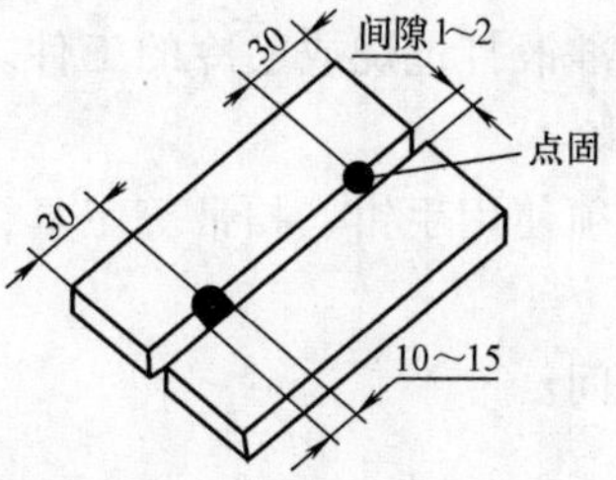	将两板放平，对齐，留 1～2mm 的间隙；用焊条在图示位置点固后除渣，如果是长时间操作可在中间每隔300mm 点固定一次
焊接	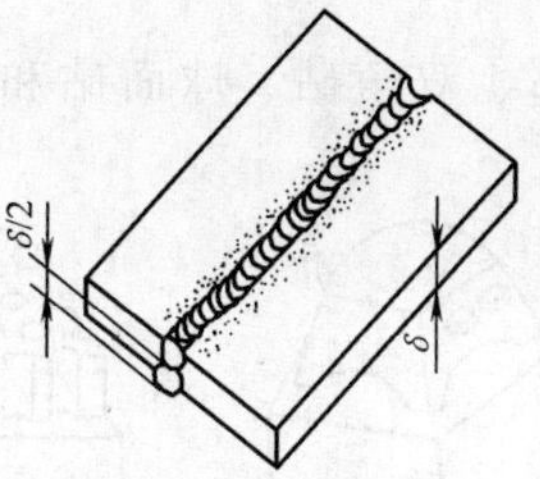 （δ＝板厚）	首先选择焊接规范；焊接时先焊点固面的反面，使熔深大于板厚的一半，焊后除渣；再焊另一面，熔深也要大于板厚的一半，焊后除渣
焊后清理、检查		除去工件表面飞溅物、熔渣；进行外观检查；有缺陷要进行补焊

2）气割练习。

① 在教师指导下，做气焊设备的管路连接及气体压力调节练习。

② 进行气焊点火、火焰调节和灭火练习。

③ 在 1～2mm 厚的钢板上，焊一条 100mm 长的直焊缝，要求正确调整气焊火焰，独立完成。

④ 在 5～30mm 厚的钢板上，完成 50～100mm 长的直线切割。

11.7　锻工实习

1. 目的和要求

1）了解锻压生产的工艺过程、特点及应用。

2）了解锻压生产所用设备和工具的构造和使用方法。

3）熟悉自由锻造的基本工序并能进行操作。

4）了解胎模锻造的工艺过程特点。

5）了解冲压基本工序及简单冲模的结构并能完成简单工件的冲压加工。

6）了解锻造件的缺陷及其产生原因。

2. 安全知识

1）工作前穿戴好工作服等防护用品。

2）工作前对所使用的工具进行检查，如锤柄、锤头、砧子以及其他工具等是否有损伤和裂纹，并随时检查锤柄和锤头是否有松动。

3）操作时，手钳或其他工具的柄部应置于身体的旁侧，不可正对人体，或将手指放在钳股之间。

4）手锻时，严禁戴手套打大锤。

5）机锻时，严禁用锤头空击下砧铁，不准锻打过烧或已冷的工件。锻件及垫铁等工具必须放正、放平，以防飞出伤人。

6）放置及取出工件，清除氧化皮时，必须使用手钳、扫帚等工具，不得用手摸或脚踏未冷透的锻件。

7）冲压操作时，手不得伸入上、下模之间。

3. 锻造常用工具和设备

（1）手工锻工具

1）铁砧，由铸钢制作。其形式有羊角砧、双角砧、球面砧和花砧等，如图 11-47 所示。

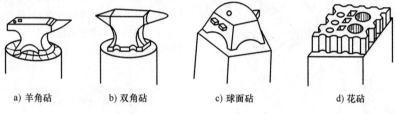

a) 羊角砧   b) 双角砧   c) 球面砧   d) 花砧

图 11-47　铁砧

2）大锤，可以分为直头、横头和平头三种，如图 11-48 所示。

3）手锤，有圆头、直头和横头三种，如图 11-49 所示。

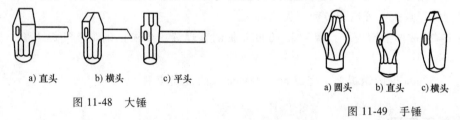

a) 直头   b) 横头   c) 平头

图 11-48　大锤

a) 圆头   b) 直头   c) 横头

图 11-49　手锤

4）平锤，主要用于修整锻件的平面，按锤面形状可以分为方平锤、窄平锤和小平锤三种，如图 11-50 所示。

5）摔锤，用于摔圆和修光锻件的外圆面，分为上、下两部分，如图 11-51 所示。

6）冲子，用于冲孔。为了冲孔后便于从孔中取出冲子，任何冲子都必须做成锥形，如图 11-52 所示为常用的圆冲子。

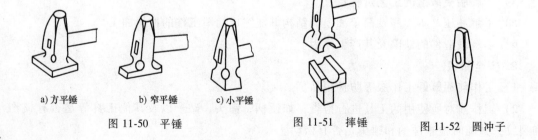

a) 方平锤   b) 窄平锤   c) 小平锤

图 11-50　平锤

图 11-51　摔锤

图 11-52　圆冲子

7）手钳，用于夹持工件，由钳口和钳把两部分组成。常用的手钳如图 11-53 所示。

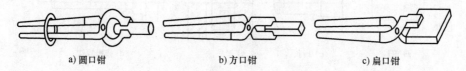

a) 圆口钳　　　　　　b) 方口钳　　　　　　c) 扁口钳

图 11-53　手钳

（2）自由锻设备　主要介绍空气锤的基本操作。接通电源起动空气锤后，通过脚踏杆或手柄操纵上、下旋阀，可使空气锤实现空转、锤头上悬、锤头下压、连续打击和单次打击五种动作，适应各种生产需要。

1）操纵手柄，使锤头靠自重停在下砧铁上，此时，电动机与传动部分空转，锻锤不工作。

2）改变手柄的位置，使锤头保持上悬状态，这时可做各种更换砧铁、放置锻坯、工具或调整、检查、清扫等工作。

3）操纵手柄使锤头向下压紧锻件，在这种状态下可进行锻件弯曲、扭转等操作。

4）先使手柄处于锤头上悬位置，踏下脚踏杆使锤头上下往复运动，进行连续打击。

5）操纵脚踏杆，使锤头由上悬位置进到连续打击位置，再迅速回到上悬位置，使锤头打击后又迅速回到上悬位置，形成单次打击。连续打击和单次打击力的大小，是通过踏杆转角大小来控制的。

4. 实习操作

（1）齿轮坯锻造过程　齿轮坯的锻造过程如图 11-54 所示，其基本工序为镦粗、冲孔。

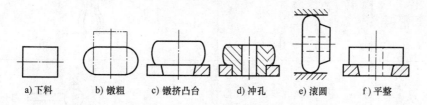

a) 下料　　b) 镦粗　　c) 镦挤凸台　　d) 冲孔　　e) 滚圆　　f) 平整

图 11-54　齿轮坯的锻造过程

（2）圆环锻造过程　圆环的锻造过程如图 11-55 所示，其基本工序为镦粗、冲孔和芯轴扩孔。

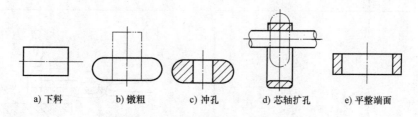

a) 下料　　b) 镦粗　　c) 冲孔　　d) 芯轴扩孔　　e) 平整端面

图 11-55　圆环的锻造过程

（3）传动轴锻造过程　传动轴的锻造过程如图 11-56 所示，其基本工序有镦粗、拔长。

（4）手工锻造六角螺栓　见表 11-4。

| a) 下料 | b) 拔长 | c) 镦出法兰 | d) 拔出锻件 |

图 11-56　传动轴的锻造过程

表 11-4　手工锻造六角螺栓的具体步骤

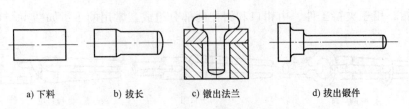

锻件名称:六角头螺栓

坯料规格:φ32×280

锻件材料:35 钢

火　次	序　号	操作内容	图　例
1	1	加热坯料长 95 的一段	
	2	将加热部分局部镦粗	
	3	在漏盘中镦粗、镦扁螺栓头部	
	4	滚圆	
	5	加热头部	

（续）

火 次	序 号	操作内容	图 例
2	6	在型模上锻六角	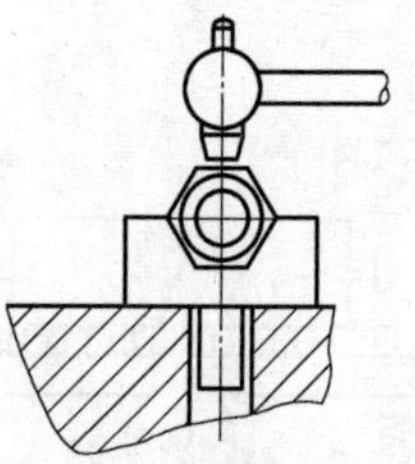
	7	罩圆，以形成螺栓头部的球形表面	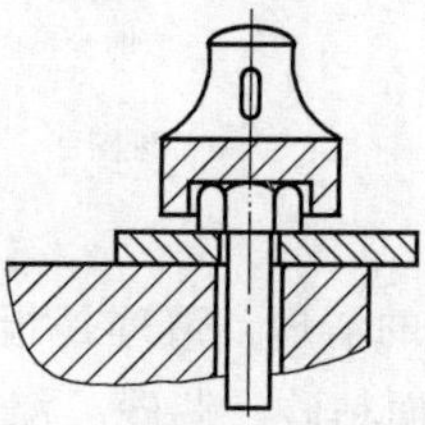

11.8 铸工实习

1．目的和要求

1）了解砂型铸造主要造型方法的工艺过程、特点与应用，并能独立操作。

2）分清砂型铸造的零件、模样和铸件的主要区别。

3）了解型砂、芯砂等造型材料的组成及其制备过程。

4）了解铸件的落砂和清理，熟悉铸件常见缺陷及其产生的主要原因。

2．安全知识

1）穿好工作服，戴好防护用品。

2）砂箱堆放要平稳，搬动砂箱要注意轻放，以防砸伤手脚。

3）造型（芯）时不可用嘴吹型（芯）砂。

4）浇注用具要烘干，浇包内的金属液不可过满，一般不超过浇包容量的80%，不操作浇注的同学应远离。

5）铸件冷却后才能用手拿取。

6）清理铸件时，要注意周围环境，以防伤人。

3．铸件的落砂、清理及缺陷分析

（1）铸件的落砂 浇注后从铸型中取出铸件的过程称为落砂，落砂应在铸件冷却到一定温度后进行。落砂过早，会使铸件冷却太快，容易产生表面硬皮、内应力、变形、裂纹等缺陷。灰铸铁还会因冷却过快而形成白口，导致切削加工困难。但也不能太迟，以免影响生产率。对于形状简单、重量小于10kg的铸件，一般在浇注后1小时左右就可以落砂。大中型铸件，铁质金属在200~400℃时落砂，非铁金属应在100~150℃时落砂。

小型铸件的手工落砂是用铁钩和手锤进行的。手工落砂不仅生产率低，而且由于灰尘多、温度高，劳动条件很差。为改善工人的劳动条件和提高劳动生产率，常用震动落砂机来进行落砂，图11-57所示为惯性震动落砂机的原理图及外形图。当震动落砂机主轴旋转时，主轴两端带有不平衡重量的偏心套产生惯性力，使机身与上面的砂箱一起震动，完成落砂。

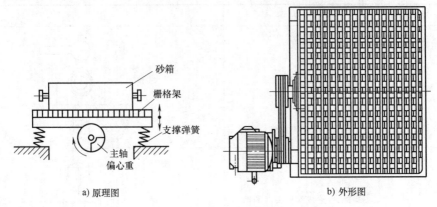

a) 原理图   b) 外形图

图 11-57　惯性震动落砂机

（2）铸件的清理　清理是指落砂后从铸件上清除表面粘砂或多余金属的过程。铸件清理包括清除表面粘砂、芯砂、浇冒口、飞翅和氧化皮等。对于小型灰铸铁件上的浇冒口，可用手锤或大锤敲掉，敲击时要选好敲击的方向，以免将铸件敲坏，并应注意安全，敲打方向不要正对他人；铸钢件因塑性好，浇冒口要用气割切除；有色金属件上的浇冒口则多用锯削切除。铸件内腔的芯砂可用手工或机械方法清除。手工清除的方法是用钩铲、风铲、铁棍、钢凿和手锤等工具在芯上慢慢铲削，或者轻轻敲击铸件，震松砂芯，使其掉落；机械清除可采用震砂机、水力清砂、水爆清砂等方法。

表面粘砂、飞翅和浇冒口余痕的清除，一般使用钢丝刷、錾子、锉刀等手工工具进行。手工清理，劳动强度大，工作环境差，效率低，现多用机械代替。常用的清理机械有清理滚筒、喷砂及抛丸机等，其中清理滚筒如图 11-58 所示，是最简单而又普遍使用的清理机械。为提高清理效率，在滚筒中可装入一些白口铸铁制的铁球，当滚筒转动时，铸件和白口铁球互相撞击、摩擦而将铸件表面清理干净。滚筒端部有抽气出口，可将所产生的灰尘吸走。

（3）铸件缺陷分析　经清理后的铸件，要经过检验，并应对出现的缺陷进行分析，找出原因，以便采取措施加以防止。

常见铸件缺陷的特征和产生的主要原因如下：

1）气孔。气孔是在铸件内部或表面上大小不等的孔眼，其特征是孔的内壁较光滑，多呈梨形或圆形，如图 11-59 所示。产生的主要原因是：砂型舂得太紧或型砂透气性差、型砂太湿或起模、修型时刷水过多，砂芯通气孔被堵塞或砂芯未烘干。

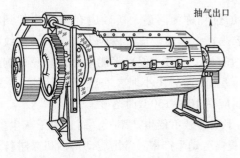

图 11-58　清理滚筒

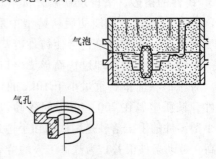

图 11-59　气孔

2）缩孔。缩孔的特征是孔的内壁粗糙，形状不规则，一般出现在铸件最后凝固（厚壁）处，如图 11-60 所示。产生的原因是：铸件结构设计不合理，壁厚不均匀；浇冒口开设的位置不对，或冒口设置的不正确，补缩能力差；浇注温度太高或铁水化学成分不合格，收缩量过大。

3）砂眼。铸件的内部或表面上有充满砂粒的孔眼，称为砂眼，如图 11-61 所示。产生的原因是：造型时落入型腔内的散砂未吹干净；砂芯的强度不够，被铁水冲坏；型砂未舂紧，被铁水冲垮或卷入；浇注系统不合理，致使铁水冲坏砂型；合型时砂型局部损坏。

图 11-60 缩孔

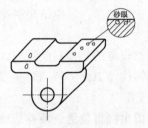

图 11-61 砂眼

4）裂纹。在高温下形成的裂纹称为热裂纹。热裂纹形状曲折而不规则，其裂纹短，缝隙宽，断面严重氧化。在较低温度下形成的裂纹称为冷裂纹。冷裂纹细小，较平直，没有分叉，断面未氧化或轻微氧化。裂纹产生的原因是铸件结构设计不合理。如图 11-62 所示的带轮铸件，由于采用直的轮辐，当合金收缩率大时轮辐被拉裂。浇口位置不当，会使铸件各部分冷却及收缩不均匀也会产生裂纹。还有，由于浇注温度不高，浇注速度太慢，落砂过早，铸铁中硫、磷含量高等也都是产生裂纹的原因。

5）冷隔。冷隔是指铸件有未完全融合的缝隙和洼坑，其交接处呈圆滑状，一般出现在离内浇道较远处、薄壁处或金属汇合处，如图 11-63 所示。冷隔产生的原因是：浇注温度太低，浇注速度太慢或浇注时发生中断，浇道太小或浇道位置开设不当。

图 11-62 裂纹

图 11-63 冷隔

6）浇不足。铸件未浇满，形状不完整。产生的原因是：浇注温度太低，浇注速度太慢或浇注时发生中断，浇道太小或未开出气口，铸件结构不合理及局部过薄等。

7）错型。铸件沿分型面产生相对位置的移动，称为错型。它是由于合型时上、下砂型未对准或砂箱的合型线或定位销不准确，造型时分模的上半模和下半模定位不准造成的。

由此可见，铸件缺陷的分析是一项很复杂的工作，不仅因为铸造工艺过程的环节较多，而且同一种缺陷，可能会由多种不利因素综合作用造成，所以做铸件缺陷分析之前应做好调查研究。

4. 实习操作

（1）按规定的配比配制粘土砂

1）小型铸铁件湿型型砂的配比：新砂 10% ~ 20%，旧砂 80% ~ 90%，另加膨润土 2% ~

3%，煤粉 2%~3%，水 4%~5%。

2）铸铁中小件芯砂的配比：新砂 40%，旧砂 60%，另加粘土 5%~7%，纸浆 2%~3%，水 7.5%~8.5%。

（2）独立完成中等复杂件（带 1~2 个芯）的分模造型　分模造型时，各项基本操作要点如下：

1）安放模样。应选择平直的底板和大小适当的砂箱，安放模样时要做到：

① 将模样擦净，以免造型时型砂粘在模样上，起模时损坏型腔。

② 注意模样的起模斜度方向，应便于起模。

③ 使铸件加工面，特别是重要的加工面，尽量朝下或处于垂直位置。

④ 要留出浇口位置，模样边缘及浇口外侧需与砂箱内壁留有 30~100mm 的距离，称为吃砂量，其值视模样大小而定，如图 11-64 所示。

⑤ 下砂箱翻转后应放在底板上。

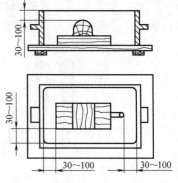

图 11-64　吃砂量

2）填砂与舂砂。填砂与舂砂时要做到：

① 应分层加砂，每次加入量要适当。先加面砂，并用手将模样周围的砂塞紧，然后加填充砂。对于小砂箱每次加砂厚度约为 50~70mm，过多或过少均不容易舂紧。

② 舂砂应按一定路线进行，如图 11-65 所示，以保证砂型各处紧实度均匀，且注意舂砂时不要撞到模样上。

③ 舂砂用力大小应适当。用力过大，砂型太紧，浇注时型腔内气体跑不出，会使铸件产生气孔缺陷；用力太小，砂型太松，容易塌箱。同一砂型的各处，对舂紧的要求是不同的，如图 11-66 所示，靠近砂箱内壁应舂紧，以免塌箱，靠近模样处也应较紧，以使型腔承受金属液的压力，远离模样处可较松，以利于透气。

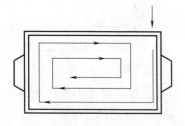

图 11-65　舂砂应按一定路线进行

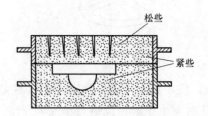

图 11-66　砂型各处舂紧的要求不同

3）扎通气孔。砂型舂实刮平后，要扎通气孔，其深度要适当，分布要均匀，如图11-67所示。通气孔应在砂型刮平后再扎，以免被堵塞。下砂型一般不扎通气孔。

4）撒分型砂。上砂型是叠放在下砂型上进行舂砂的，为了防止上、下砂型粘连，在造上型之前，需在分型面上撒分型砂。撒分型砂时，手应距砂箱稍高位置，一边转圈，一边摆动，使分型砂缓慢而均匀地散落下来，薄薄地覆盖在分型面上，并用手风箱将散落在模样上的分型砂吹掉，以免影响铸件质量。

5）开外浇口。漏斗形外浇口的形状如图 11-68 所示，锥孔大端直径为 60~80mm，锥度

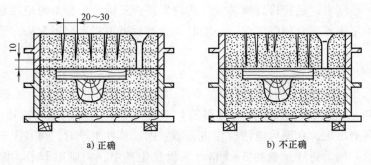

图 11-67　通气孔深度要适当，分布要均匀

为 60°，外浇口与直浇道连接处应圆滑过渡。

6）划合型线。合型时，上砂型必须和下砂型对准，否则，在浇注后，铸件会产生错型缺陷。若砂箱上没有定位装置，则应在上、下砂型打开之前，在砂箱壁上做出合型线。做合型线的方法是先用粉笔或砂泥涂敷在砂箱的三个侧面上，然后用划针或墁刀划出细而直的线条，如图 11-69 所示。

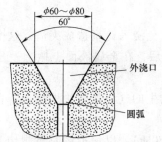

图 11-68　漏斗形外浇口的形状

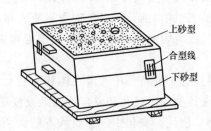

图 11-69　划合型线

7）起模。翻转上砂型，起模前要用毛笔沾水，轻轻湿润模样周围的型砂，以增加其强度，防止起模时损坏砂型。刷水时不宜过多，否则铸件可能会产生气孔。起模时，起模针应钉在模样的重心上，并用小锤前后左右轻轻敲打起模针的下部，使模样和砂型松动，然后轻轻敲打模样的上方，将其垂直向上提起。起模动作开始时要缓慢，当模样将要从砂型中拔出时，动作要快，这样砂型不易损坏。

8）修型。起模后，型腔如有损坏，应根据型腔形状和损坏程度，进行修补。修补工作应由上而下进行，避免在下部修补好后又被上部掉下来的散砂弄脏。局部松软的地方，可在该处补上型砂，用手或小锤等把它再次舂紧，然后用墁刀光平。为使修上去的型砂能牢固地粘在被修补的地方，在烘干和浇注时不致发生脱离，修补时应注意：

① 要修补的地方，可用水湿润一下，但不能过多，否则在浇注时将产生大量水气，易使修补上去的型砂冲落。

② 损坏的地方较大时，修补前应先将要修补的表面砂型弄松，使补上去的型砂能与其连成一体。

③ 损坏的地方如果是较大的一块薄层，修补前要将下面的型砂挖深一些，再进行修补，必要时插入铁钉加固。

9）合型。合型是一项细致的操作。修型后、合型前，应在分型面上撒扑料（铸铁件湿型表面扑撒石墨粉），并应仔细检查砂型各个部分，看看是否有损坏的地方。用手风箱将型腔中撒落的灰、砂吹去，还应检查型芯安放的位置是否正确等。合型时应注意使上型保持水平下降，并按预定位置或合型线定位。必要时，合型后可再将上型吊起来，检查在合型时有无压坏的部分。

（3）浇注时的注意事项

1）浇注时，金属液对上型产生浮力，当浮力大于上砂箱的重量时，上砂箱将被液态金属抬起（称抬箱），使铁水流出箱外（称射箱）或燃烧着火的气体窜出箱外（称跑火）等。为防止上述问题的出现，合型后浇注前应将铸型紧固。单件生产时，可在上砂箱上放置压箱铁，压箱铁重量一般为铸件重量的 3~5 倍。大批量生产中，一般用卡子、螺栓等紧固件将铸型卡紧。

2）浇包在使用前必须烘干烘透，否则盛入铁水后会降低铁水的温度，并引起铁水的飞溅。浇注工具，如撇渣棒、火钳、铁棒等都要经过预热干燥，以免接触金属液时造成飞溅伤人。

浇注场地要有通畅的走道，并且无积水。炉子出铁口和出渣口下的地面，不能有积水，一般应铺上干砂。

浇注人员必须穿戴好防护用品，浇注时应戴防护眼镜。

3）浇注以前，一般需把金属液表面的熔渣除尽，以免浇入铸型造成夹渣。这个操作要迅速，以免因时间过久，使金属液温度降低太多。除渣后，在金属液面上撒上一层稻草灰保温。

4）为了使铸型中残留气体和铸型及型芯因受热而发生的气体能很快地排出，在浇注时宜先在铸型的出气孔和冒口处用纸或刨花引火燃烧。

5）浇注。浇包中的金属液不能太满（一般不超过80%），以免抬运时飞溅伤人。浇包抬起和放下，均应协调。浇注时应把包嘴对准外浇口，把撇渣棒放在包嘴附近的金属液表面上，以阻止熔渣随金属液流下。浇注时应使外浇口保持充满，使外浇口的熔渣不会带进铸型中去。铁水不可断流，以免铸件产生冷隔。

浇注开始时，应以细流注入，防止飞溅。快浇满时，也应以细流注入，防止溢出，同时也减少抬箱力。

铸型浇满后，稍微等一下，再往冒口补浇一些金属液，并在上面盖以干砂、稻草灰或其他保温材料，有利于防止铸件产生缩孔和缩松。

有些铸件在凝固后要把压铁和紧固工具卸去，使铸件能够自由收缩，避免产生裂纹和断裂。

附　　录

附录 A　压痕直径与布氏硬度对照表

球直径 D/mm				试验力——压头球直径平方的比率 0.102×F/D²					
				30	15	10	5	2.5	1
				试验力 F/N					
10	5	2.5	1	29420	14710	9807	4903	2452	980.7
				7355	—	2452	1226	612.9	245.2
				1839	—	612.9	306.5	153.2	61.29
				294.2	—	98.07	49.03	24.52	9.807
压痕平均直径 d/mm				布氏硬度 HBW					
2.40	1.200	0.6000	0.240	653	327	218	109	54.5	21.8
2.45	1.225	0.6125	0.245	627	313	209	104	52.2	20.9
2.50	1.250	0.6250	0.250	601	301	200	100	50.1	20.0
2.55	1.275	0.6375	0.255	578	289	193	96.3	48.1	19.3
2.60	1.300	0.6500	0.260	555	278	185	92.6	46.3	18.5
2.65	1.325	0.6625	0.265	534	267	178	89.0	44.5	17.8
2.70	1.350	0.6750	0.270	514	257	171	85.7	42.9	17.1
2.75	1.375	0.6875	0.275	495	248	165	82.6	41.3	16.5
2.80	1.400	0.7000	0.280	477	239	159	79.6	39.8	15.9
2.85	1.425	0.7125	0.285	461	230	154	76.8	38.4	15.4
2.90	1.450	0.7250	0.290	444	222	148	74.1	37.0	14.8
2.95	1.475	0.7375	0.295	429	215	143	71.5	35.8	14.3
3.00	1.500	0.7500	0.300	415	207	138	69.1	34.6	13.8
3.05	1.525	0.7625	0.305	401	200	134	66.8	33.4	13.4
3.10	1.550	0.7750	0.310	388	194	129	64.6	32.3	12.9
3.15	1.575	0.7875	0.315	375	188	125	62.5	31.3	12.5
3.20	1.600	0.8000	0.320	363	182	121	60.5	30.3	12.1
3.25	1.625	0.8125	0.325	352	176	117	58.6	29.3	11.7
3.30	1.650	0.8250	0.330	341	170	114	56.8	28.4	11.4
3.35	1.675	0.8375	0.335	331	165	110	55.1	27.5	11.0
3.40	1.700	0.8500	0.340	321	160	107	53.4	26.7	10.7
3.45	1.725	0.8625	0.345	311	156	104	51.8	25.9	10.4
3.50	1.750	0.8750	0.350	302	151	101	50.3	25.2	10.1
3.55	1.775	0.8875	0.355	293	147	97.7	48.9	24.4	9.77
3.60	1.800	0.9000	0.360	285	142	95.0	47.5	23.7	9.50
3.65	1.825	0.9125	0.365	277	138	92.3	46.1	23.1	9.23
3.70	1.850	0.9250	0.370	269	135	89.7	44.9	22.4	8.97
3.75	1.875	0.9375	0.375	262	131	87.2	43.6	21.8	8.72
3.80	1.900	0.9500	0.380	255	127	84.9	42.4	21.2	8.49

（续）

球直径				试验力——压头球直径平方的比率					
D/mm				0.102×F/D^2					
				30	15	10	5	2.5	1
				试验力					
				F/N					
10	5	2.5	1	29420	14710	9807	4903	2452	980.7
				7355	—	2452	1226	612.9	245.2
				1839	—	612.9	306.5	153.2	61.29
				294.2	—	98.07	49.03	24.52	9.807
压痕平均直径				布氏硬度					
d/mm				HBW					
3.85	1.925	0.9625	0.385	248	124	82.6	41.3	20.6	8.26
3.90	1.950	0.9750	0.390	241	121	80.4	40.2	20.1	8.04
3.95	1.975	0.9875	0.395	235	117	78.3	39.1	19.6	7.83
4.00	2.000	1.0000	0.400	229	114	76.3	38.1	19.1	7.63
4.05	2.025	1.0125	0.405	223	111	74.3	37.1	18.6	7.43
4.10	2.050	1.0250	0.410	217	109	72.4	36.2	18.1	7.24
4.15	2.075	1.0375	0.415	212	106	70.6	35.3	17.6	7.06
4.20	2.100	1.0500	0.420	207	103	68.8	34.4	17.2	6.88
4.25	2.125	1.0625	0.425	201	101	67.1	33.6	16.8	6.71
4.30	2.150	1.0750	0.430	197	98.3	65.5	32.8	16.4	6.55
4.35	2.175	1.0875	0.435	192	95.9	63.9	32.0	16.0	6.39
4.40	2.200	1.1000	0.440	187	93.6	62.4	31.2	15.6	6.24
4.45	2.225	1.1125	0.445	183	91.4	60.9	30.5	15.2	6.09
4.50	2.250	1.1250	0.450	179	89.3	59.5	29.8	14.9	5.95
4.55	2.275	1.1375	0.455	174	87.2	58.1	29.1	14.5	5.81
4.60	2.300	1.1500	0.460	170	85.2	56.8	28.4	14.2	5.68
4.65	2.325	1.1625	0.465	167	83.3	55.5	27.8	13.9	5.55
4.70	2.350	1.1750	0.470	163	81.4	54.3	27.1	13.6	5.43
4.75	2.375	1.1875	0.475	159	79.6	53.0	26.5	13.3	5.30
4.80	2.400	1.2000	0.480	156	77.8	51.9	25.9	13.0	5.19
4.85	2.425	1.2125	0.485	152	76.1	50.7	25.4	12.7	5.07
4.90	2.450	1.2250	0.490	149	74.4	49.6	24.8	12.4	4.96
4.95	2.475	1.2375	0.495	146	72.8	48.6	24.3	12.1	4.86
5.00	2.500	1.2500	0.500	143	71.3	47.5	23.8	11.9	4.75
5.05	2.525	1.2625	0.505	140	69.8	46.5	23.3	11.6	4.65
5.10	2.550	1.2750	0.510	137	68.3	45.5	22.8	11.4	4.55
5.15	2.575	1.2875	0.515	134	66.9	44.6	22.3	11.1	4.46
5.20	2.600	1.3000	0.520	131	65.5	43.7	21.8	10.9	4.37
5.25	2.625	1.3125	0.525	128	64.1	42.8	21.4	10.7	4.28
5.30	2.650	1.3250	0.530	126	62.8	41.9	20.9	10.5	4.19
5.35	2.675	1.3375	0.535	123	61.5	41.0	20.5	10.3	4.10
5.40	2.700	1.3500	0.540	121	60.3	40.2	20.1	10.1	4.02
5.45	2.725	1.3625	0.545	118	59.1	39.4	19.7	9.85	3.94
5.50	2.750	1.3750	0.550	116	57.9	38.6	19.3	9.66	3.86
5.55	2.775	1.3875	0.555	114	56.8	37.9	18.9	9.47	3.79
5.60	2.800	1.4000	0.560	111	55.7	37.1	18.6	9.28	3.71

（续）

球直径				试验力——压头球直径平方的比率					
				0.102×F/D^2					
D/mm				30	15	10	5	2.5	1
				试验力					
				F/N					
10	5	2.5	1	29420	14710	9807	4903	2452	980.7
				7355	—	2452	1226	612.9	245.2
				1839	—	612.9	306.5	153.2	61.29
				294.2	—	98.07	49.03	24.52	9.807
压痕平均直径				布氏硬度					
d/mm				HBW					
5.65	2.825	1.4125	0.565	109	54.6	36.4	18.2	9.10	3.64
5.70	2.850	1.4250	0.570	107	53.5	35.7	17.8	8.92	3.57
5.75	2.875	1.4375	0.575	105	52.5	35.0	17.5	8.75	3.50
5.80	2.900	1.4500	0.580	103	51.5	34.3	17.2	8.59	3.43
5.85	2.925	1.4625	0.585	101	50.5	33.7	16.8	8.42	3.37
5.90	2.950	1.4750	0.590	99.2	49.6	33.1	16.5	8.26	3.31
5.95	2.975	1.4875	0.595	97.3	48.7	32.4	16.2	8.11	3.24
6.00	3.000	1.5000	0.600	95.5	47.7	31.8	15.9	7.96	3.18

附录 B　国内外常用钢号对照表

钢类	中国	苏联	美国	英国	日本	法国	德国
	GB	ГОСТ	ASTM	BS	JIS	NF	DIN
优质碳素结构钢	08F	08КП	1006	040A04	S09CK		C10
	08	08	1008	045M10	S9CK		C10
	10F		1010	040A10		XC10	
	10	10	1010,1012	045M10	S10C	XC10	C10,CK10
	15	15	1015	095M15	S15C	XC12	C15,CK15
	20	20	1020	050A20	S20C	XC18	C22,CK22
	25	25	1025		S25C		CK25
	30	30	1030	060A30	S30C	XC32	
	35	35	1035	060A35	S35C	XC38TS	C35,CK35
	40	40	1040	080A40	S40C	XC38H1	
	45	45	1045	080M46	S45C	XC45	C45,CK45
	50	50	1050	060A52	S50C	XC48TS	CK53
	55	55	1055	070M55	S55C	XC55	
	60	60	1060	080A62	S58C	XC55	C60,CK60
	15Mn	15Г	1016,1115	080A17	SB46	XC12	14Mn4
	20Mn	20Г	1021,1022	080A20		XC18	
	30Mn	30Г	1030,1033	080A32	S30C	XC32	

（续）

钢类	中国	苏联	美国	英国	日本	法国	德国
	GB	ГOCT	ASTM	BS	JIS	NF	DIN
优质碳素结构钢	40Mn	40Г	1036,1040	080A40	S40C	40M5	40Mn4
	45Mn	45Г	1043,1045	080A47	S45C		
	50Mn	50Г	1050,1052	030A52 080M50	S53C	XC48	
合金结构钢	20Mn2	20Г2	1320,1321	150M19	SMn420		20Mn5
	30Mn2	30Г2	1330	150M28	SMn433H	32M5	30Mn5
	35Mn2	35Г2	1335	150M36	SMn438(H)	35M5	36Mn5
	40Mn2	40Г2	1340		SMn443	40M5	
	45Mn2	45Г2	1345		SMn443		46Mn7
	50Mn2	50Г2				~55M5	
	20MnV						20MnV6
	35SiMn	35СГ		En46			37MnSi5
	42SiMn	35СГ		En46			46MnSi4
	40B		TS14B35				
	45B		50B46H				
	40MnB		50B40				
	45MnB		50B44				
	15Cr	15X	5115	523M15	SCr415(H)	12C3	15Cr3
	20Cr	20X	5120	527A19	SCr420H	18C3	20Cr4
	30Cr	30X	5130	530A30	SCr430		28Cr4
	35Cr	35X	5132	530A36	SCr430(H)	32C4	34Cr4
	40Cr	40X	5140	520M40	SCr440	42C4	41Cr4
	45Cr	45X	5145,5147	534A99	SCr445	45C4	
	38CrSi	38XC					
	12CrMo	12XM		$620C_R \cdot B$		12CD4	13CrMo44
	15CrMo	15XM	A-387Cr·B	1653	STC42 STT42 STB42	12CD4	16CrMo44
	20CrMo	20XM	4119,4118	CDS12 CDS110	SCT42 STT42 STB42	18CD4	20CrMo44
	25CrMo		4125	En20A		25CD4	25CrMo4
	30CrMo	30XM	4130	1717COS110	SCM420	30CD4	30CrMo
	42CrMo		4140	708A42 708M40		42CD4	42CrMo
	35CrMo	35XM	4135	708A37	SCM3	35CD4	35CrMo
	12CrMoV	12XMФ					12CrMoV
	12Cr1MoV	12X1MФ					12Cr1MoV
	25Cr2Mo1VA	25X2M1ФA					25Cr2Mo1VA
	20CrV	20XФ	6120				20CrV
	40CrV	40XФA	6140				40CrV

（续）

钢类	中国	苏联	美国	英国	日本	法国	德国
	GB	ГОСТ	ASTM	BS	JIS	NF	DIN
合金结构钢	50CrVA	50ХФА	6150	735A30	SUP10	50CV4	50CrVA
	15CrMn	15ХГ,18ХГ					15CrMn
	20CrMn	20ХГСА	5152	527A60	SUP9		20CrMn
	30CrMnSiA	30ХГСА					30CrMnSiA
	40CrNi	40ХН	3140H	640M40	SNC236		40CrNi
	20CrNi3A	20ХН3А	3316			20NC11	20CrNi3A
	30CrNi3A	30ХН3А	3325 3330	653M31	SNC631H SNC631		30CrNi3A
	20MnMoB		80B20				
	38CrMoAlA	38ХМIOA		905M39	SACM645	40CAD6.12	38CrAlMo07
	40CrNiMoA	40ХНМА	4340	871M40	SNCM439		40CrNiMo22
弹簧钢	60	60	1060	080A62	S58C	XC55	60
	85	85	C1085 1084	080A86	SUP3		85
	65Mn	65Г	1566				
	55Si2Mn	55С2Г	9255	250A53	SUP6	55S6	55Si7
	60Si2MnA	60С2ГА	9260 9260H	250A61	SUP7	61S7	65Si7
	50CrVA	50ХФА	6150	735A50	SUP10	50CV4	50CrVA
滚动轴承钢	GCr9	ШХ9	E51100 51100		SUJ1	100C5	105Cr4
	GCr9SiMn				SUJ3		
	GCr15	ШХ15	E52100 52100	534A99	SUJ2	100C6	GCr15
	GCr15SiMn	ШХ15СГ					100CrMn6
易切削钢	Y12	A12	C1109		SUM12		
	Y15		B1113	220M07	SUM22		10S20
	Y20	A20	C1120		SUM32	20F2	22S20
	Y30	A30	C1130		SUM42		35S20
	Y40Mn	A40Г	C1144	225M36		45MF2	40S20
耐磨钢	ZGMn13	116Г13Ю			SCMnH11	Z120M12	X120Mn12
碳素工具钢	T7	y7	W1-7		SK7,SK6		C70W1
	T8	y8			SK6,SK5		
	T8A	y8A	W1-0.8C			1104Y$_1$75	C80W1
	T8Mn	y8Г			SK5		
	T10	y10	W1-1.0C	D1	SK3		
	T12	y12	W1-1.2C	D1	SK2	Y2 120	C125W
	T12A	y12A	W1-1.2C			XC 120	C125W2
	T13	y13			SK1	Y2 140	C135W

（续）

钢类	中国 GB	苏联 ГОСТ	美国 ASTM	英国 BS	日本 JIS	法国 NF	德国 DIN
合金工具钢	8MnSi						C75W3
	9SiCr	9XC		BH21			90CrSi5
	Cr2	X	L3				100Cr6
	Cr06	13X	W5		SKS8		140Cr3
	9Cr2	9X	L				100Cr6
	W	B1	F1	BF1	SK21		120W4
	Cr12	X12	D3	BD3	SKD1	Z200C12	X210Cr12
	Cr12MoV	X12M	D2	BD2	SKD11	Z200C12	X165Cr12MoV46
	9Mn2V	9Г2Ф	02			80M80	90MnV8
	9CrWMn	9XBГ	01		SKS3	80M8	
	CrWMn	XBГ	07		SKS31	105WC13	105WCrV93
	3Cr2W8V	3X2B8Ф	H21	BH21	SKD5	X30WC9V	X30WCr6
	5CrMnMo	5ГM			SKT5		40CrMnMo7
	5CrNiMo	5XHM	L6		SKT4	55NCDV7	55NiCrMoV6
	4Cr5MoSiV	4X5МФС	H11	BH11	SKD61	Z38CDV5	X38CrMoV51
	4CrW2Si	4XB2C			SKS41	40WCDS35-12	35WCrV7
	5CrW2Si	5XB2C	S1	BSi			45WCrV7
高速工具钢	W18Cr4V	P18	T1	BT1	SKH2	Z80WCV18-04-01	S18-0-1
	W6Mo5Cr4V2	P6M3	N2	BM2	SKH9	Z85WDCV06-05-04-02	S6-5-2
	W18Cr4VCo5	P18K5Ф2	T4	BT4	SKH3	Z80WKCV18-05-04-01	S18-1-2-5
	W2Mo9Cr4VCo8		M42	BM42		Z110DKCWV	S2-10-1-8
不锈钢	12Cr18Ni9	12X18H9	302 S30200	302S25	SUS302	Z10CN18.09	X12Cr Ni 188
	Y12Cr18Ni9		303 S30300	303S21	SUS303	Z10CNF18.09	X12Cr Ni S188
	06Cr19Ni9	08X18H10	304 S30400	304S15	SUS304	Z6CN18.09	X5Cr Ni 189
	022Cr19Ni11	03X18H11	304L S30403	304S12	SUS304L	Z2CN18.09	X2Cr Ni 189
	06Cr18Ni11Ti	08X18H10T	321 S32100	321S12 321S20	SUS321	Z6CNT18.10	X10Cr Ni Ti 189
	06Cr13Al		405 S40500	405S17	SUS405	Z6CA13	X7CrAl13
	10Cr17	12X17	430 S43000	430S15	SUS430	Z8C17	X8Cr17
	12Cr13	12X13	410 S41000	410S21	SUS410	Z12C13	X10Cr13
	20Cr13	20X13	420 S42000	420S37	SUS420J1	Z20C13	X20Cr13
	30Cr13	30X13		420S45	SUS420J2		
	68Cr17		440A S44002		SUS440A		
	07Cr17Ni7Al	09X17H7Ю	631 S17700		SUS631	Z8CNA17.7	X7CrNiAl177

（续）

钢类	中国	苏联	美国	英国	日本	法国	德国
	GB	ГOCT	ASTM	BS	JIS	NF	DIN
耐热钢	16Cr23Ni13	20X23H12	309 S30900	309S24	SUH309	Z15CN24.13	
	20Cr25Ni21	20X25H20C2	310 S31000	310S24	SUH310	Z12CN25.20	CrNi2520
	06Cr25Ni20		310S S31008		SUS310S		
	06Cr17Ni12Mo2	08X17H13M2T	316 S31600	316S16	SUS316	Z6CND17.12	X5CrNiMo1810
	06Cr18Ni11Nb	08X18H12E	347 S34700	347S17	SUS347	Z6CNNb18.10	X10CrNiNb189
	13Cr13Mo				SUS410J1		
	10Cr17Ni2	14X17H2	431 S43100	431S29	SUS431	Z15CN16-02	X22CrNi17
	07Cr17Ni7Al	09X17H7Ю	631 S17700		SUS631	Z8CNA17.7	X7CrNiAl177

附录 C　常用塑料缩写代号

英文缩写	中文名称
ABS	丙烯腈、丁二烯、苯乙烯共聚物
AES	丙烯腈、乙烯、苯乙烯共聚物
AS	丙烯腈、苯乙烯共聚物
CA	醋酸纤维塑料
CF	甲酚-甲醛树脂
CN	硝酸纤维素
EP	环氧树脂
EVA	乙烯、醋酸乙烯共聚物
IPS	耐冲击聚苯乙烯
MC	甲基纤维素
PA	聚酰胺（尼龙）
PC	聚碳酸酯
PE	聚乙烯
PF	酚醛树脂
PI	聚酰亚胺
PMMA	聚甲基丙烯酸甲酯
POM	聚甲醛
PP	聚丙烯
PS	聚苯乙烯
PSU	聚砜
PTFE	聚四氟乙烯
PU	聚氨酯
PVC	聚氯乙烯
RP	增强塑料

参 考 文 献

[1] 戴良鸿，智刚. 机械工程材料 [M]. 长春：吉林科学技术出版社，2012.

[2] 王纪安. 工程材料与成形工艺基础 [M]. 3版. 北京：高等教育出版社，2009.

[3] 京玉海. 机械制造基础 [M]. 重庆：重庆大学出版社，2008.

[4] 凌爱林. 工程材料及成形技术基础 [M]. 北京：机械工业出版社，2005.

[5] 李森林. 机械制造基础 [M]. 2版. 北京：化学工业出版社，2011.

[6] 孙学强. 机械加工技术 [M]. 2版. 北京：机械工业出版社，2016.

[7] 朱焕池. 机械制造工艺学 [M]. 2版. 北京：机械工业出版社，2016.

[8] 王明耀，张兆隆. 机械制造技术 [M]. 大连：大连理工大学出版社，2007.

[9] 熊运昌. 机械制造技术 [M]. 郑州：河南科学技术出版社，2006.

[10] 杜可可. 机械制造技术基础 [M]. 北京：人民邮电出版社，2007.

[11] 潘展，黄经元. 机械制造基础 [M]. 北京：科学出版社，2006.

[12] 张绪祥，李望云. 机械制造基础 [M]. 北京：高等教育出版社，2007.

[13] 乔世民. 机械制造基础 [M]. 北京：高等教育出版社，2003.

[14] 肖珑. 机械制造基础 [M]. 郑州：河南科学技术出版社，2006.

[15] 梁耀能. 工程材料及加工工程 [M]. 北京：机械工业出版社，2001.

[16] 乔世民. 机械制造基础 [M]. 北京：高等教育出版社，2003.

[17] 肖智清. 机械制造基础 [M]. 2版. 北京：机械工业出版社，2011.

[18] 张宝忠. 机械工程材料 [M]. 杭州：浙江大学出版社，2004.

[19] 李英. 工程材料及其成形 [M]. 北京：人民邮电出版社，2007.

[20] 张亮峰. 机械加工工艺基础与实习 [M]. 北京：高等教育出版社，2001.

[21] 高美兰. 金工实习 [M]. 北京：机械工业出版社，2006.

[22] 张玉中，孙刚，曹明. 钳工实训 [M]. 北京：清华大学出版社，2005.

[23] 金禧德. 金工实习 [M]. 北京：高等教育出版社，2003.

[24] 赵建树. 金工实习 [M]. 北京：机械工业出版社，1998.

[25] 孙学强. 机械制造基础 [M]. 2版. 北京：机械工业出版社，2016.

[26] 陈海魁. 机械制造工艺基础 [M]. 北京：中国劳动社会保障出版社，2004.

[27] 肖珑. 机械制造基础 [M]. 郑州：河南科学技术出版社，2006.

[28] 鲁昌国，黄宏伟. 机械制造技术 [M]. 大连：大连理工大学出版社，2007.